CÓMO 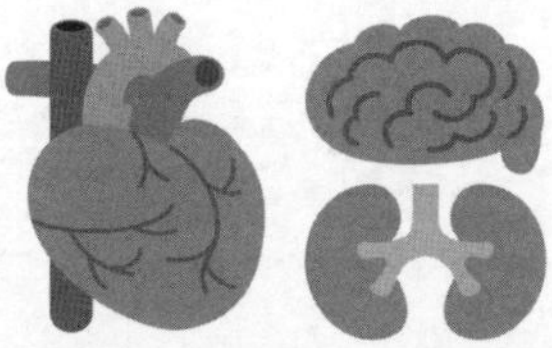 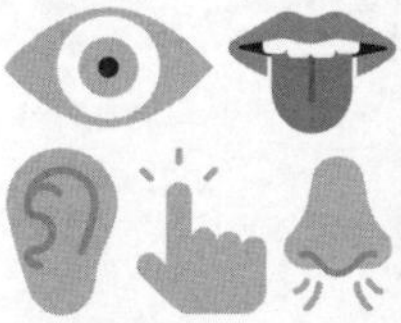 EVITAR QUE  TU CUERPO 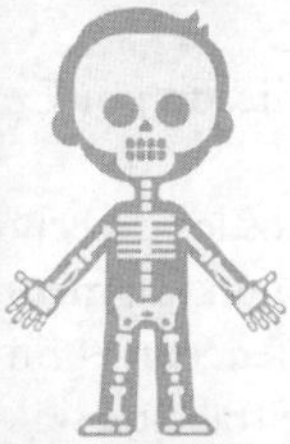 TE 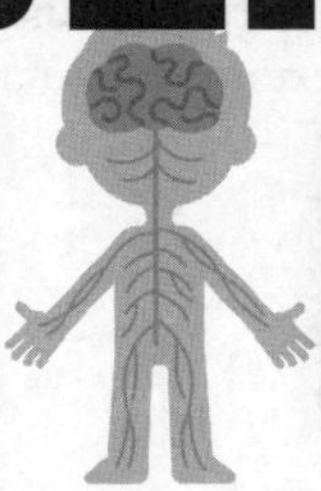 MATE

Título original: *This Book May Save Your Life*
Traducción del inglés: Mara Scoufalos
Edición revisada y adaptada

Primera edición: febrero de 2025

Balmes 188, 08006 Barcelona - www.vreuropa.es

Publicado por Century un sello del grupo Penguin Random House UK

ISBN: 978-84-19873-87-3
Depósito legal: B-18461-2024
Maquetación: Estudio Olifant (@be.olifant)
Diseño de portada: Juan Pablo Cambariere
Iustraciones © Gwen Burns 2023
Impreso por: Estellaprint

Impreso en España / Printed in Spain

Este libro se ha impreso en papel procedente de bosques gestionados de forma sostenible y que ha seguido un proceso de fabricación totalmente libre de cloro.

CÓMO EVITAR QUE TU CUERPO TE MATE

Una guía libre de tabúes para comprender cómo funciona nuestro cuerpo, preocuparnos menos y vivir mejor

Dr. Karan Rajan

EUROPA

A *Cómo evitar que tu cuerpo te mate*

Una guía libre de tabúes para comprender cómo funciona tu cuerpo, preocuparnos menos y vivir mejor

ÍNDICE

INTRODUCCIÓN

Permitidme describir mi trabajo en términos no médicos: corto a la gente cuando está dormida (con su consentimiento) y les quito cosas. Debo resaltar, que soy uno de esos tipos que hacen bien su trabajo, porque a pesar de que les faltan algunas partes de su cuerpo, cuando vuelven a la realidad mis pacientes se sienten más completos con el resultado. Como cirujano general, tengo el placer de ocuparme de todo, desde tripas hasta vesículas biliares, hemorroides sangrantes y mucho más.

A lo largo de mi carrera, he tenido la suerte y la desgracia de presenciar desde cirugías milagrosas hasta trágicas pérdidas. En el proceso, he llegado a apreciar que el cuerpo humano es tanto una maravilla de la biología como una absoluta trampa mortal.

Este libro no es una enciclopedia médica y tampoco te calificará como médico. Hoy en día se pueden adquirir todos los conocimientos médicos necesarios en Google (o al menos eso es lo que algunos creen). En su lugar, lo que aquí te ofrezco es la extraordinaria historia de cómo tu increíble cuerpo también quiere destruirte.

Pero no todo es pesimismo. Después de haber sido testigo de cómo se oscurecía mi visión color de rosa sobre el cuerpo humano desde el momento en que entré en la facultad de medicina, y de cómo seguía oscureciéndose a lo largo de todos los años que he dedicado a desentrañar problemas, fallos y averías en el interior de mis pacientes, pensé que sería útil crear una guía de supervivencia para este traje de carne en el que estás atrapado de por vida. Si estás familiarizado con mi trabajo en TikTok, donde empecé publicando sobre cómo hacer la caca perfecta, ya sabrás que me gusta desterrar mitos sobre el cuerpo y explorar temas que nunca deberían haberse convertido en tabú. Cuando se trata de salud, no hablar de temas personales es contraproducente para los seres humanos. Así que vamos a corregir ese error en un solo libro, que puedes leer a modo de entretenimiento, educación o como guía para sacar el máximo partido a tu cuerpo.

En última instancia, estoy aquí para guiarte de manera segura entre los obstáculos, las emboscadas y las trampas biológicas de tu cuerpo para mejorar tu calidad de vida. Tal vez mejore la salud de tu sueño, digas adiós a la indigestión o simplemente disfrutes de la cagada más épica y eficiente de tu existencia. En el peor de los casos será una manera de frenar el declive que viene experimentando tu cuerpo desde el nacimiento. En el fondo, mi gran esperanza es que este libro sirva de manual de instrucciones para inteligencia artificial que algún día nos gobernará, para que sepan cómo cuidar de un humano y sacarnos el máximo partido.

La primera vez que me crucé con la medicina fue en 1996, en una tarde especialmente húmeda en los suburbios de Bombay, mientras estaba jugando un partido de cricket callejero con mi primo. Cuando él corría hacia mí para lanzar, fue golpeado por una fuerza invisible y cayó al suelo agonizando. Fue un momento aterrador y me sentí impotente, esa impotencia me afectó profundamente. Tras ayudar a mi familia a llevarlo al hospital, hablamos con los médicos, que le diagnosticaron una rotura de apéndice. En aquel momento no sabía muy bien lo que eso significaba, pero verlo caer me abrió los ojos ante una simple verdad: el cuerpo humano es genial, pero parece empeñado en acabar con nosotros.

En las entrevistas de las facultades de medicina, donde me encontraba después de haber decidido mi «vocación», siempre les encantaba sacar a relucir la misma pregunta: «¿Por qué quiere dedicarse a la medicina?». Como era de esperar, todo el mundo respondía con el mismo discurso de pánico y falta de imaginación, que a grandes rasgos gira en torno a dos temas principales. En primer lugar, «quiero ayudar a la gente» y, en segundo lugar, «me fascina el cuerpo humano...».

Cualquiera que me conozca de verdad (lo cual, debido a mis largos y antisociales turnos de trabajo, se limita en cierto modo a mis padres y mi perro) podría haberte dicho que la primera razón nunca se aplicó realmente a mí. Me gusta la gente, y si puedo salvarles la vida lo haré encantado, pero en realidad me mueve una obsesión por el funcionamiento del cuerpo.

Sin embargo, solo ahora, mirando hacia atrás en mi carrera, me doy cuenta de que no era el tipo de fascinación que suele surgir de aquellos que abren los ojos ante los documentales de Sir David Attenborough sobre la fauna salvaje. La verdad es que soy un poco como un espectador en un accidente de tráfico: no puedo dejar de mirar, a mi pesar, porque estoy impactado con lo que veo. He perdido la cuenta del número de operaciones quirúrgicas que he realizado y me he familiarizado con el funcionamiento interno del cuerpo, y así, puedo afirmar que es un milagro que estemos aquí como especie.

De hecho somos una composición viva y palpitante de rasgos heredados, incluidos elementos que parecen completamente inútiles, como por ejemplo, la barbilla. Ni siquiera nuestros primos cercanos, el *Homo erectus* y el neandertal, sentían la necesidad de tenerla. En última instancia, hay que conformarse con ser la suma de muchos errores, pruebas y fallos. Solo que la evolución ha enterrado las pruebas. Más o menos.

Durante mi estancia en la facultad de medicina, me gustaba llegar al fondo de las cosas, y, sobre todo, me atraían las sesiones prácticas de anatomía. Diseccionaba los músculos abdominales y descubría toda la longitud de los intestinos, los varios vasos sanguíneos y una red de nervios que recorrían el cuerpo como líneas telefónicas. Esta visión de la vida entre bastidores me parecía invasiva y antinatural, pero también esencial. Fue allí donde decidí que iba a ser cirujano. Sería una oportunidad para comprender cómo nuestro cuerpo está preparado para aniquilarnos, pero también cómo podemos mejorarlo o modificar nuestro estilo de vida para reducir al mínimo las posibilidades de que se desmorone antes de tiempo.

Centramos gran parte de nuestra vida cotidiana en las apariencias externas de las cosas y a menudo relegamos nuestros órganos internos a los recovecos de nuestra mente. El cuerpo es una familia y cada miembro, desde el hígado y el estómago hasta el corazón y el cerebro, tiene un papel específico en mantenernos vivos. Pero, como en cualquier familia, todos se apoyan mutuamente y por eso, cuando uno de ellos se desvía o sus miembros se pelean entre sí, toda la familia puede implosionar, convirtiéndose en un espectáculo.

Me enamoré de esta familia ocasionalmente disfuncional a lo largo de seis años en la facultad de medicina. Durante ese tiempo, pasé incontables horas observando la arquitectura celular bajo el microscopio, diseccionando cadáveres en los laboratorios con pacientes que me enseñaron cómo funciona el cuerpo tanto en la salud como en la enfermedad. Por último, cambié las diapositivas y las preguntas tipo test por las rotaciones hospitalarias.

La primera fue una cirugía general.

La noche antes de empezar, repasé rigurosamente la anatomía gastrointestinal. Si los cirujanos iban a interrogarme sobre las minucias de la irrigación sanguínea del intestino grueso, me negaba a sufrir la temida «afasia en la picota» (la afasia es la incapacidad para hablar, que suele afectar a pacientes que han sufrido un ictus, pero que también puede afectar transitoriamente a estudiantes de medicina nerviosos cuando están bajo la lupa).

Me preparé para una operación para extirpar un cáncer intestinal, pero todo parecía muy distinto de lo que decían los libros de texto. También estaba muy lejos del ambiente sereno del laboratorio de cadáveres, donde podías explorar los órganos a un ritmo suave, pinchar y hurgar con curiosidad. Cuando el cirujano hizo el corte en el tejido abdominal, un pequeño chorro de líquido rojo golpeó mi nariz. Esto era medicina de verdad y un ser humano vivo había puesto su vida en nuestras manos.

La incisión que abrió el cirujano reveló un interior reluciente y húmedo, como terciopelo mojado. Con el pecho del paciente subiendo y bajando, me asomé a la cavidad abdominal y vi los intestinos, sumergidos en un líquido de color pajizo, retorciéndose como un cuenco de gusanos. En ese momento, el anestesista nos alertó de que la hemorragia había provocado un aumento de la frecuencia cardiaca y un descenso de la tensión arterial. El traumatismo provocado por el bisturí había dificultado la respiración del paciente. Tales observaciones me revelaron finalmente que mis aprendizajes hasta entonces habían sido erróneos. Fue entonces cuando me di cuenta de que los órganos distantes entre sí, aparentemente desconectados, eran como inquilinos que viven en un piso compartido. Es decir, si una persona atasca el retrete, todos se ven afectados.

Demostrando una calma bajo presión que yo tardé en adquirir, el cirujano trabajó rápida y hábilmente para completar el procedimiento. Una vez estabilizado el paciente y extirpado el tumor, me di cuenta de que la experiencia nos había cambiado la vida a más de uno.

La medicina es un sector para especialistas. El ámbito de especialización de los médicos se ha ido reduciendo cada vez más, alejándose de sus predecesores, que mantenían un conocimiento básico de todos los campos. Esto es bueno, sobre todo si eres tú quien recibe el tratamiento, porque en última instancia quieres sentirte seguro de que el cirujano que te extirpa la vesícula domina el procedimiento y no se ha limitado a memorizar un tutorial de YouTube. Aunque hoy en día me ocupo sobre todo de los intestinos, me sigue resultando útil ver el cuerpo humano como un todo. Al fin y al cabo, una variable puede hacer que todo el sistema se altere e incluso tambalee. Este equilibrio, a veces denominado homeostasis, es crucial para el funcionamiento óptimo del ser humano. Me gustaría asegurarte que los elementos más importantes de nuestro cuerpo han aprendido a desempeñar su papel con una habilidad orquestal que provoca aplausos y elogios desde todos los asientos del teatro, pero como he visto el caos entre bastidores, no puedo unirme a los aplausos.

Así que, aunque seré el primero en celebrar las maravillas del cuerpo humano en el viaje que estás a punto de emprender, no me voy a contener al señalar todas esas imperfecciones, los defectos de diseño y el cableado inútil que lo hacen tan único. Por muchas deficiencias que tengamos, este sistema de soporte biológico de vida que tenemos ofrece grandes oportunidades de personalización e incluso de mejora. Solo es cuestión de entender cómo funciona y buscar formas de mejorarlo.

La carrera de medicina es el caldo de cultivo de un sinfín de historias. No solo cotilleos hospitalarios, nuevos y viejos, chistes, aforismos y anécdotas, sino también relatos de enfermedades comunes y desconocidas, encuentros insólitos y situaciones que nos recuerdan que todos somos mortales. Por si acaso, también he incluido algunos relatos históricos extraños que pintan una imagen ligeramente dudosa y a menudo poco ética de la medicina. Al fin y al cabo, ¿qué es la historia sino los errores y equivocaciones de los que se pueden extraer lecciones vitales sobre la vida?

Antes de que cruces el umbral, debo advertirte: si quieres una visión color rosa y empalagosamente optimista del cuerpo humano, este libro... *no* es para ti.

> **SÁLVATE A TI MISMO**
>
> A lo largo de cada capítulo, también encontrarás un recuadro con consejos de «Sálvate a ti mismo»: trucos prácticos, consejos y estrategias para salvarte de tu propio cuerpo. No tengo intención de recordarte que parpadees y respires, a estas alturas, espero que ya conozcas los fundamentos de la supervivencia. Aun así, antes de empezar, vale la pena detallar una serie de normas de estilo de vida que beneficiarán a tu salud en general...

Dieta

La dieta es un componente fundamental de cualquier cambio positivo de estilo de vida. Sus componentes son objeto de acaloradas discusiones y no se ha llegado a un consenso sobre cuál es el «mejor» enfoque, aunque sería prudente reducir al mínimo los alimentos ultraprocesados, ya que cada vez hay más pruebas de que afectan negativamente a nuestras bacterias intestinales, tienen una cantidad de grasas saturadas poco ideal y, por lo general, son bajos en fibra. No voy a promover ningún tipo concreto de régimen alimentario saludable y también soy consciente de que existe cierto grado de privilegio en poder elegir los tipos de alimentos que comemos. En lugar de eso, voy a ir al grano y destacar los alimentos que deberías buscar activamente y consumir a menudo:

- **Alimentos vegetales** como verduras, frutas, cereales integrales, legumbres, frutos secos y semillas. Son ricos en nutrientes y contienen fitoquímicos bioactivos de naturaleza antiinflamatoria.
- **Mariscos** (si comes pescado), con especial preferencia por el pescado azul, como el salmón, la caballa o las sardinas, ya que son ricos en ácidos grasos omega-3, beneficiosos para la salud del corazón.
- **Alimentos fermentados** como el yogur griego, el kimchi o el chucrut, que fomentan las bacterias beneficiosas en el intestino, así como **grasas saludables** como el aceite de oliva insaturado.

En definitiva, la mejor dieta es la que disfrutas y te hace sentir bien. Comer pasteles y estar sano no son términos mutuamente excluyentes y ningún alimento compromete o mejora la salud; comer es una cuestión de modelos de comportamiento y coherencia. Como siempre, la moderación es la clave y el veneno está en la dosis.

Hidratación

Dado que eres una bolsa de agua andante, sería de sentido común entender que debemos evitar secarnos. Cuando tu cuerpo está privado de agua, roba agua de otros órganos, incluido el cerebro, y eso es... imprudente.

Por el contrario, el cuerpo no puede soportar un exceso de agua. El hipotálamo, el barómetro del cerebro, funciona con un ligero retraso. Por eso, el cuerpo puede tardar un poco en darse cuenta de que tiene suficiente agua en el depósito. Si tienes mucha sed y bebes imprudentemente 5 litros de agua en un corto espacio de tiempo, tu cuerpo no puede soportar un exceso de agua y las células se sobrecargarán de líquido. Esto provoca una dilución de los niveles críticos de sodio; una afección potencialmente mortal conocida como hiponatremia.

Todo esto no hace más que poner en evidencia lo frágil que puede llegar a ser nuestro cuerpo. Puede sobrevivir a tempestades, palizas e incluso a la pérdida de extremidades, pero si le falta o le sobra agua, acabará como esa pobre planta de interior en la ventana que en su momento te pareció una buena idea. Para estar bien, necesitas beber unos 2 litros de agua al día.

Forma física

Existe una píldora mágica que mejora todas las áreas de tu salud, pero el único problema es que no puedes tragártela. En lugar de eso, debes soportarla, o hacerla agradable de alguna manera, y esa píldora es el ejercicio físico.

La inactividad es un asesino silencioso, y el mayor mal que nos ha regalado la sociedad moderna es un estilo de vida más sedentario. Las directrices gubernamentales sobre niveles de actividad suelen ser delicadas y supuestamente alcanzables. Sé sincero y pregúntate: ¿con qué frecuencia realizas 150 minutos de actividad física de intensidad moderada a la semana por no hablar de cualquier actividad de fuerza?

Existen todo tipo de pruebas que demuestran que el ejercicio puede reducir el riesgo de muerte prematura. Por un lado, se pierde alrededor del 5 por ciento de músculo cada década después de cruzar la madura edad de treinta años. Sí, treinta. Este ritmo de pérdida de masa muscular se duplica al pasar los setenta, y es una de las razones principales por las que el entrenamiento de resistencia, que fomenta la fuerza muscular, puede marcar una gran diferencia tanto en la calidad como en la esperanza de vida Esencialmente, el ejercicio regular de cualquier tipo beneficia tanto a la mente como al cuerpo, y puede incorporarse fácilmente a un estilo de vida ajetreado. Es lo más parecido a la magia que tenemos a disposición.

Alcohol y tabaco

Fumar y beber no son obligatorios, pero ambos hábitos están arraigados en nuestra cultura. A pesar de que desde hace varias décadas el tabaco está perdiendo terreno, sigue siendo uno de los hábitos más nocivos para el organismo. Los fumadores no solo ven reducida su esperanza de vida, sino que también sufren proporcionalmente más años de mala salud que los no fumadores. Además de aumentar escandalosamente el riesgo de cáncer de pulmón y diversas enfermedades pulmonares, fumar envejece externamente, desde un amarilleamiento de los dientes hasta el adelgazamiento y arrugamiento de la piel. Además, la inflamación crónica que provoca el tabaco aumenta el riesgo de enfermedades cardiovasculares y neurodegenerativas y, a nivel celular, provoca senescencia celular, lo que significa literalmente que las células se vuelven seniles. Desde un punto de vista más positivo, dejar de fumar puede reducir rápidamente todos estos riesgos para la salud.

Si crees que los cigarrillos electrónicos y el vapeo son más sanos, piénsalo otra vez. Si bien es posible que todavía estemos acumulando los riesgos a largo plazo de estos nuevos productos alternativos de tabaco, los datos que tenemos hasta ahora han confirmado numerosos riesgos, desde la inflamación relacionada con el pulmón hasta la insuficiencia pulmonar en toda regla, que en algunos casos requiere un trasplante de pulmón. Sencillamente, si quieres evitar que tu cuerpo te mate entonces lo único que debes inhalar es aire (¡y medicamentos, si es necesario!).

Y llegamos al consumo abusivo de alcohol, que constituye una importante amenaza para la salud pública. Beber en exceso se asocia a todo tipo de dolencias, desde enfermedades cardiacas y hepáticas hasta problemas digestivos, aumento de peso y mayor riesgo de cáncer. Simplemente, dejar de beber, o al menos reducir su consumo, es una de las mejores cosas que puedes hacer para disfrutar de buena salud de por vida.

1. ¿HAY UN FONTANERO EN CASA?

EXPLORANDO LOS CONDUCTOS INTESTINALES
Y LOS PROCESOS DIGESTIVOS

¿HAY UN FONTANERO EN CASA?

EXPLORANDO LOS CONDUCTOS INTESTINALES Y LOS PROCESOS DIGESTIVOS

Desde mi perspectiva histórica, se han salvado más vidas gracias a la mano de los fontaneros que de los médicos. Cirujanos, médicos y científicos se llevan toda la gloria, pero creo que ya es hora de que una parte de ese mérito corresponda a ese humilde gremio responsable de las modernas infraestructuras de saneamiento y desagüe. ¿Por qué? Porque el sistema hídrico de un país está directamente relacionado con la salud de su población. Sin fontaneros, proliferarían enfermedades mortales como el cólera y no tendría mucho sentido ahorrar para tu jubilación.

Fontaneros y médicos pueden parecer profesiones muy distintas. Sin embargo, cuando se trata de defender la salud pública, están inextricablemente unidos.

«El cuerpo es un templo», es la frase que solemos repetir cuando hablamos de bienestar, pero no podría estar más lejos de la realidad. El cuerpo es un complejo bloque de pisos con accesorios hechos a medida, una intrincada serie de tuberías de drenaje, un sistema de alcantarillado con reflujos ocasionales, muchos inquilinos exigentes e incluso algunos pasadizos secretos. Pero quédate tranquilo...

Si nos presentaran el plano de la construcción, la mayoría de la gente echaría un vistazo a la aparentemente impenetrable maraña de tuberías y buscaría a alguien del gremio que le diera sentido. Ahí es donde entramos los médicos como yo (si no estamos en otro trabajo en ese momento).

Al igual que nuestros antepasados acabaron comprendiendo las ventajas del saneamiento de la ciudad, a veces tardamos un poco en darnos cuenta de la importancia de mantener en buen estado nuestras tuberías. Si tu tubería interna tiene una fuga o un punto de obstrucción, no es solo cuestión de una llamada y sacar la tarjeta de crédito; las consecuencias pueden ser mortales.

Con el tiempo, he llegado a considerar que mi función como médico es algo más que dispensar pastillas y remedios. Con mi bata y mis guantes de cirujano, puedo parecer un carnicero civilizado, pero mi rol es mucho más que eso. Hoy, me considero un mecánico para humanos. Un biomecánico, por así decirlo, y un profesional como el fontanero. Del mismo modo que los coches, los edificios y las herramientas necesitan un mantenimiento regular, el cuerpo humano requiere cuidado y un mantenimiento eficiente para evitar, o al menos retrasar, el sufrimiento, los percances y la muerte. Con esta idea en mente, permíteme que te haga un recorrido por las tuberías ocultas, los conductos de servicio y los respiraderos que forman una parte central de nuestra anatomía: el sistema digestivo.

Humildes comienzos

¿Te has preguntado alguna vez cómo empezó todo esto? No me refiero a una cuestión filosófica, sino simplemente a cuál de las partes de tu cuerpo fue la primera en salir de los bloques desde el momento de la fecundación del óvulo. ¿Fue el cerebro? ¿El corazón? ¿La columna vertebral o incluso los ojos? Como respuesta, te pediría que dejaras de hacerte el poeta, porque lo cierto es que en ese primer momento mágico no eras más que un orificio encajado en un cúmulo de células. Así es. Empezaste la vida como un culo.

Nadie puede escapar a este desafortunado hecho. Todos empezamos de la misma manera, y no es agradable. Los filósofos pueden intervenir en este punto, porque, por supuesto, esto plantea la cuestión de si algunos individuos se han desarrollado realmente más allá de este punto.

Técnicamente, los humanos somos deuteróstomos. Es decir, pertenecemos a un grupo de animales cuyo blastoporo (la primera abertura del embrión en desarrollo) se convierte en su ano. Los protostomos son animales cuyo blastoporo se convierte en su boca, pero sin excepción empezamos como culos, que es efectivamente la cola del intestino. Después de que el espermatozoide atraviesa la membrana externa del óvulo, el embrión se divide en muchas células diferentes, convirtiéndose finalmente en una blástula. Las células de la blástula se abren de adentro hacia afuera, formando un orificio llamado blastoporo, como habrás adivinado, algún día se convertirá en el glorioso agujero del ano (podría decirse que blastoporo es un nombre mucho más sofisticado para tu oxidada placa de alguacil, pero por alguna razón nunca se puso de moda). Lo llames como lo llames, lo cierto es que tu existencia comenzó como un ano embrionario, desconectado y flotando en el útero de tu madre, lo cual es tanto una cruda verdad como un insulto de alta alcurnia si alguna vez se te antoja utilizarlo.

Con el blastoporo guiñando un ojo y flotando felizmente en ese saco amniótico, este se ensancha y hace un túnel hacia el otro lado de la blástula, donde se forma una boca. Sí, esto suena como una de esas películas de terror que te arrepientes de ver a mitad de camino, pero ten paciencia. A la sexta semana, ese híbrido alienígena de culo y boca ha evolucionado hasta convertirse en algo totalmente más humano. Para entonces, has desarrollado los inicios de tus tractos intestinales dentro del cordón umbilical, la cuerda de seguridad que te conecta a la placenta. Afortunadamente, tus ojos no empiezan a desarrollarse hasta la octava semana. Hasta entonces, estás a salvo de los horrores de tu propia carne retorciéndose y mutando en una versión temprana de lo que eres ahora. Cosas increíbles.

«No quieres hacerlo así»

Si alguna vez has construido algo desde cero, como un monstruo *robot* hecho con paquetes de cereales (¿o solo lo hice yo?), las primeras fases de construcción rara vez adquieren una forma que se parezca al producto final. La forma del intestino embrionario de un embrión humano de cuatro semanas es un ejemplo perfecto. A través de una serie de elaborados pliegues estilo *origami*, pasa de ser un simple tubo que va de arriba abajo en una elaborada serie de protuberancias y salientes que incluyen el hígado, la vesícula biliar, los intestinos, el páncreas, el esófago, la boca y el estómago.

Lo que siempre me ha dejado perplejo de la embriología y de cómo se desarrolla nuestro intestino es por qué hace lo que hace. ¿Cómo sabe cuál es el propósito de su existencia? Tomemos como ejemplo el intestino delgado. Da vueltas sobre sí mismo en nuestros cuerpos embrionarios y viaja tanto por dentro como por fuera del cuerpo. El intestino medio, que finalmente está formado por el intestino delgado, la mitad del intestino grueso y el apéndice, crece a gran velocidad. Tal es la velocidad de desarrollo que al principio supera la capacidad de tu primitivo abdomen para contenerlo. En lugar de ello, estas asas de intestino son desterradas durante unas semanas antes de volver a entrar en tu vientre una vez que este puede contenerlas.

Si se produce algún error durante esta delicada danza, algunos bebés pueden nacer con un onfalocele, en el que los intestinos se han desarrollado en una bolsa fuera del abdomen. Esto es aterrador, incluso para un cirujano, que debe intentar devolverlo a su sitio con una intervención quirúrgica inmediata. Luego están las malformaciones anorrectales, que dan lugar a un ano y un recto subdesarrollados que impiden el paso normal de las heces; la malrotación es cuando los intestinos no se pliegan correctamente y tienden a retorcerse; y la intususcepción, en la que el intestino se retrae sobre sí mismo como un telescopio provocando una obstrucción intestinal. Esto es solo una pequeña muestra de lo que puede salir mal si falla un solo elemento de la compleja coreografía del desarrollo intestinal. El resultado pueden ser complicaciones de salud de por vida y, a veces, incluso la muerte.

Con todos estos tubos, vueltas y revueltas, se entiende por qué a menudo hablo del intestino en términos de fontanería. Conocido como sistema gastrointestinal, es una larga y retorcida tubería con válvulas, conexiones y accesorios. Incluso tiene la funcionalidad de una serie de electrodomésticos. Es más, todo el sistema está gobernado por lo que ahora llamamos un dispositivo inteligente.

Activación de bocadillos

Cuando se trata de comer, engullir la comida no es tan sencillo como vaciar el agua de la bañera por el desagüe. Sí, una vez tragada la comida baja por un conducto vertical, pero es aquí donde tiene lugar la digestión para que tu cuerpo pueda adquirir energía de los alimentos, lo que lo hace mucho más complejo que simplemente dejarse llevar por la gravedad. El camino de la boca al ano es un proceso bastante mágico, pero también lleno de peligros a cada paso porque en el curso de la evolución, que finalmente produjo un sistema funcional, ciertos pasos no se llevaron a cabo de manera profesional. El inicio de la digestión no está marcado por el momento en que la comida toca tu lengua. Esos engranajes empezaron a girar mucho antes de que te sentaras a comer. Incluso cuando echaste el agua hirviendo en tu olla de fideos instantáneos, liberando esos aromas agridulces para seducir a tus fosas nasales; tu sistema digestivo ya estaba activado. Ese gatillo se disparó cuando la idea de un bocadillo resultó irresistible. Como resultado, una cascada de reflejos se puso en marcha para estimular la secreción de jugos salivales, junto con la producción de más ácido estomacal y varias enzimas en preparación para el festín.

El consumo de alimentos y la posterior obtención de combustible a partir de ellos antes de deshacerse de lo que sobra, es un acto fundamental para tu bienestar, razón por la cual el intestino fue una de las primeras estructuras que se desarrollaron cuando estabas en el útero. Desde ese ano ciego y flotante en el ambiente húmedo del útero de tu madre, se produjo un milagro.

Sí, te convertiste en un feto, pero más inmediatamente en una sanguijuela.

El cordón umbilical es la cuerda de seguridad que te unió a tu madre. Es el sistema de tuberías externas que no solo te servía de salvavidas y fuente de alimento, sino también de portal parasitario hacia la pobre mujer cuya existencia iba a girar en torno a ti durante bastante tiempo. Disfrutabas de una existencia idílica en tu saco amniótico, rodeado de un líquido que contenía tu propia orina, libre de las preocupaciones del metabolismo y la gestión de residuos. Todos tus nutrientes te llegaban cómodamente a la puerta, el mejor servicio de entrega de la naturaleza. El único precio fue la incomodidad que causaste a tu proveedor durante nueve largos meses hasta que se cumplieron los términos del servicio prestado.

Al nacer, y con el corte de tu cordón umbilical, tu suscripción llegó a su fin. Es un duro despertar, y no me extraña que lloraras. ¿Por qué? Porque a partir de ese momento tuviste que depender de tus propias tuberías para llevar a cabo funciones digestivas y excretoras vitales. Ese fue el momento en que entró en juego tu *sistema inteligente* incorporado, que preparó tu intestino para comer, beber y evacuar por ti mismo.

¡Por la escotilla!

Tu intestino está activo veinticuatro horas al día, siete días a la semana. No solo se despierta para permitirte tragar comida; es mucho más sofisticado que el triturador de basura que crees que es. Por ejemplo, cuando sientes vergüenza, no solo se te iluminan las mejillas. El revestimiento de tu estómago también se sonroja y efectivamente mira hacia abajo. Los científicos aún no tienen ni idea de para qué sirve esta incomodidad gástrica secundaria, pero sabemos que el intestino no se limita exclusivamente a tareas digestivas. No es exactamente un gusano alienígena consciente en el núcleo de tu cuerpo, desempeñando una serie de funciones esenciales en tu lugar, pero como concepto, podría ayudarte a reconocer el nivel de sofisticación que está ocurriendo ahí dentro. ¡Dulces sueños!

Con esto en mente, permíteme decirte que, en cierto modo, el intestino también funciona como un segundo cerebro. Esto se debe al sistema nervioso entérico, que, entre otras muchas funciones, también avisa del hambre y la saciedad, en combinación con las hormonas del hambre leptina (saciedad) y grelina (hambre). Incluso desempeña un papel en el «hambre» (esa extraña sensación de tener poco apetito en ausencia de comida). Todos sabemos que existe una estrecha relación entre lo que comemos y cómo nos sienta la comida. De hecho, todos podemos nombrar ciertos sabores que se conectan con nuestras emociones y nos levantan el ánimo. Si me dan un trozo de tarta de plátano, mis preocupaciones se disiparán. Esto no se debe simplemente a la asociación entre la comida y la memoria, sino a los trillones de colonizadores microbianos que han conquistado tu intestino y lo llaman hogar.

Invitado ilustre

Incluso encerrados en régimen de aislamiento, nunca estamos solos. El hecho es que nos superan en número los trillones de inquilinos microscópicos que viven dentro de todos nosotros. Su especie existe desde los albores de la vida en la Tierra. Son anteriores a los humanos y, sin duda, seguirán existiendo mucho después de que se apague nuestra luz.

Nos referimos, por supuesto, a la población bacteriana del interior de nuestro intestino, sin la cual no podríamos ser nosotros mismos. En conjunto, estos diminutos organismos se denominan microbioma. Por lo que sabemos, está formado por unas 4.000 especies bacterianas diferentes. Aunque su número es legión, su función principal es mantenerte vivo para que ellas puedan prosperar. En cierto modo, tú desempeñas un papel importante en este ecosistema. Tu trabajo es mantenerlas contentas, y tu bienestar depende de ello. Si alteras su delicado equilibrio, lo que es fácil si llevas un estilo de vida poco saludable, podrías causarte indirectamente todo tipo de problemas, desde disfunciones autoinmunes hasta enfermedades intestinales crónicas.

Hoy en día consideramos el campo de la ciencia del microbioma como un área de investigación moderna. Sin embargo, las primeras descripciones de «animalitos» o «animálculos», que hoy conocemos como microbios, como bacterias, parásitos y otros organismos unicelulares, se remontan al siglo XVII. Entonces, un aprendiz textil convertido en científico, Antonie van Leeuwenhoek, utilizó sus microscopios artesanales para examinar la presencia de estos organismos milagrosos procedentes de todo tipo de fuentes. En su afán por explorar lo que en aquella época era un mundo por descubrir, van Leeunwenhoek observó la presencia de bacterias en su propia placa dental y en los fluidos procedentes del orificio de su mujer después de mantener relaciones sexuales... Lo siento, la investigación es la investigación.

A menudo considerado el padre de la microbiología, Antonie van Leeuwenhoek tiene el dudoso honor de ser el primer ser humano que vio espermatozoides en movimiento. Esto sin duda nos abrió los ojos a la existencia del mundo dentro de nosotros. Es precisamente a partir de ese momento que el centro de nuestra atención pasó de los tipos de microbios presentes al papel que desempeñan. Hemos tardado casi cuatro siglos en considerar que las comunidades microbianas son algo más que patógenos. Ahora sabemos que desempeñan un papel intrincado y esencial en la configuración de nuestras vidas. Esto abarca todo, desde entrenar tu sistema inmunológico, influir en tu comportamiento a través de las hormonas y la liberación de sustancias químicas, ayudarte a descomponer alimentos indigestibles e incluso infundirnos algunos de sus genes.

Al reconocer la relación entre los microbios y los seres humanos, haríamos bien en dejar de pensar en nosotros mismos como individuos y más como miembros de un equipo junto a una serie de organismos diminutos. La población bacteriana de su microbioma cumple una función sencilla y vital: producir enzimas que fermentan los alimentos en ácidos grasos de cadena corta. Alimentos como las bananas, los guisantes, el brócoli, la col y los cereales integrales son resistentes a la digestión en el intestino delgado. Sin embargo, al pasar al intestino grueso, son fermentados o metabolizados por los microbios intestinales para proporcionar hidratos de carbono accesibles. Estos pequeñajos también se matan a trabajar. A lo largo de tu vida, procesarán unas treinta y cinco toneladas de alimentos.

Como en cualquier sociedad, incluso si está diseñada para ser una utopía, los pícaros errantes pueden merodear en la oscuridad del microbioma. Uno de estos malévolos bichos del inframundo bacteriano es *Clostridium difficile*, una bacteria que, sin duda, provoca incluso en el personal sanitario más duro que les tiemblen las rodillas y que aprieten el trasero. Es responsable de la diarrea y la inflamación del colon, a menudo tras el uso prolongado de antibióticos (que en sí mismo afecta a la salud del intestino al eliminar grandes cantidades de bacterias intestinales buenas y malas, y posiblemente inclinar la batalla interna a favor del lado oscuro).

Tu relación con las bacterias buenas y malas es compleja, pero se reduce a una simple verdad: solo existes porque ellas existen. Podría decirse que el microbioma intestinal es todo un sistema de órganos olvidado, tan esencial para la supervivencia como el latido del corazón.

El microbioma desempeña un papel tan vital en la supervivencia que también puede influir en el desarrollo y comportamiento del cerebro. Al liberar moléculas de señalización, el intestino habla con el sistema nervioso central. El microbioma actúa como coconspirador y dialoga con el cerebro a través del llamado eje intestino-microbiota-cerebro. Estos bichos mensajeros envían mensajes continuos a lo largo de esta superautopista incorporada, que forma la columna vertebral de lo que nos hace humanos. Gracias a los transmisores neuroquímicos, estamos hablando de un fenómeno natural. El *Bluetooth* que permite emparejar dos dispositivos para que funcionen como uno solo. Es posible que esta configuración intestino-cerebro no emita la canción de Mariah Carey a todo volumen en cualquier lugar de la casa, pero los dos están en comunicación constante.

Cuidar de la comunidad

A pesar de todas las maravillas que hemos descubierto, el microbioma sigue rodeado de misterio y misticismo. Esto se debe principalmente a que nuestros cerebros humanos no han conseguido desvelar sus secretos. Lo que sí sabemos es que su composición depende en cierta medida de nuestra dieta.

Entonces, ¿cómo podemos cuidar de forma óptima a esta comunidad interna de diminutas criaturas para que sean compañeros útiles? En primer lugar, el microbioma adora la variedad. Esto significa comer muchos tipos diferentes de alimentos, sobre todo vegetales. El mantra nutricional tantas veces repetido, «come el arcoíris», tiene realmente alguna base científica.

El alimento favorito de las bacterias intestinales es la fibra. Parte de la fibra (no toda) es lo que se conoce como prebiótico, que proporciona a las bacterias intestinales nutrientes útiles para su desarrollo. A tus bacterias también les encanta atiborrarse de moléculas llamadas polifenoles, que puedes encontrar en alimentos como los arándanos, el aceite de oliva virgen extra e incluso el chocolate negro y el café. Estos alimentos mantienen en buena forma un bioma intestinal saludable. Alimentos como el yogur, el kéfir, el pan, la masa madre e incluso algunos quesos suelen contener bacterias vivas, también llamadas probióticos. Los alimentos fermentados, como el miso, el kimchi y el chucrut, contienen postbióticos, que son moléculas útiles, como los ácidos grasos, segregados por las bacterias después de descomponer ciertos alimentos. En definitiva, una dieta equilibrada y sana garantizará que tengas cubiertas las tres «bases bióticas».

Por último, unas palabras sobre las cosas que hacen menos felices a tus bichos intestinales. Una dieta muy rica en carne roja y, sobre todo, basada en alimentos ultraprocesados, puede alterar el microbioma. Aún no se conocen bien los motivos, pero se cree que ciertas bacterias intestinales liberan compuestos químicos nocivos tras exponerse a un alto volumen de carne roja en el tracto digestivo. Cuando se consume en exceso, esto puede provocar una inflamación de bajo grado en el organismo que afecta al equilibrio del bioma. Por supuesto, la vida es cuestión de moderación. Tus bichos intestinales no pueden esperar una dieta libre de algún dónut de crema de tanto en tanto, pero debería formar parte de una dieta sana y equilibrada. A menudo decimos que algo es «bueno para ti». Lo que realmente queremos decir es que es bueno para el microbioma intestinal. Mantén contentos a esos ocupantes internos y ellos cuidarán de ti.

Reflexiones sobre la comida

Cuando estudiaba biología en la escuela secundaria, siempre me quedaba perplejo ante el tema de la digestión. Me confundió aún más en la facultad de medicina cuando me enteré de que era aún más compleja de lo que me habían enseñado. Inmerso en los textos médicos, descubrí que el tránsito de los alimentos a través del cuerpo era increíblemente sofisticado y requería la coordinación de procesos delicados y precisos. Pero solo cuando lo vi con mis propios ojos, como cirujano introduciendo mis manos profundamente en las entrañas temblorosas, me di cuenta de que la digestión es el horno en el que se enciende el fuego destinado a alimentar las funciones esenciales para la vida. Incluso he llegado a pensar que el intestino es la pieza central del cuerpo, aunque el corazón y el cerebro tal vez tengan algo que decir al respecto.

Queriendo reducir el problema al mínimo, la digestión consiste en consumir el entorno externo para construir el interno. Nos alimentamos de todo, desde elementos gaseosos (aire), líquidos (té) y sólidos (hamburguesas), extraemos lo que necesitamos para sobrevivir y luego eliminamos cuidadosamente los residuos. Suponemos que todo esto ocurre dentro de nosotros, oculto de miradas indiscretas, como los Umpa Lumpa que mantienen la fábrica de Willy Wonka funcionando. Pero ¿y si te dijera que el intestino y el proceso digestivo no están dentro de ti, sino fuera?

De acuerdo, es un concepto difícil de entender, pero el aparato digestivo no está realmente dentro de nosotros. Estamos tan complejamente construidos y plegados que todo nuestro largo y retorcido sistema digestivo, desde la boca hasta el ano, no es más que un canal profundo de una apertura a otra. Es una parte integral del mundo exterior que pasa a través de nosotros, y nosotros somos simplemente un conducto para permitir su paso, como un túnel construido especialmente para una línea de metro.

El arte de la digestión, más pollockiano que leonardesco, consiste en consumir el exterior para transformarlo en un interior. Es introspección al más alto nivel interno. Lo que somos ahora mismo, la forma física que tenemos, es un subproducto de la digestión. Después de todo, es un efecto secundario no deseado pero bienvenido de una larga serie bien coordinada de reacciones y ecuaciones bioquímicas aterradoramente complejas.

En realidad, no hay una línea clara entre el interior y el exterior. Sin embargo, a nivel cultural, social y sexual, siempre hemos tratado obsesivamente de negar nuestros delicados mecanismos internos. Desde la cacofonía de gemidos, quejidos y eructos (la sinfónica natural producida por la orquesta en las profundidades de la tráquea) hasta los diversos aromas que emanan por nuestros orificios: estos son los sonidos y olores que nos hemos esforzado por ocultar y negar durante siglos. ¿Puedes olerlo? No fui yo.

Cualquier atisbo de esta bestia debajo de la cubierta que llamamos digestión a veces puede confundirnos, avergonzarnos o también asustarnos. Incluso hemos intentado exterminar y erradicar sistemáticamente todo rastro de su buen trabajo utilizando lociones aromáticas, desodorantes en aerosol, toallitas perfumadas y sistemas de ventilación. Pretender tener control sobre el medio ambiente es un instinto humano innato, y, por supuesto, esto también se aplica al ecosistema interno. Como sociedad, hemos puesto en marcha una campaña de guerra para eliminar cualquier rastro o evidencia de una entidad extraña en forma de tubo retorcido que se aloja dentro de nosotros. Nuestra misión es purificarnos de todos los olores, ruidos y emisiones visibles, a veces desde ambos extremos, que ahora nos horrorizan profundamente.

GUÍA GALÁCTICA DEL SISTEMA DIGESTIVO

Ahora ya sabemos que el microbioma desempeña un papel fundamental en el manejo del intestino, como una legión de microfontaneros encargados de la instalación de tuberías internas. Así que descubramos toda la serie de equipos mediante los cuales se procesan los alimentos una vez que se insertan en el sistema. En el extremo superior, la boca mastica todo lo que le ponemos dentro como un triturador de basura muy eficiente. Masticado y triturado diligentemente, luego se traga y se hace descender al esófago. Luego, en el fondo del estómago, los bolos de comida triturada se mezclan con los jugos gástricos, como una lavadora en pleno centrifugado. Claro, evidentemente, no queremos que nuestra ropa sea tratada así, sobre todo cuando el estómago añade ácidos, que ayudan a formar la pulpa de la comida, pero no harían un buen trabajo en prendas delicadas.

A continuación, por cortesía del páncreas y la vesícula biliar, tendremos las enzimas digestivas, que son básicamente detergentes para ropa de gama alta sin la caja con las letras de colores. Contienen amilasa para descomponer los almidones, proteasas para pulverizar las proteínas y lipasa para eliminar los rastros de grasa.

Cuando la comida sale del intestino delgado, donde ha tenido lugar este ciclo de lavado un tanto intenso, parece una sopa muy líquida y poco apetitosa. En este punto, encuentra un recipiente insaciable, listo y esperando para hacerse cargo de las siguientes fases. El colon cumple con una función esencial al realizar el último enjuague y el ciclo de secado. Además de reabsorber agua y electrolitos, es el caldo de cultivo de la mayoría de los inquilinos microscópicos. Aquí es donde hacen el trabajo sucio fermentando y descomponiendo diversos alimentos para liberar nutrientes esenciales, antes de hacer un depósito de chocolate en el banco del recto. (Siéntete libre de hacer una pausa aquí y tomar un aperitivo antes de continuar).

El sistema digestivo es uno de los órganos más infravalorados del cuerpo humano. Podría decirse que no es un órgano, sino cuatro. Hablamos del estómago, el intestino delgado y el grueso, que suelen tener más prensa que el mesenterio menos conocido: una estructura amarillenta y grasa en forma de abanico que suministra sangre al intestino. El mesenterio está tan subestimado que solo se le dio el título de «órgano» en 2017, pero sin él, el intestino no recibiría combustible. Si queremos exagerar, podemos incluso llegar a considerar la vesícula biliar, el hígado, el páncreas y el esófago como parte de la misma familia digestiva. Después de todo, estas estructuras vecinas están inexorablemente ligadas a la cadena de producción que es el proceso digestivo.

Qué boca tan grande tienes

Si el alma estuviera en el sistema digestivo, la boca sería el espejo del mismo. Podemos hacer muchas cosas con la boca, pero mi función favorita es comer.

Afortunadamente, cuenta con el apoyo de un *crescendo* de saliva, un regimiento de dientes y una estructura muscular sinuosa llamada lengua, todos ellos capaces de destruir cualquier invasor extraño que se atreva a poner un pie allí, o casi. La boca también alberga un ejército oculto de bacterias que forman el microbioma oral, un frente protector que contribuye a la salud bucodental.

La boca es la primera línea de defensa, la que se encarga de asestar el primer mordisco al enemigo. Masticar puede parecer una tarea pesada, pero supone menos trabajo para el estómago y reduce las posibilidades de indigestión e hinchazón.

Para facilitar el proceso de masticación, entre otras cosas, las glándulas de la boca segregan un líquido transparente llamado saliva. También puedes escupir para expresar disgusto o ira, pero en realidad la secreción se desencadena por el hambre o por el pensamiento, la vista o el olor de un alimento que te gusta. La saliva no solo lubrica la boca mientras te preparas para atiborrarte de comida; también contiene pequeñas cantidades de peróxido de hidrógeno, que pueden matar las bacterias. Estás avisado: tu boca utiliza tácticas de guerra química.

Además, la saliva contiene compuestos analgésicos que son más fuertes que cualquier medicamento recetado. Así que, si tienes dolor de garganta, puedes aliviar tus síntomas comiendo algo o simplemente masticando un chicle para estimular la producción de saliva empapada en productos químicos para aliviar el dolor. Otro de los ingredientes que lo componen es similar al que se encuentra en la orina: la urea ayuda a proteger los dientes manteniendo un nivel ácido-alcalino (PH) equilibrado de la cavidad bucal. Es un líquido verdaderamente multifuncional, pero su contenido más importante son las enzimas salivales, que pueden ayudar a descomponer los alimentos.

El microbioma bucal, respaldado por la saliva, desempeña un papel fundamental a la hora de determinar el olor de tu aliento. Aunque estés relativamente sano, seguro que alguna vez te has levantado por la mañana y te has preguntado por qué la gente a la que quieres te hace muecas. Los olores acres del aliento son producidos por bacterias que se alimentan de alimentos en descomposición. Por ejemplo, las sustancias químicas putrescina (como en «putrefacción») y cadaverina (como en «cadáver») huelen literalmente a putrefacción y muerte. No es algo agradable de sentir en alguien, y podría explicar por qué cuando llegaste a la oficina te encontraste confinado en una zona de exclusión nuclear.

Tragando para la ciencia

Recuerdo bien la primera vez que tomé un telescopio delgado y flexible con una luz incorporada en él y lo metí profundamente en la garganta de un paciente. Con mucho cuidado, como cuando era niño y jugaba al clásico juego de mesa, «Operación», empujaba el instrumento por el esófago hasta el estómago e incluso hasta la primera parte del intestino delgado. Me maravillaba lo delicados que eran los revestimientos internos, consciente de que cualquier movimiento incorrecto de mi endoscopio podía causar dolor o incluso perforarlos. Sin embargo, a veces en medicina los beneficios de un procedimiento superan con creces los pequeños riesgos, si por casualidad se puede identificar la causa de la enfermedad por reflujo de un paciente o detectar un cáncer o un tumor en sus primeras fases.

Ya en el siglo XIX, cuando gran parte del aparato digestivo todavía estaba abierta a la exploración, los médicos pioneros eran un poco más libres y todo era más fácil a la hora de asumir riesgos en nombre de la ciencia médica. Fue un médico alemán llamado Adolf Kussmaul quien construyó un tubo con espejos que contenía una pequeña lámpara para poder asomarse al tracto que une de la boca al estómago. Consciente de que el reflejo nauseoso podía afectar la exploración, Kussmaul contrató ingeniosamente a un tragasables para probar su nuevo dispositivo. Le permitió ver el interior del esófago, lo que le resultó muy útil. Este fue un primer diseño de lo que hoy conocemos como endoscopio: una pequeña cámara que permite a los médicos observar los intestinos.

Oda al esófago

Al igual que los gusanos se arrastran por el suelo en oleadas de contracciones musculares progresivas, el aparato digestivo utiliza el mismo proceso básico para transportar los alimentos. Es lo que se conoce como peristalsis. Se produce gracias a una secuencia alterna de contracción y relajación muscular, como una «ola» que atraviesa una multitud en el estadio. Así es como la comida es conducida a lo largo de tu tubo. Afortunadamente, el proceso es independiente de la gravedad, por lo que puedes seguir tragando comida y bebida si estás colgado boca abajo; solo que no es recomendable.

Si realmente quieres intentarlo, no olvides que el cuerpo humano siempre está a un paso de la catástrofe, y una de las primeras trampas del sistema gastrointestinal te espera en la puerta del extremo superior. Entre muchos ejemplos de mal diseño, este podría asegurar el primer premio. En esencia, es el hecho de que el tubo de alimento (el esófago) está justo al lado del tubo del aire (la tráquea). Además comparten el mismo acceso (la faringe), que ocupa todo el espacio desde la nariz hasta la caja de voz (laringe). Para evitar que la comida y la bebida se desvíen hacia los pulmones a través del tubo respiratorio, hay un pequeño colgajo de tejido (la epiglotis), que cierra la abertura de la tráquea cada vez que tragas. Así que, si estás con amigos, comiendo, hablando y riendo al mismo tiempo, la comida puede fácilmente tomar un camino equivocado, colarse en tus vías respiratorias y luego que se haga el silencio en todo el restaurante mientras te ahogas hasta que tus ojos se salen de tus órbitas.

Nadie lo sabe mejor que los bebés que se ahogan con regularidad. Fuentes confiables me han informado que los bebés son muy importantes para la supervivencia de la especie, entonces, ¿cómo hemos llegado a esta situación?

Esta peculiaridad, a veces fatal, es una compensación evolutiva, un mal necesario. El caso es que la laringe se encuentra en la parte inferior de la garganta, lo que nos permite vocalizar y producir discursos complejos mucho mejor que si estuviera situada más arriba. En consecuencia, compite por el espacio con nuestros conductos alimentarios y supone el riesgo de morir si nos equivocamos.

Si quisiéramos renegociar este acuerdo de tuberías «2x1» y diseñar un humano con orificios separados para comer y respirar, tendríamos que sacrificar todas las cosas maravillosas que conlleva ser humano. Hablar, cantar, gritar al conductor del BMW que te ha cortado el paso: todos estos placeres sencillos tendrían que desaparecer para que pudiéramos atiborrarnos de comida sin riesgo de atragantarnos. Hay alternativas, por supuesto. Los pájaros, por ejemplo, tienen un buen espacio entre la tráquea y el esófago, lo que les permite no caerse de una rama a mitad de la canción por haber inhalado accidentalmente un gusano. El problema es que cada vez que se separan dos orificios, hay que acercar otros dos. El ser humano, para poder hablar y comer sin riesgo de asfixia, debe aceptar vivir, como nuestros amigos con alas, con una cloaca, un solo tubo de drenaje para la orina y las heces. Vale la pena señalar que los calamares lo tienen mucho peor. La comida pasa a través de sus cerebros, lo que me parece un precio bastante alto a pagar por la oportunidad de respirar sin riesgo de atragantarse con una *baguette*. Desde este punto de vista, quizá deberías tener cuidado la próxima vez que presumas de tu nueva marca personal en una carrera por el parque mientras luchas con la boca llena de pasta.

SÁLVATE A TI MISMO

No hace falta que explique por qué las vías respiratorias obstruidas no son algo agradable de ver; o tal vez sea necesario. Un suministro deficiente de oxígeno al cerebro, aunque sea por poco tiempo, puede ser perjudicial. Por lo general, el cuerpo se agita instintivamente como un pez fuera del agua, balbuceando, tosiendo y teniendo arcadas en un intento desesperado por eliminar el bocado de comida que se atrevió a entrar en el túnel equivocado. Si te encuentras en presencia de alguien a quien se le pone la cara morada, hay varias formas de ganarte la reputación de héroe.

La maniobra de Heimlich debe su nombre a su creador, el médico y cirujano torácico Henry Heimlich. Después de su concepción, durante décadas mucha gente creyó que era la única forma de salvar a una persona al borde de la asfixia, en gran parte debido a las representaciones de Hollywood que mostraban como este simple gesto salvaba vidas milagrosamente. La maniobra de Heimlich puede ayudar, pero desde luego no es la única opción. Puede que ni siquiera sea la mejor sobre la mesa, o el suelo, dependiendo de dónde se esté tambaleando la víctima.

Los golpes repetidos (o «palmaditas») con el talón de la mano entre los omóplatos son una opción inicial igualmente eficaz. Probablemente sea mucho menos violento que abrazar a una persona que se está asfixisiando, sobre todo si es una persona mayor. La mayoría de los protocolos de asfixia de emergencia recomiendan ahora cinco palmaditas en la espalda. Si esto no soluciona el problema, se deben realizar cinco compresiones abdominales (antes conocidas como maniobra de Heimlich) colocando una mano alrededor de la parte media del abdomen de la víctima y empujando hacia dentro y hacia arriba. Si la víctima sigue ahogándose, llama a los servicios de emergencia.

¡Cierra esa puerta!

Hacia el final del tubo digestivo, hay una válvula de flujo único que podría ser más infalible: el esfínter esofágico inferior. Conecta el esófago y el estómago, y es el primero de los esfínteres en sentir el castigo de esas alitas picantes y el retroceso de la acidez estomacal. Si el exceso de ácido estomacal burbujea repetidamente a través de esta válvula, el esófago te hará ver las estrellas, normalmente alrededor de las cuatro de la mañana. A veces este esfínter puede estar un poco defectuoso, como una puerta que no cierra correctamente y deja pasar las corrientes de aire. En ese caso, no se trata de una brisa, sino de una sensación infernal.

Sabor a ácido gástrico

En esa olla hirviendo que es el estómago, la comida, abrumada por ríos de saliva, moco y ácidos, y agitada sin piedad por oleadas progresivas de contracciones musculares, se transforma en quimo, una pasta semisólida y parcialmente digerida.

En el siglo XIX, los científicos no se ponían de acuerdo sobre el funcionamiento del estómago. Algunos especularon que se trataba de una secuencia mecánica en la que las contracciones musculares trituraban los alimentos. Otros pensaban que era un proceso químico, mientras que un pequeño grupo se atrevió a sugerir que podía ser una mezcla de ambos. Curiosamente, la cuestión se resolvió gracias a uno de los experimentos menos éticos de la historia de la medicina.

En 1822, un cazador de pieles canadiense llamado Alexis St. Martin recibió un disparo accidental de un mosquete que se disparó por error. La explosión le hizo un agujero del tamaño de un puño en medio del abdomen que debería haberlo matado. Sin embargo, gracias a los esfuerzos del cirujano del ejército William Beaumont, la víctima sobrevivió. St. Martin salvó la piel, y el pelaje, pero la herida no se cerró ni cicatrizó. En cambio, el orificio en el estómago y el orificio en la piel del costado se adhirieron y fusionaron, formando una soldadura anormal llamada fístula gástrica. El Dr. Beaumont descubrió que, con la luz adecuada, podía mirar a través de esta abertura y observar el funcionamiento del estómago de su paciente. El médico se dio cuenta de que era una oportunidad para observar la digestión en tiempo real, literalmente, una ventana al funcionamiento interno de este proceso hasta entonces misterioso.

Durante la década siguiente, el Dr. Beaumont entabló una relación de trabajo moralmente dudosa con este tipo de escaparate humano. Una relación que le permitió realizar una serie de experimentos. De alguna manera, persuadió al pobre Alexis St. Martin para que tragara diferentes tipos de alimentos atados a un hilo. De esta manera, el médico podía mirar a través de la fístula y observar el proceso digestivo con sus propios ojos antes de sacar los restos para analizarlos. Se dice incluso que pasó la lengua por la fístula para determinar las propiedades astringentes pero mágicas de los fluidos gástricos. Gracias a estos experimentos repulsivos y en su mayoría repugnantes, el Dr. Beaumont pudo deducir que nuestros jugos digestivos consistían en enzimas mucosas y ácidas.

Uno de los componentes más importantes de los jugos digestivos producidos por el estómago es el ácido clorhídrico, un potente cóctel químico que es capaz de eliminar el óxido del metal. En el estómago, mata las bacterias dañinas, y al mismo tiempo juega un papel fundamental en el proceso digestivo. Entonces, ¿qué impide que corroa las paredes del estómago y nos derrita por dentro? La respuesta es la mucosidad. Esta sustancia recubre la pared gástrica, formando una barrera protectora contra el ácido. Afortunadamente, la mucosidad tiende a superarla. Cuando pierde alguna que otra batalla, el resultado puede ser doloroso y adoptar la forma de úlceras de estómago.

Gracias a una combinación de ciencia e intromisión, hemos encontrado varias formas de hacer que nuestros cuerpos se vuelvan contra sí mismos. Los AINE (antiinflamatorios no esteroideos) son un buen ejemplo. Este medicamento común de venta libre, conocido como ibuprofeno, actúa contra el dolor reduciendo la producción de prostaglandina, una molécula que envía señales de dolor. Lo hace bloqueando una enzima llamada COX-2 y puede ser muy eficaz. Sin embargo, otra función de la prostaglandina es reducir la producción de ácido estomacal y aumentar la producción de moco para garantizar la regulación natural de las paredes del estómago. Tomar grandes dosis de ibuprofeno, o tomarlas durante un largo periodo puede aumentar el riesgo de formación de úlceras (un agujero en el estómago), algo que detesto como cirujano por el dolor y el sufrimiento que causa al paciente, así como por la posibilidad de que muera.

Sabemos que la barrera protectora de la mucosa también puede verse comprometida por una bacteria llamada *Helicobacter pylori*, permitiendo que el ácido la corroa. Sin embargo, durante mucho tiempo los científicos han relacionado erróneamente las úlceras con el estrés o la comida picante. En la década de 1980, el Dr. Barry Marshal puso las cosas en su sitio al ingerir deliberadamente la bacteria sospechosa para inducir una gastritis grave (precursora de la formación de úlceras de estómago). Este experimento consigo mismo le causó un dolor intenso y vómitos copiosos, pero también le permitió tomar una muestra de su propio intestino para demostrar que la bacteria estaba presente y era la responsable. Como las bacterias pueden tratarse fácilmente con un tratamiento de antibióticos, el Dr. Marshal se recuperó para publicar sus hallazgos y llegó a ganar un Premio Nobel por sus esfuerzos.

La hora de los intestinos

Cuando el estómago ha terminado de convertir la comida en quimo, es hora de que esta deliciosa mezcla se dirija a la puerta del intestino delgado. También se llama píloro, del latín *pylorus,* que significa «guardián de la puerta».

El 50 % del contenido del estómago tarda unos noventa minutos en vaciarse en el intestino delgado. Por esta razón, suele ser una buena idea evitar comer entre dos y tres horas antes de irse a la cama. Así no dormirás con el estómago lleno, ya que esto puede causar indigestión y perjudicar el sueño.

Puede ser incluso más difícil dormir bien por la noche si te has dado el gusto de comer un postre. ¿Te has preguntado alguna vez por qué siempre te queda sitio para uno incluso después de una comida especialmente satisfactoria? Bueno, los cuentos sobre el segundo estómago son ciertos.

Al igual que la boca está provista de papilas gustativas, el estómago también tiene receptores gustativos. Estos pueden reconocer el valor de ciertos alimentos y enseñarnos a buscarlos. Podemos agradecer a nuestros antepasados este reflejo ancestral, ya que en épocas de hambruna un alimento dulce representaba un bien energético y de gran valor. Como resultado, cuando se nos presenta una delicia azucarada, puede hacer que los receptores gustativos de tu estómago produzcan la hormona del hambre, la grelina. Este saboteador de la cintura anula las señales anteriores que tu cerebro te dijo que estaba saciado, y, en cambio, te insta a abastecerte de comida antes de que llegue la hambruna. La próxima vez que te ofrezcan ese postre, aunque estés lleno a reventar, puede que sea tu segundo estómago el que ponga fin a tus buenas intenciones. Puedes culpar a la biología.

Sujeta mi cabello hacia atrás

El viaje a través del sistema digestivo suele ser unidireccional; sin embargo, en ocasiones, las cosas no salen del todo bien y algo vuelve a subir por la tubería.

Las náuseas son uno de los síntomas más engañosos. Desde un punto de vista evolutivo, es la forma que tiene tu cuerpo de indicarte que has sido envenenado. Tu cuerpo también tiende a avisar con la debida antelación, lo que forma parte del desagradable proceso que puede desembocar en el vómito. Una de las primeras señales de que estás a punto de enfermar es el aumento de la producción de saliva, conocido como salivación. Básicamente, tu cuerpo sabe que estás a punto de forzar el contenido ácido de tu estómago en tu boca, y quiere proteger el esmalte de tus dientes. Piensa en ello como un acto incorporado de autocuidado.

SÁLVATE A TI MISMO

En la mayoría de los casos, si el estómago tiene que rechazar su contenido, no eres más que un mero espectador. En algunos casos, sin embargo, las sensaciones asociadas a las náuseas pueden controlarse. Se sabe que el jengibre contiene propiedades contra las náuseas, principalmente debido a un compuesto químico llamado gingerol (no muy ingeniosamente nombrado), y muchas personas encuentran que masticar caramelos de jengibre o incluso raíz de jengibre puede aliviar los síntomas. Lo hace aumentando la velocidad a la que el estómago se vacía en el intestino delgado (aumento del vaciado gástrico).

Si tus náuseas se deben al mareo, considera que tu visión es clave para estabilizar el barco. ¿Por qué? Porque cuando hay un desajuste entre tus ojos y los sensores de equilibrio, el cerebro puede interpretarlo como una intoxicación. Cuando viajas por un medio que escapa a tu control (como en un barco o como pasajero de un coche), la clave es mantener la vista fija en el horizonte. Así disminuye la discordancia entre lo que sientes y lo que ves, lo que ayuda a los ojos y a los sensores del equilibrio a coordinar mejor su información. Por eso, si te mareas, intenta sentarte en la parte delantera de la atracción para ver el horizonte lo más lejos posible.

Un apartado para la bilis

Cuando los alimentos pasan a la primera parte del intestino delgado, suponiendo que no hayas vomitado esa ración extra de postre, son recibidos por ayudas digestivas y enzimas producidas por tres órganos fascinantes. La vesícula biliar y el páncreas cumplen funciones vitales, pero no son nada comparado con la bestia que se esconde en la cavidad abdominal. Estamos hablando del héroe hepático, el monstruo del metabolismo, la abominación abdominal... el hígado.

Cualquier cosa que pongas en tu cuerpo, incluso si a veces roza la idiotez, el hígado la metaboliza entera; en definitiva, convierte lo que le das en energía. Se ríe en la cara de los productos de desintoxicación de tu *influencer* de turno porque puede eliminar más toxinas en un minuto que toda una vida de limpiezas a base de batidos. El sistema digestivo envía todos los nutrientes a esta megafábrica. Allí, entre sus muchos departamentos, el hígado descompone la grasa y extrae energía, al tiempo que produce proteínas, hormonas y coagulantes que evitan que te desangres por un corte.

Cifrar con exactitud el número de funciones que desempeña el hígado es todo un reto para los científicos, pero se habla de al menos quinientas. Es tan complejo que ninguna máquina puede reproducir su función. La única solución para un hígado roto (lo que solemos llamar insuficiencia hepática) es conseguir uno nuevo mediante un trasplante. Como en *Doctor Who*, sus poderes de regeneración son tan increíbles que, como cirujanos, no necesitamos sustituirlos muy a menudo. Incluso cuando es necesario, puedes donar el 70 % de tu hígado a alguien y crecerá hasta convertirse en un modelo totalmente funcional, mientras que el tuyo volverá a la normalidad en solo un par de meses.

Aunque es justo decir que sin hígado estaríamos en un lío espantoso, es un órgano responsable de producir el horrible líquido verde que es vital para descomponer las grasas de los alimentos. Al igual que un asesino en serie guarda un balde de ácido en el garaje, la bilis es el líquido que el cuerpo utiliza para deshacerse de los alimentos.

El hígado es un productor tan prodigioso de este jugo digestivo que gran parte se almacena en su órgano auxiliar, la vesícula biliar. La bilis contiene básicamente ácidos y sales que emulsionan las grasas. La vesícula biliar hace un gran trabajo sirviendo de almacén para el hígado... hasta que falla cuando más lo necesitas. En la facultad de medicina, pasé muchas horas en las salas de disección maravillándome con esta peculiar anatomía. En cada cadáver que abría, la vesícula biliar básica era siempre la misma y, sin embargo, existían increíbles variaciones en la estructura de los conductos biliares. Estos fluían desde el hígado y se conectaban a la vesícula biliar y al intestino delgado. La vesícula biliar es una de las partes más variables de la anatomía humana, y es por esta razón por la que extirpar una de un paciente puede ser tan peligroso. De hecho, los estudios han demostrado que los daños en el conducto hepático común, que conecta el hígado con el intestino delgado, pueden costarle al paciente hasta diez años de vida.

He tenido tantos encontronazos con vesículas biliares rebeldes que he establecido una relación de amor-odio con ellas. En el mejor de los casos, garantizan que el sistema digestivo siga descomponiendo las pruebas de tus delitos alimentarios durante toda la vida. En el peor, no es más que un primitivo saco de almacenamiento en el que pueden formarse pequeñas bolas de colesterol o bilirrubina que te hacen la vida imposible.

Alrededor del 10 % de la población desarrolla cálculos biliares en la vesícula biliar. Afortunadamente, muy pocos experimentan síntomas, pero los que los muestran a veces invocan a la muerte para que venga misericordiosamente a liberarlos. Se trata de una patología que cada vez cobra más importancia debido a los excesos de la vida moderna. Comer en exceso y una dieta rica en grasas y colesterol aumenta la probabilidad de formación de cálculos biliares, que, como el caviar duro como una piedra, pueden desplazarse en las vías biliares y acabar bloqueando el flujo de bilis, provocando una inflamación y un dolor que pueden agravarse rápidamente.

Esto es lo que odio de la vesícula biliar, porque un conducto obstruido puede causar al paciente un sufrimiento indecible. El órgano está diseñado para contraerse a la hora de comer y expulsar la bilis, pero imagínate si ese saco está lleno de piedras: el paciente pronto le tiene pánico a sentarse a la mesa.

Por razones muy diversas, la extirpación de la vesícula biliar es una de las operaciones más satisfactorias, tanto para el paciente como para el cirujano. Puede significar el fin instantáneo del dolor y las molestias causadas por un órgano que ha dejado de hacer su trabajo. Además, es un problema tan común que me da un flujo de trabajo constante.

La diversión y los juegos no siempre se limitan a la vesícula biliar. De vez en cuando, un cálculo biliar puede salirse, seguir un camino prohibido y alojarse cerca del páncreas, un órgano igualmente importante que produce enzimas digestivas. Si algunos cálculos biliares aventureros se encuentran cerca del páncreas pueden bloquear el flujo de enzimas, por lo que esencialmente empiezan a atacar al propio páncreas. Esto se conoce como pancreatitis, que es la forma que tiene tu cuerpo de recordarte que tiene la capacidad de ser un Hannibal Lecter para tu Clarice Starling interior. Preocupantemente, la pancreatitis grave puede tener una tasa de mortalidad de hasta el 1 %.

¿Qué podemos decir del páncreas? Para empezar, no mucha gente sabe que existe. Estamos hablando de algo que se encuentra en los recovecos del abdomen y que tiene el aspecto de una pequeña mazorca de maíz incomestible. La gente solo se fija en el páncreas cuando no realiza alguna de las pocas funciones que tiene encomendadas, como la producción de insulina. También se convierte en el centro de atención cuando intenta matarte sigilosamente. El cáncer de páncreas tiene una de las peores tasas de supervivencia porque los síntomas no suelen presentarse hasta que es demasiado tarde. Es como descubrir que un empleado descontento ha estado saboteando silenciosamente la empresa mientras fingía ser productivo.

Si tenemos en cuenta todos los problemas que puede acarrear el almacenamiento de bilis, quizá deberíamos revisar nuestra historia de amor con el hígado y preguntarnos por qué no puede limitarse a producir la cantidad adecuada en lugar de fabricar a veces más de la necesaria. Es una buena pregunta, pero entonces la respuesta es similar a la que da la compañía del agua cuando se le pregunta por qué necesitamos un embalse: las existencias son importantes, porque en realidad permiten una entrega rápida a demanda.

SÁLVATE A TI MISMO

Si tienes problemas de vesícula biliar, sigue una dieta baja en grasas. Esto tiene sentido, porque el órgano tendrá menos necesidad de contraerse para exprimir la bilis que emulsiona las grasas. Si tienes la mala suerte de desarrollar cálculos biliares, lo último que querrías es una vesícula biliar que esté constantemente contrayéndose. El dolor puede ser insoportable, y para muchas personas incluso, cambiar su estilo de vida es solo un remedio: la única manera de «curarlos» es extirpar la vesícula biliar. Bueno, al menos hasta que encontremos una forma de destruir los cálculos biliares sin cirugía.

Revalorizar el apéndice

Cuando vi por primera vez un apéndice de verdad, unido a la primera parte del colon y revoloteando en la hendidura del abdomen, pensé inmediatamente en cómo esta estructura parecida a un gusano estuvo a punto de matar a mi primo hace tantos años. Sin embargo, a pesar de que intentara acabar con un miembro de mi familia, debía ser objetivo en mi valoración. Se cree que el apéndice desempeña un papel importante en la repoblación del microbioma del intestino, actuando como una especie de depósito de bacterias buenas. Esto es importante si sufres algún tipo de enfermedad diarreica. A lo largo de la historia esto ha sucedido a menudo debido a las condiciones de vida antihigiénicas, pero me atrevería a decir que hoy en día cierto «desafío de laxantes» en TikTok podría ser igual de culpable. Cualquiera que sea la causa, esta clásica «situación de mierda» agota la flora intestinal. Es cierto que podemos sobrevivir e incluso vivir muy bien sin un apéndice, pero se cree que es útil para restaurar lo bueno.

Eau de colon

Cuando abro el abdomen de un paciente durante una intervención quirúrgica mayor, los intestinos parecen fideos en caldo muy bien empapados y agrandados, pero para gigantes. Nunca deja de asombrarme cómo un tubo tan largo puede ser forzado en giros y bucles dentro de una cavidad que apenas puede contenerlo. El intestino delgado está anidado en el centro del vientre. Mide entre 6 y 8 metros de largo, pero necesitaríamos un microscopio para verlo en toda su extensión. El interior, de hecho, está lleno de diminutas protuberancias similares a los dedos, llamadas vellosidades, que a su vez están equipadas con protuberancias todavía más pequeñas, llamadas microvellosidades, que en conjunto aumentan la superficie disponible para la absorción. Todo ello tiene todo el sentido del mundo, porque alrededor del 90 % de los alimentos se absorben en el intestino delgado. La comida viaja a través del tracto del sistema digestivo a una velocidad de unos quince centímetros por hora, lo cual es notablemente más lento que la velocidad con la que la devoraste.

Una vez absorbida la mayor parte del contenido de los alimentos en el intestino delgado, el contenido restante pasa al intestino grueso. Piensa en esta sección como la tubería de aguas residuales del cuerpo. Aquí, de manera crucial, el agua y las sales se reabsorben, hasta que el producto de desecho final esté listo para regresar al mundo.

Operación de defecación

A lo largo de nuestra vida, los intestinos pueden soportar unos 11.000 kg de caca, lo que equivale aproximadamente al peso de un elefante. En cualquier momento de tu vida adulta, tu tracto digestivo contiene unos cuantos kilos, lo que significa que estás literalmente lleno de mierda.

En mi quinto mes como médico de primer año, durante una rotación quirúrgica, estaba de guardia con mi residente, o médico jefe. Los residentes de cirugía son criaturas espantosas que inspiran conmoción, pavor y terror a donde van. Yo digo esto porque he sido residente durante muchos años, aunque por mucho que lo he intentado nunca he estado a la altura de las expectativas. En mis rondas, vi a un paciente varón de edad avanzada con el abdomen hinchado y distendido. El pobre hombre parecía estar embarazado de nueve meses, y realmente esperaba poder ayudarlo. Así que empecé a percutirle el abdomen como si fuera un tambor. El sonido que hacía era hueco, lo que sugería que estaba lleno de gas.

Sospeché que podía tener un vólvulo sigmoideo. Los pacientes ancianos corren un mayor riesgo de padecer este trastorno, en el que una parte del intestino grueso, el colon sigmoide, se retuerce sobre sí mismo. Es especialmente peligroso porque, si permanece retorcido durante mucho tiempo, puede aumentar el dolor o, lo que es peor, comprometer el riego sanguíneo y provocar la muerte del intestino. Por eso es necesario desenroscarlo o «descomprimirlo».

Con inquietud, me acerqué a mi médico de guardia y le conté mi evaluación del paciente. Cuando le pregunté qué debía hacer, me miró como burlándose de mi falta de conocimientos. «Tienes que usar un tubo de descomprensión transanal. Búscalo y avísame cuando lo hayas hecho», me dijo.

Esto fue particularmente desalentador, ya que nunca había visto uno insertado antes. Lo único que sabía era que se trata de un tubo de plástico que se introduce por el ano del paciente para facilitar el movimiento del colon.

Desesperado, busqué vídeos en YouTube sobre cómo realizar el procedimiento, saqué el tubo de descompresión del almacén y me dirigí a ver al paciente con más dudas que determinación. Ese día vestía una elegante camisa azul y pantalones de algodón. Desgraciadamente, esto será relevante más adelante.

Siguiendo las instrucciones que había visto en *internet*, coloqué al paciente en posición fetal e introduje el pequeño tubo de plástico en su conducto posterior. Al principio... bueno, nada. Así que avancé un poco más el tubo, solo para ser recibido por un chillido de agonía del paciente seguido de un fuerte silbido de aire sulfuroso penetrante que invadió la habitación. Justo cuando respiraba para brindar por nuestro éxito, un líquido marrón me roció sin contemplaciones a través del tubo que tenía en las manos.

Me quedé paralizado, ansioso por ocultar mi repugnancia hacia el paciente, justo cuando entró el residente. Su expresión era idéntica a la mía, pero inmediatamente adoptó un aire muy divertido.

—La regla número uno en el círculo de cirujanos —dijo manteniendo las distancias mientras mi paciente respiraba aliviado—. Siempre apunta con el tubo al más joven de los presentes.

—Entendido —dije algo traumatizado.

—Regla número dos, si no quieres que te considere un idiota, conecta el tubo a una bolsa antes de la inserción —añadió.

HISTORIA DE LA CACA

La caca es el final del proceso digestivo, pero afortunadamente no es un goteo constante. Incluso cuando funciona a pleno rendimiento, cada persona tiene un ritmo de evacuación único, así que no compares la frecuencia de tus movimientos intestinales con los de tus compañeros de trabajo. Deja eso para la residencia de ancianos.

La frase «nada es seguro excepto la muerte y los impuestos» está incompleta. Cagar también es algo inevitable, y nadie está por encima de ello. Sea cual sea el lugar que ocupes en el banquete de la vida, desde el sillón de la cabecera de la mesa hasta el banco de los sirvientes, todo lo que comes sale de la misma forma. También es uno de esos temas que siguen considerándose tabú, lo que no ayuda desde el punto de vista de los profesionales de la salud. La gente es reacia a plantear sus preocupaciones o simplemente no es consciente de las señales de advertencia de un problema subyacente, porque son temas que quedan fuera del debate general. Así que, como servicio público, permíteme que te lleve de viaje a través de los túneles del misterio y la medicina para sacar a la luz nuestros hábitos en el baño.

Las sociedades, las religiones y las culturas han intentado durante mucho tiempo presentar el acto de defecar como el pequeño y sucio secreto de la humanidad. En mi propia experiencia, cuando iba a visitar a mi familia en la India a principios de los noventa, veía a personas subyugadas a manipular excrementos humanos a mano y a limpiar letrinas públicas en condiciones terribles. Estas personas, un grupo conocido como dalits, eran las desafortunadas víctimas del terriblemente atrasado sistema de castas, en el que los «intocables» de posición inferior se vieron obligados durante muchos siglos por la sociedad a manipular los desechos de los que estaban más arriba en la jerarquía. A veces, la mierda realmente rueda cuesta abajo.

Dejando la opresión aparte, lo único que puede hacer que cualquiera se sienta como un rey o una reina, independientemente de su posición social, es su propio trono de porcelana. De los orinales reales a las letrinas comunitarias y los agujeros en el suelo, los avances tecnológicos han dado lugar al inodoro moderno, con asiento y cisterna, un asiento adecuado para la reflexión y un momento alejado de las tensiones... de la vida moderna. El retrete moderno, punto de transición entre la intimidad humana y la grandeza arquitectónica, al tiempo que alivia muchas de las enfermedades que florecieron con la falta de saneamiento y la defecación pública al aire libre, también ha dado lugar a hemorroides, enfermedades intestinales como la diverticulosis, e incluso el estreñimiento, el azote de todas las cisternas de inodoro del mundo. Lo que rara vez se admite es que estos problemas tienden a atormentarnos a nosotros, los habitantes del mundo occidental, debido a nuestra afición por estos baños aparentemente «civilizados».

Podemos culpar de esta crisis sanitaria moderna al encanto del trono de porcelana. ¿Por qué? Porque, debido a la posición que asumimos para llevar a cabo nuestras necesidades puede provocar altas presiones en el extremo del intestino. Este aumento de la presión interna se traduce en un «reventón» que provoca la formación de hernias en forma de globo en el colon (lo que se conoce como enfermedad diverticular) o la aparición de venas hinchadas y jugosas que recubren el ano (conocidas caroñosamente como hemorroides).

¿Qué pasa cuando haces caca?

¿Alguna vez te has preguntado cómo tu cuerpo coordina el movimiento intestinal? ¿Qué ocurre exactamente ahí dentro para que se produzca una caca? Bueno, incluso las cosas más primitivas a veces requieren una sofisticación extraordinaria para producirse.

Este proceso aparentemente sencillo requiere todo tipo de tensiones, dilataciones y contracciones corporales. Es una obra maestra de contorsiones impulsadas al principio por el instinto, por lo que es un poco mezquino de nuestra parte tachar el acto de mera «cagada».

El último tramo de su descenso desde el final del colon hasta el recto, la materia fecal cambia a la cuarta marcha y avanza, despejando pliegues de tejido rectal como el Halcón Milenario en un vuelo a través de un abismo planetario. Cuando la ampolla rectal se agranda y se llena de lo que es la evolución final del alimento, los receptores de las paredes del recto detectan la dilatación y nos avisan de que sería el momento de vaciar el saco. En respuesta, los esfínteres anales interno y externo comienzan su eterno tira y afloja. El interno empuja en busca de una salida, el externo contiene la marea marrón hasta encontrar un lugar decente.

A pesar de lo que parecen papeles opuestos, ambos esfínteres están ligados por el destino. Como el yin y el yang, uno no puede existir sin el otro, y eso es algo por lo que hay que estar agradecido. El esfínter anal interno no tiene más maestros que los reflejos elementales, bárbaros y groseros, y representa la mente inconsciente. El esfínter anal externo es el sirviente a nuestro servicio, obedeciendo las órdenes del cerebro y permitiéndonos el control voluntario.

En el momento adecuado, los dos se combinan de manera efectiva para permitir que se abran las compuertas.

Es una suerte que estés dotado de un mecanismo que te permite distinguir entre soltar un pedo y hacer caca. Como una especie de superpotencia de la caca, el reflejo inhibidor rectoanal (RAIR, también conocido como mecanismo de muestreo anal, reflejo de muestreo anal, reflejo rectoesfinteriano o reflejo de muestreo anorrectal) puede determinar si la balda de la puerta trasera es una entidad sólida o gaseosa. En definitiva, el RAIR nos permite tirarnos pedos tranquilamente a pesar de que también hay caca a la vista.

Eso no tiene precio.

Sin embargo, incluso el más calibrado de los instrumentos puede tambalearse. Este reflejo no es infalible cuando se trata de distinguir entre líquido y gas. Así que, cuando tengas uno de esos días en los que los intestinos corren más rápido que tú, no tientes a la suerte confiando en un pedo a menos que estés cómodamente sentado con las nalgas a unos centímetros por encima del agua poco profunda. «Los pedos mezclados» en público son sin duda una de las peores sensaciones que puedes experimentar (eso me han dicho).

Quien diga que no se tira pedos miente. Forma parte del proceso digestivo, y es el resultado de tragar aire con nuestra comida (ya que nadie cena en un ambiente de vacío). Todos lo hacemos, y aunque intentemos aguantarnos ese gas corporal, encontrará la forma de salir. Tanto si la fuga es tan pequeña que nadie puede detectarla como si eres de los que hacen de ello una canción y un baile, los humanos nos tiramos una media de catorce pedos al día. Cada eructo se compone principalmente de gases inodoros como hidrógeno, nitrógeno y dióxido de carbono. Solo que también hay un componente muy pequeño llamado sulfuro de hidrógeno, y eso tiene un gran impacto olfativo. Con su aroma a huevos podridos, es el químico responsable de ese desagradable olor. Aunque algunas personas tienen gases intestinales que también contienen metano, el hecho es que se trata de un compuesto químico que no tiene regusto ni olor aromático.

Mientras que el esfínter anal externo está sometido a un control voluntario, lo que significa que podemos distinguir entre caca y un pedo, el esfínter anal interno es involuntario. En edades extremas (lactantes y, ocasionalmente, ancianos), la defecación se produce por acto reflejo, sin el control voluntario del esfínter anal externo. La pérdida de control, llamada incontinencia fecal, también puede deberse a lesiones físicas, lesiones nerviosas, estreñimiento, diarrea, pérdida de capacidad de almacenamiento en el recto, miedo intenso, enfermedad inflamatoria intestinal, factores psicológicos o neurológicos, parto o muerte.

Suponiendo que se tiene el control, pero no se está en condiciones de actuar en consecuencia, por ejemplo, porque se han recorrido veinte largos en la piscina pública, el material del recto suele volver al colon mediante un peristaltismo inverso. Allí se reabsorbe más agua en las heces, que se almacenan hasta el siguiente movimiento peristáltico masivo del colon transverso y descendente.

Cuando es el momento y el lugar adecuado de hacer caca, realizamos una maniobra de Valsalva. No es un movimiento consciente, como el baile del hilo dental, sino más bien un impulso intuitivo de empujar. Al exhalar contra las vías respiratorias cerradas, lo que a menudo se describe como un «esfuerzo», aumentamos la presión en el interior del abdomen. A su vez, los músculos del suelo pélvico se relajan, el perineo desciende y el esfínter anal externo se abre, trayendo nuestra creación al mundo.

Sin esfuerzo no hay victoria

Debido a los órganos internos adicionales, como los ovarios y el útero, el colon de las mujeres es ligeramente más largo y tortuoso que el de los hombres. Los conductos fecales también pueden ser menos musculares, y debido a que la musculatura ayuda a empujar el contenido por el tubo, las mujeres son más propensas al estreñimiento que los hombres. Esta es una afección común en la que se tiene la sensación de tener dificultades para defecar. Si bien cada persona evacúa sus intestinos a un ritmo diferente, se puede decir que estás estreñido si evacuas menos de tres veces por semana.

Para librar la buena batalla contra el estreñimiento, el ingenio de los humanos nos ha dotado de laxantes. Algunos, llamados laxantes osmóticos, ablandan las heces para que retengan más agua. Otros, llamados laxantes a granel, ayudan a hacerlas más permeables al agua y más fáciles de eliminar. Además, existen laxantes estimulantes que ayudan a que los intestinos se contraigan, mientras que los enemas son un tipo de laxante que entra en batalla a través del conducto posterior.

Aunque los laxantes pueden ayudar tanto a hombres como a mujeres con los episodios ocasionales de estreñimiento, no son una cura, sino una solución rápida. El hecho es que los laxantes pueden estresar el sistema digestivo y los microbios que viven en él. El uso excesivo puede incluso afectar la función intestinal al debilitar los músculos intestinales y la respuesta nerviosa, dejando así a las personas dependientes de laxantes para mantener la función intestinal, por lo tanto, úsalos con respeto. De hecho, algunos laxantes estimulantes como el senósido, si se usan de manera exagerada y crónica, pueden teñir las paredes de tu colon de tal forma que se asemeje a un estampado de leopardo. El colon Louis Vuitton, aunque inofensivo, no está de moda.

Las causas del estreñimiento son muy variadas, pero a menudo el problema radica en nuestros hábitos de ir al baño. Los nervios del sistema digestivo están en estrecha armonía con el tipo de alimentos que ingerimos y los horarios habituales de nuestras comidas, así como con la cantidad de actividad física y agua que bebemos. El intestino sabe incluso si es de día o de noche y a qué hora solemos ir al baño. Si todo va según lo previsto, el plan se ejecutará y los intestinos evacuarán a su hora. Cualquier perturbación, como la alteración de los hábitos de sueño, los viajes o los cambios drásticos en la dieta, confundirá al intestino, lo que a su vez afectará a la rutina de tu «cagada».

SÁLVATE A TI MISMO

Aprender a hacer caca sin esfuerzo reducirá el riesgo de hemorroides. También reduce enormemente el riesgo de un espectáculo de terror llamado prolapso rectal.

Básicamente, nuestro intestino no fue diseñado para salir de su lugar: es una patología que se puede tratar, pero es dolorosa y absolutamente evitable. Para ahorrarte el sufrimiento, intenta limitar el tiempo que pasas en la taza del inodoro para hacer «la cagada» en un máximo de diez minutos, pero lo ideal es que no pases de cinco si puedes. Asegúrate también de mantenerte hidratado y procura añadir unos treinta gramos de fibra a tu dieta diaria. El hecho es que las heces se componen de agua (alrededor del 75 %), bacterias y fibra no digerida, y es el agua y la fibra de nuestra dieta lo que ayuda a mantener las heces blandas, para que se eliminen con el mínimo esfuerzo. No es difícil conseguir esta ingesta en la dieta: una manzana, un puñado de frutos secos y media lata de legumbres ya cubren la mitad de las necesidades diarias de fibra, junto con 6 u 8 vasos de líquido.

Dinámica de la caca

Los investigadores han identificado que el *Homo sapiens* puede liberar las heces con una velocidad máxima de unos dos centímetros por segundo, por lo que una evacuación a trompicones tarda una media de doce segundos . Esta cifra es inquietantemente constante en la mayoría de las especies de mamíferos, independientemente de su tamaño.

Esta fue la inspiración de un estudio inusual, pero no por ello menos interesante, realizado en 2003 por Dov Sikirov, un médico israelí que publicó sus resultados en la revista *Digestive Diseases and Sciences*. Sikirov dividió a sus pacientes en tres grupos, cada uno de los cuales adoptó distintas posturas para defecar: Uno se posó en una taza a cuarenta centímetros del suelo, otro se sentó en una taza de treinta centímetros de altura y el último se puso en cuclillas sobre una caja de plástico que descansaba en el suelo, sin tocarla.

Se pidió a los participantes que calificaran la comodidad de la evacuación en una escala de fácil a difícil, y que registraran el tiempo total de defecación. Los pacientes en la taza de cuarenta centímetros tardaron más de dos minutos en general. Los de la taza de treinta centímetros fueron un poco más rápido, pero ambos grupos fueron superados por los pacientes agachados, que vaciaron sus intestinos en un promedio de cincuenta y un segundos. Ellos, que estaban agachados e inclinados hacia atrás, también tendían a calificar mejor la experiencia en la escala de comodidad.

Si tomamos este estudio como base para demostrar que hacer caca en cuclillas es un medio más eficaz y cómodo, ¿qué demonios hacemos sentándonos en nuestros tronos de porcelana?

Para romper los grilletes que te imponen los asientos modernos, tienes que cambiar de postura. Imagina que tus intestinos son una larga manguera y que estás a punto de regar las plantas de tu jardín; cada curva y giro de la manguera hará que el agua tarde más en llegar a su final y la presión de salida se amortiguará debido a la resistencia encontrada. Sin embargo, con una manguera enderezada, y con una resistencia mínima, la presión y el caudal serán óptimos.

Cuando nos sentamos en posición erguida para defecar, con las piernas en un ángulo de 90 grados, debemos obligarnos a empujar las heces más allá de un pliegue en el recto creado por el puborrectal, un músculo del suelo pélvico que forma una especie de tirachinas alrededor del intestino. En posición erguida o incluso sentada, la honda produce este útil pliegue en el recto que nos permite la continencia: el flujo se interrumpe. Sin embargo, cuando nos ponemos en cuclillas, el pliegue comienza a enderezarse, despejando el camino hacia el ano. La propia palabra recto, que proviene del latín *rectus*, significa «recto». Además, el hecho de ponerse en cuclillas o simplemente levantar las rodillas genera un aumento de la presión intrabdominal y reduce la necesidad de empujar.

SÁLVATE A TI MISMO

Entonces, ¿cómo garantizar un tiro recto? Esencialmente, hay un arte en hacer caca para conseguir una eficacia óptima y una buena salud, y todo tiene que ver con los ángulos.

En primer lugar, un ángulo recto es incorrecto. Si el torso está a 90 grados de las caderas, el músculo puborrectal, que rodea el recto, ejerce la máxima tensión. Esto causa un pliegue en el tubo de drenaje y compromete la eliminación perfecta de las heces porque la ruta del recto no está despejada.

En su lugar, es mejor agacharse. Significa que el torso debe estar en un ángulo entre 35-60 grados con respecto a la cadera, lo que en efecto corresponde a ponerse en cuclillas o simplemente tratar de mantener las rodillas más altas que las caderas. Esto se puede conseguir fácilmente sentándose en la taza con los pies apoyados en un taburete o inclinándote hacia delante mientras te apoyas en la parte delantera de los pies. Significa que las caderas están relajadas y el puborrectal aflojado. Una vez eliminado el punto crítico, puedes defecar sin estrés y sin empujar.

El canario en la mina de carbón

Desde los adivinos y místicos de la antigüedad, que analizaban los excrementos de los animales para adivinar alguna profecía futura, hasta los médicos que estudian obsesivamente los más mínimos detalles de las deposiciones de los pacientes, la materia fecal siempre ha estado ligada a la salud, y con mucha razón. Tu patrón intestinal y cualquier cambio significativo en él pueden ser señal de un trastorno más profundo.

Después de hacer caca, siempre vale la pena echar un vistazo al retrete. También puede tener su propio encanto oscuro, pero lo más importante es que puede salvarte la vida. El color natural de las heces humanas oscila entre el marrón al marrón amarillento. Es un signo de salud. A veces puede cambiar si algo va mal, por lo que vigilar tu caca proporciona información útil sobre lo que está sucediendo en tu intestino.

Si las heces son de color arcilla, indica una probable deficiencia de bilis. Esto puede significar que hay una obstrucción en los conductos entre el hígado y los intestinos. Los conductos obstruidos en el organismo nunca son buenos, por lo que quienes noten algún tipo de decoloración gris blanquecina en sus cacas deben consultar a un médico.

Las heces de color rojo oscuro o negro, conocidas como «melena», indican que puede haber sangrado en alguna parte del tracto digestivo. También tiene un olor ferroso. La sangre fresca es de color rojo brillante, lo que sugiere que hay un sangrado significativo que no se digiere porque pasa a través del intestino muy rápidamente, o simplemente que se encuentra en algún punto más allá del estómago y el intestino delgado (donde se produce la mayor parte de la digestión). A menudo, el origen de la hemorragia se produce en el colon o en la región anal, posiblemente por un pólipo o un tumor, o por algo más benigno como una hemorroide o un desgarro en el tejido anal, lo que se conoce como fisura.

Más allá del color, el cambio de consistencia también es una característica notable que puede relacionarse con la salud interna. Una diarrea persistente durante semanas puede hacer sospechar de inflamación intestinal, cáncer de intestino e incluso afecciones que afectan a órganos aparentemente lejanos, como la glándula tiroides (que puede acelerar la motilidad intestinal si es hiperactiva). Las heces que flotan y parecen grasientas pueden indicar un alto contenido en grasa, ya que el páncreas se ha visto afectado por una infección, una inflamación o el alcohol, y ha dejado de producir la enzima lipasa, que digiere las grasas. El estreñimiento, sobre todo si persiste durante varias semanas y supone un cambio con respecto a la rutina habitual, podría ser un signo de advertencia de cáncer de intestino.

Me gustaría subrayar que el estreñimiento también puede ser un síntoma de toda una serie de problemas de salud, desde no obtener suficientes líquidos o fibra hasta trastornos hormonales y diabetes. El estreñimiento no suele ser un diagnóstico en sí mismo, sino simplemente un síntoma de algo más. Sea cual sea el estado de tus heces, puede decir mucho sobre tu estado de salud. Por suerte, no hace falta que metamos el dedo en la llaga. Una representación gráfica universalmente adoptada, llamada Escala de Bristol, nos ayuda a averiguar qué está pasando.

Las bolas de cabra te colocan en el grado 1 o 2 y significan que probablemente estés estreñido. En primer lugar, esto significa que podrías beneficiarte de una rutina de hidratación y más fibra. Si tus excrementos obtienen un saludable 3 o 4 en la escala, entonces has sido bendecido por los dioses de la caca. Si, por el contrario, tus excrementos parecen haber pasado por la licuadora, en el nivel 5, 6 o 7 en la escala, entonces lo más probable es seas víctima del demonio de la diarrea.

Escala de Bristol

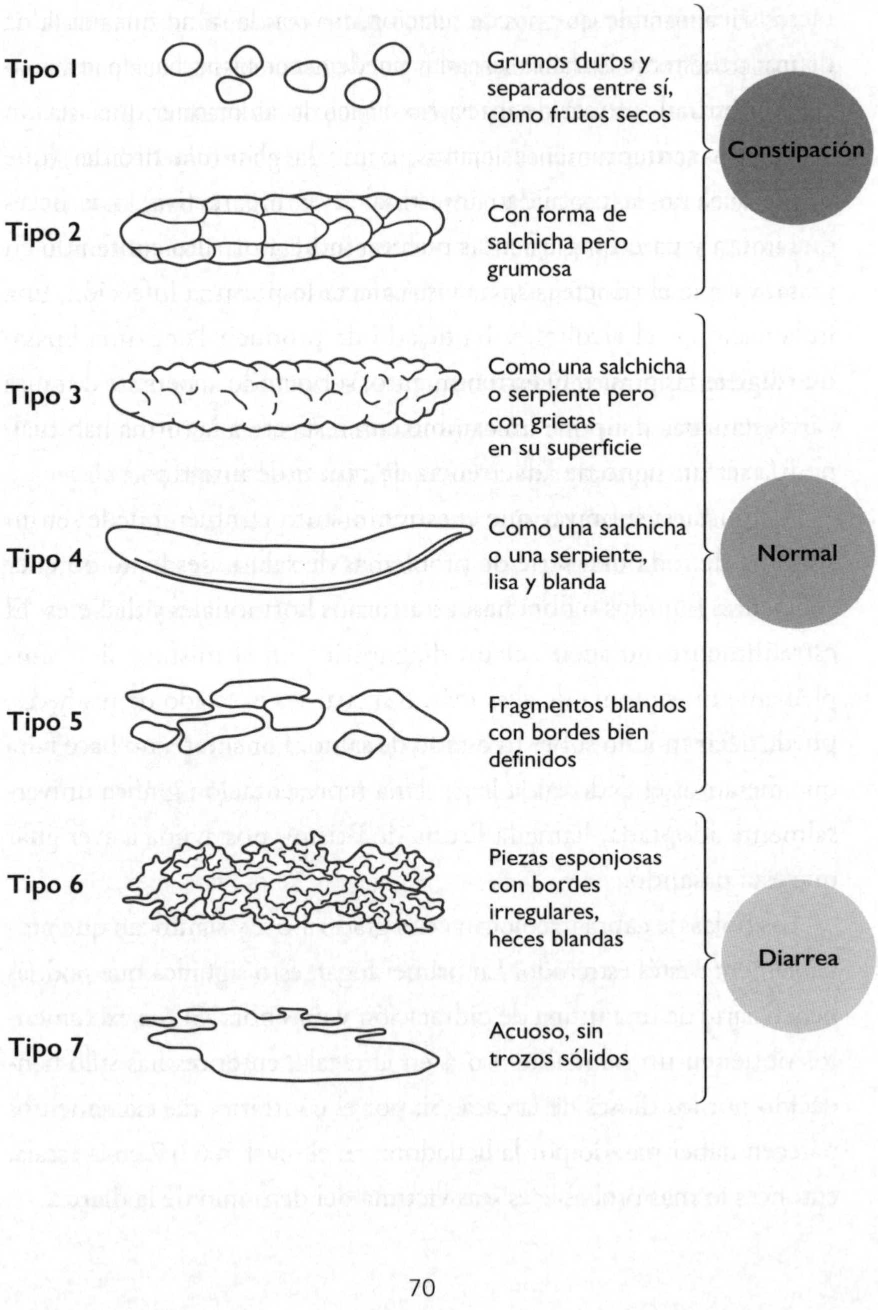

SÁLVATE A TI MISMO

Los problemas digestivos pueden ser incómodos en el mejor de los casos. En el peor de los casos, tu cuerpo podría reaccionar ante una dieta inadecuada y malos hábitos en el baño, y crear problemas que podrían matarnos, así que vale la pena hacerse amigo de tus intestinos. Una relación sana con tus intestinos significa que tus cacas no se convertirán en un problema. Además de mantenerte hidratado y no evitar la fruta, los frutos secos, la pasta y el pan integral para obtener esa fibra tan importante, aquí te explico cómo mantener tus intestinos en buena forma:

- **Maximiza tu microbioma:** piensa en los multitudinarios organismos de tu intestino como si fueran mascotas. Si los cuidas, te recompensarán. Esto significa comer una amplia gama de alimentos para fomentar un microbioma diverso. Asegúrate de que tu dieta se compone de abundantes alimentos vegetales, cereales integrales, frutas y verduras ricas en fibra (trata de consumir treinta vegetales a la semana), y no descuides esos polifenoles.

- **Actívate:** se sabe que incorporar el ejercicio a tu rutina diaria favorece la estimulación intestinal, ayudándote a moverte en más de un sentido

- **No retengas:** reprimir la defecación durante mucho tiempo puede ralentizar significativamente la motilidad intestinal. En este sentido, un mínimo de planificación puede ayudar, lo que básicamente significa reservar tiempo para sesiones regulares de baño que se adapten a las necesidades de tu reloj biológico intestinal. Pero ¿qué significa exactamente «regular» cuando se trata de caca? Francamente, no hay una regla de oro en este caso, cada persona tiene su propio «tiempo de tránsito colónico». Algunas personas hacen caca tres veces al día, mientras que otras han simplificado el proceso a tres o cuatro veces a la semana. Tu cuerpo sabe lo que hace, y será más eficiente en las visitas al baño si cooperas con el intestino.

- **Sé constante:** seguir un horario para ir al baño, día tras día, aporta constancia a tu rutina intestinal. El momento ideal para ir al baño es después de desayunar, ya que así aprovechas el reflejo gastrocólico, que es cuando el estómago da luz verde a los intestinos para que empiecen a contraerse. Eso sí, no te entretengas más de unos minutos y evita a toda costa hacer esfuerzos.

- **Sé amable:** la piel que rodea el ano es fina y delicada. Una limpieza brusca puede provocar desgarros en el revestimiento anal (fisuras anales), que pueden causar dolor y hemorragias. Las toallitas húmedas pueden parecer una buena solución, pero contienen sustancias químicas que pueden matar las bacterias buenas del trasero. Esto puede hacer que la zona anal sea propensa a infecciones bacterianas, fúngicas y por hongos. Limpiarse con papel higiénico seco está bien, siempre y cuando se haga de delante hacia atrás para evitar la zona genital (especialmente para las mujeres), pero en realidad es más o menos como usar hojas secas. Al final, el agua es lo correcto. Un bidé es la mejor forma de lavarse el ano, pero si no lo tienes, basta con humedecer el papel higiénico o lavarte con las manos en la ducha (después de usar papel higiénico). Solo tienes que secarte con palmaditas antes de reanudar la jornada.

Últimas palabras sobre el intestino

Sabemos que existe un canal de comunicación directo entre el sistema gastrointestinal y el cerebro, y que es fundamental para nuestra salud física y mental. Pero ¿alguna vez has tenido una de esas intuiciones «viscerales»? ¿Un sentimiento aparentemente irrefutable aunque no demostrable? ¿Te has preguntado alguna vez por qué?

El instinto visceral o la intuición «de las entrañas» no son filosofía, sino ciencia. Se trata de una interacción entre el cerebro y el intestino, que trabajan conjuntamente para sintetizar datos de decisiones pasadas, experiencias, recuerdos y esa información extra que no percibimos en nuestro estado consciente. Al final todo esto nos da una sensación difusa que parece emocional, y a la vez, congruente. Por visceral que nos parezca, como si fuera una cuestión de emociones en lugar de hechos, estas son señales subconscientes que tienen raíces biológicas.

Las intuiciones «viscerales» ha sido la inspiración de obras de arte, el ingrediente ganador de muchos atletas profesionales y el primer paso para descubrir que tu pareja llevaba una doble vida. En algunas culturas, este extraño sexto sentido se ha interpretado como una adivinación de los dioses, un don sobrenatural de la previsión. En realidad, se trata de una compleja serie de señales neurotransmisoras y descargas eléctricas cortesía del sistema nervioso entérico, es decir, la red de neuronas incorporadas al sistema gastrointestinal.

Estudios recientes incluso plantean la hipótesis de que los microbios intestinales, seres casi más sensibles que nosotros, ayudan a decidir qué alimentos quieren y, en consecuencia, qué alimentos queremos nosotros. Después de consultar un menú metafórico, estos bichos voraces son capaces de enviar señales químicas a nuestro cerebro para incitarte a consumir lo que necesiten para su propia supervivencia. ¡Camarero!

Independientemente del sentido que le demos en nuestras vidas, nuestra comprensión de la interacción intestino-cerebro será fundamental para el futuro de la medicina. Esencialmente, puede suponer un gran avance en la forma en que determinadas enfermedades se forman en el intestino antes de llegar a nuestro próximo objeto de estudio: el cerebro.

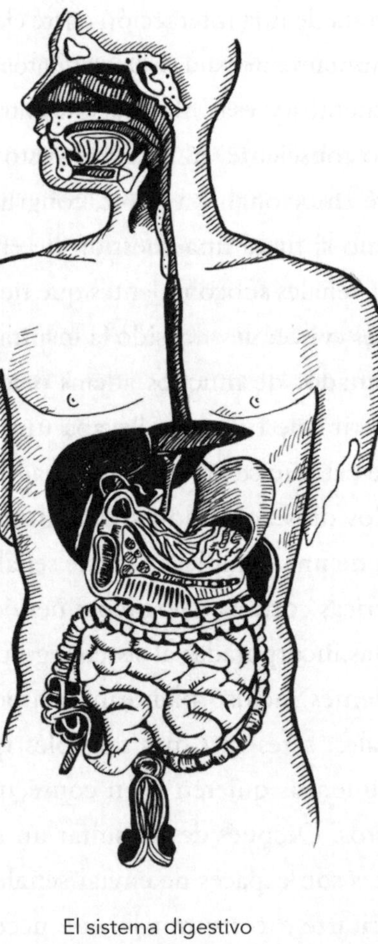

El sistema digestivo

CONSEJO DE SALUD

Aquí tienes un truco de salud que te ahorrará tiempo y energía. Hay muchas razones para hacer ejercicio y sacar el máximo partido de tu cuerpo, pero lo cierto es que hay límites. El cuerpo humano medio utiliza aproximadamente el 60 % de la masa muscular en el momento de máximo esfuerzo; un atleta profesional puede llegar al 80 %, pero hay una razón por la que mantenemos el resto como reserva.

Si tuvieras la oportunidad de llegar al 100 % de fuerza muscular, la cosa no acabaría bien. Podría parecer que tienes una fuerza sobrehumana en comparación con el común de los mortales, pero tus músculos arrancarían los huesos y, al hacerlo, los romperían, desgarrando ligamentos y tendones.

2. ESTA CALABAZA NO ESTÁ VACÍA...

TODO SOBRE EL CEREBRO

Si se tratara de *software,* nuestro cerebro sería comparable al sistema operativo de un ordenador primitivo. Está plagado de códigos defectuosos, tarda en cargarse cuando más lo necesitamos y siempre juega sus peores cartas. Este supuesto procesador de última generación disfruta más viendo memes de gatos que durmiendo, a pesar de que una de las dos actividades evidentemente hace mejor bien que la otra. Viendo los diversos defectos y disfunciones del cerebro, se podría pensar que fue construido por un equipo de ingenieros fracasados con problemas de alcoholismo.

El cerebro, este trozo de carne poco apetitoso encerrado en una prisión ósea, pesa alrededor de 1,3 kg. Aunque representa solo el 2 % de nuestro peso corporal total, el cerebro drena una gran parte de nuestros recursos naturales. En promedio, consume el 20 % de nuestras reservas de energía.

Dejando a un lado los problemas de rendimiento, el cerebro es una estructura sorprendentemente compleja que contiene alrededor de cien mil millones de neuronas. Estas células están formadas por las autopistas por las que viaja la información en nuestro cuerpo. Las neuronas se comunican entre sí mediante señales eléctricas y químicas ecológicas: estos impulsos saltan el pequeño espacio entre una neurona y otra, llamadas sinapsis. Y en un abrir y cerrar de ojos, pueden transportar información desde el cerebro hasta el dedo índice para que puedas hurgarte la nariz.

El cerebro humano no se conforma con gestionar la comida, la respiración y la caca, también quiere complicarse la vida y probar suerte con el arte, la poesía y la publicación de memes en TikTok. El problema es que el sistema operativo instalado dentro del cráneo no fue diseñado para hacer muchas de las cosas que nos rodean en la vida moderna. Para ser sinceros, estamos pidiendo a gritos un nuevo sistema operativo. Pero hasta que eso ocurra, aquí estamos. Solo podemos seguir caminando penosamente por el resto de nuestras vidas y esperar que la unidad de control siempre presione los botones correctos.

El órgano que se dio su nombre

La primera vez que tuve un cerebro humano en mis manos, pesaba mucho más de lo que esperaba. No te preocupes, no estaba en el sótano con mi querida máscara de cuero. Fue durante una sesión de anatomía en mi primer año en la facultad de medicina.

A medida que avanzaba el curso, el profesor de anatomía nos mostró varios cerebros, algunos ya abiertos para revelar la anatomía transversal. El cerebro está formado por varios lóbulos, además de cavidades llamadas ventrículos, y tiene una intrincada red de fibras nerviosas y surcos llamados fisuras. Cada vez que me mostraban un cerebro, pensaba que esa delicada masa había albergado alguna vez las esperanzas, los sueños y las emociones de alguien, que había brillado toda una vida, pero ahora su luz se había apagado.

Muchos años después de mi primera experiencia práctica con un cerebro, asistí a un caso de neurocirugía. Allí descubrí que un cerebro humano vivo tiene una consistencia más parecida a la de un requesón que a la de un espécimen tomado de un cadáver. Los cerebros muertos se parecen más a una coliflor fría y resbaladiza, sobre todo cuando están llenos de conservantes químicos. (Por favor, no leas esta parte en voz alta en público).

El cerebro humano se asemeja a una nuez (que, por cierto, es un alimento especialmente bueno para este órgano), aunque en realidad está dividido en dos mitades, conectadas por un haz de fibras nerviosas llamado cuerpo calloso. Algunas funciones cerebrales se dividen entre las dos mitades, por ejemplo, el lado izquierdo del cuerpo está controlado principalmente por el lado derecho del cerebro y viceversa, pero los dos hemisferios cerebrales no funcionan de forma independiente, como muchos afirman erróneamente. Es posible que alguna vez hayas escuchado a alguien decir que está «gobernado» por el hemisferio derecho o izquierdo, lo que significa que ese hemisferio en particular sería dominante. Esto se debe a la idea de que el lado izquierdo tiene funciones más creativas, mientras que el derecho brilla en las habilidades organizativas o analíticas. También puede ser cierto que ciertas regiones cerebrales parecen especializarse en tareas específicas como la visión o el procesamiento del lenguaje. Sin embargo, hoy en día no existen evidencias científicas sólidas de que una persona pueda tener un hemisferio dominante o que su personalidad esté determinada por él. No somos tan especiales.

Las dos mitades del cerebro están en constante comunicación y también producen resultados en tándem. De hecho, casi todas las acciones se distribuyen entre múltiples áreas del cerebro. Gracias a inquietantes experimentos sobre la separación de los hemisferios, en los que se había diseccionado el cuerpo calloso del paciente (un tratamiento ya anticuado para los casos de epilepsia grave) y gracias al estudio de las víctimas de ictus, hemos adquirido un conocimiento consolidado de las diferencias entre las dos mitades del cerebro.

Desafortunadamente, cuando se trata de cuestiones cerebrales, nada es tan simple como podría parecer a primera vista. La idea de que los dos hemisferios funcionen por separado es casi tan absurda como el mito de que solo utilizamos el 10 por ciento del cerebro. En pocas palabras, siempre utilizamos el cien por cien de nuestro cerebro para varias cosas. No hay ningún potencial oculto desbloqueado que estemos suprimiendo. Lo que tenemos es lo mejor que podemos tener.

Aunque funcione a pleno rendimiento, el cerebro puede sorprendernos. ¿Y si te dijera que hay casos documentados de personas que han sufrido lesiones cerebrales que los han hecho más inteligentes? Algunos incluso han adquirido las capacidades de un genio. O, lo que es más extraño, ¿qué tal si te cuento que hubo una persona que vivió casi toda su vida con total normalidad, básicamente sin cerebro?

Dejando a un lado mi opinión de que a todos nos vendría bien un modelo actualizado para prosperar en el mundo moderno, el cerebro es la cosa más compleja del universo. También es el órgano más importante del cuerpo, al menos según la opinión del propio cerebro. Esto es un poco sospechoso.

Es el órgano que se dio su nombre, porque sin un cerebro no tendríamos las facultades del pensamiento, la autoconciencia y el lenguaje. En consecuencia, se ha proclamado a sí mismo como el punto de apoyo de nuestro ser. En teoría, para entender completamente el cerebro, uno tendría que entender completamente la conciencia y tal vez la vida, el universo y todo lo demás.

Entonces, ¿cómo estudiamos el cerebro? Desafortunadamente, la neurociencia y la neurología presentan desafíos únicos en comparación con otras ciencias. Por mucho que la tomografía y la resonancia magnética puedan mostrarnos la actividad cerebral de una persona consciente, es muy difícil entender cómo crean directamente la inteligencia o la experiencia consciente. Es cierto que podemos aprender mucho diseccionando un cerebro, pero cuando lo hacemos no es inmediatamente evidente cuáles de sus áreas son responsables de las distintas funciones.

Probablemente uno de los cerebros más famosos que se han diseccionado es el de Albert Einstein. A las siete horas y media de su muerte, el cerebro de Einstein fue extraído de su cadáver y cortado en doscientas cuarenta porciones. De acuerdo con su última voluntad, esta operación se llevó a cabo en nombre de la ciencia (y, sospecho, para eliminar la posibilidad de que un genio zombi resucitara de entre los muertos). El examen de las muestras demostró que el cerebro de Einstein presentaba algunas diferencias menores respecto a otros cerebros, como un cuerpo calloso ligeramente más denso: la zona del cerebro que conecta los dos hemisferios cerebrales y permite la comunicación entre ellos. Sin embargo, era un cerebro como todos los demás en muchos aspectos.

Entonces, si cortar cerebros no nos sirve de mucho, ¿cómo podemos estudiarlos eficazmente?

La respuesta es: gracias a los pacientes con lesiones cerebrales. Algunos de los datos más relevantes en el campo de la neurociencia provienen de la observación de los pacientes que sobrevivieron a lesiones cerebrales traumáticas y cómo sus personalidades y vidas cambiaron después. Esto nos permite realizar un extraordinario experimento de antes y después que sería poco ético realizar intencionadamente. También nos lleva al caso de Phineas Gage, aunque, ahora que lo pienso, dicho así suena un poco título de una historia de Sherlock Holmes.

Cuando el cerebro explota

Phineas Gage es el paciente más famoso de la neurociencia. Nació en Estados Unidos en 1823 y creció hasta convertirse en capataz de construcción de ferrocarriles. A los veinticinco años sufrió un accidente que transformaría nuestra comprensión del cerebro humano.

Gage estaba manipulando explosivos de demolición para eliminar un afloramiento rocoso. Justo antes de presionar el pistón del detonador, algunos hombres que trabajaban cerca lo distrajeron. Al darse la vuelta, se encontró involuntariamente en el camino de la pesada y puntiaguda barra de hierro que se utiliza para insertar el explosivo en la roca y que, al detonar, puede salir disparada a la velocidad de un cohete.

El resultado no fue bonito. La barra de hierro atravesó el lado izquierdo de la cara de Gage: lanzándole hacia arriba, le atravesó la mandíbula inferior, pasó detrás de su ojo izquierdo, y luego, a través del lado izquierdo del cerebro para salir por la parte superior de su cráneo perforando el hueso frontal.

Casi increíblemente, Gage no murió. De hecho, estaba consciente y hablaba a los pocos minutos del accidente. Incluso fue capaz de caminar con algo de ayuda. Pero la parte más extraña de la historia es lo que ocurrió después del accidente: Gage no solo sobrevivió al accidente, sino que vivió otros doce años. Y no se trataba simplemente de una segunda oportunidad de vivir: el cambio en su personalidad fue tal que, según algunos, Gage se había convertido en una persona totalmente diferente.

Antes del accidente, Gage era considerado un gran trabajador, una persona responsable y, en general, un gran tipo. Después, se volvió impulsivo, desinhibido y francamente grosero. El cambio fue tan brusco que quienes lo conocieron decían que «ya no era Gage».

La parte principal del cerebro que Gage había perdido estaba en el lóbulo frontal. Esta área está asociada con el autocontrol y el pensamiento de nivel superior. Sin embargo, a pesar de la gravedad de sus lesiones, se observó que la memoria y la atención de Gage seguían relativamente intactas.

Para concluir esta extraordinaria historia, y con el debido reconocimiento a la determinación de su familia, Gage recuperó sus antiguas habilidades sociales. Durante el resto de su vida, volvió a ser el de antes, a pesar de que le faltaba una gran parte del cerebro. Aunque murió de un ataque epiléptico, sin duda relacionado con el accidente, la extraordinaria supervivencia de Gage proporcionó información esencial sobre el funcionamiento del cerebro. Lo cual es, en pocas palabras, y al igual que el inicio de una relación, un asunto complicado.

¿Por qué molestarse en tener un cerebro?

Historias extrañas como el caso Gage demuestran no solo cuánto sabemos ahora sobre el cerebro, sino también cuánto nos queda por entender realmente. Esencialmente, nuestros cerebros deben seguir estudiándose a sí mismos, y quizá algún día podamos encontrar la forma de que todos estemos a la altura de Einstein. Mientras tanto, sin embargo, es una buena idea evitar las lesiones cerebrales en la medida de lo posible. Un metaanálisis realizado por el *European Journal of Neurology* muestra que casi todas las lesiones tienen consecuencias exclusivamente negativas. Así que, si estás repasando para un examen, no es buena idea pedirle a tu amigo que te lance una pelota de golf a la cabeza.

Sábado por la noche en la sala de emergencias

Lamentablemente, la mayoría de los traumatismos craneoencefálicos no mejorarán tu vida. Durante el tiempo que he trabajado en urgencias, me he encontrado con muchos pacientes que presentaban un problema relacionado con el cerebro. Con demasiada frecuencia, cuando llegan aturdidos y sangrando, es evidente que se trata de una lesión relacionada con una agresión, una caída o un accidente de tráfico. Luego están los que llegan con un fuerte dolor de cabeza. Siempre espero que se trate de una migraña, que puede ser debilitante, pero a veces puede ser el síntoma de un tumor insidioso.

Cualquiera que haya trabajado alguna vez en un servicio de urgencias sabe que los fines de semana son famosos por enviar a los noctámbulos al hospital con sobredosis y lesiones de todo tipo por estar borrachos. En una de esas ocasiones, estaba con mi superior en la llamada «sala de reanimación», es decir, donde se lleva inmediatamente a los pacientes traumatizados para estabilizarlos. Así fue cuando los paramédicos trajeron a un joven que había sido agredido a la salida de una discoteca, y el paciente fue entregado a nuestro cuidado.

El joven estaba parcialmente lúcido. Tenía los ojos cerrados y la mayoría de las veces solo gemía en respuesta a las preguntas. Se quejaba de un fuerte dolor de cabeza y náuseas, y estaba claramente confundido, ya que creía que seguía en la discoteca. Los paramédicos dijeron que lo habían encontrado inconsciente en el lugar. Tras examinarlo brevemente, mi instinto me dijo que esto era peor de lo que parecía. Su pupila izquierda estaba fija y dilatada; esto nunca es una buena señal y suele sugerir una lesión cerebral importante. Su respiración era ligeramente irregular, su pulso bajo (55 latidos por minuto) y su tensión arterial más alta de lo esperado para un hombre joven (180/80), lo que tampoco era bueno. Estos también eran signos de algo que aprendemos en la facultad de medicina pero que rara vez vemos en la práctica clínica: la tríada de Cushing. Se trata de una respuesta fisiológica al aumento de la presión intracraneal, que sugiere, en este caso, una hemorragia cerebral.

Solicité una tomografía computarizada, que se realizó con urgencia. En el monitor me llamó la atención una masa con forma de limón en uno de los cuadrantes del cráneo. Esta forma característica se desarrolla debido a una masa de sangre que se expande rápidamente, llamada hematoma. En este caso, estaba atascado entre el cráneo y la duramadre, la membrana que recubre el cerebro.

Este tipo de hemorragia se conoce como hematoma extradural y puede comprimir el cerebro debido al aumento de la presión de la sangre acumulada.

Con el tiempo, la presión intracraneal es tal que partes del cerebro pueden ser expulsadas: esto se llama hernia cerebral y puede causar la muerte. Por ello, el paciente fue trasladado a una unidad neuroquirúrgica especial para recibir tratamiento de urgencia. En casos como este, la eficacia del tratamiento depende de la rapidez: no se puede precipitar, pero tampoco hay tiempo para vacilaciones ni demoras. Solo más tarde, cuando se ha hecho el diagnóstico y el paciente recibe la atención adecuada, puedo pararme a reflexionar. Cualquier incidente de este tipo pone de manifiesto la maravilla, la complejidad y la fragilidad del cerebro, así como su importancia en nuestras vidas. Puede parecer obvio y, sin embargo, a veces necesitamos que nos lo recuerden porque es un órgano que funciona sin que lo veamos y (digamos) que pensemos en ello. Mi papel en el cuidado de ese joven terminó en ese momento, espero que se haya recuperado totalmente.

En el 75 por ciento de hemorragias cerebrales como esa, el culpable está en un lugar llamado pterion: la parte más débil del cráneo.

Se encuentra en la unión del hueso frontal con el esfenoides, el parietal y parte del hueso temporal (en términos no médicos, está situado en el lado del cráneo, justo detrás de la sien) y es particularmente vulnerable a los traumatismos, ya que el hueso es muy fino. Directamente debajo del pterion está la arteria meníngea media. Con poco hueso para protegerla, es una arteria que puede romperse fácilmente. Aparte de esta zona vulnerable, el cráneo es bastante práctico: es básicamente la versión humana de un casco protector incorporado para defender el cerebro. No es, ni mucho menos, un diseño perfecto, pues de lo contrario no habría necesidad de construir cascos para proteger la cabeza.

Los boxeadores jugaron

Los traumatismos craneoencefálicos no tienen por qué ser puntuales, violentos o hemorrágicos para causar problemas. Muchos traumatismos craneoencefálicos leves, aunque aparentemente inocuos, pueden resultar con el tiempo igual de siniestros y destructivos.

La lista de exboxeadores que han demostrado un deterioro de sus capacidades cognitivas tras su retirada, desde graves pérdidas de memoria hasta mala coordinación y, a menudo, cambios de personalidad, es exhaustiva. Este síndrome suele denominarse demencia pugilística (demencia del boxeador o demencia del púgil).

Ahora utilizamos el término ETC, o encefalopatía traumática crónica, que se define como una enfermedad neurodegenerativa progresiva asociada a lesiones cerebrales traumática repetitivas. No solo se observa en el boxeo, sino también en prácticamente todos los deportes de contacto, desde el rugby hasta el fútbol americano.

Los deportes de contacto que implican traumatismos craneoencefálicos repetidos, de bajo a moderado impacto, conllevan el riesgo de causar conmoción cerebral, que se considera una lesión cerebral leve. Puede producirse al recibir un golpe en la cabeza, ya sea con una pelota, un bate u otro jugador.

La palabra «conmoción cerebral» deriva de *concutere*, que en latín significa «sacudir violentamente», y eso es exactamente lo que ocurre dentro del cráneo. El cerebro flota serenamente en su baño protector de líquido cefalorraquídeo y es golpeado como una bola de *pinball* contra el cráneo. La fuerza necesaria para hacer esto es sorprendentemente mínima. No siempre se asocia a una pérdida de conocimiento, pero puede causar daños neuronales.

Con el paso del tiempo, una persona que haya sufrido una sola conmoción cerebral de este tipo puede verse expuesta a un mayor riesgo de demencia. De hecho, uno de los estudios más amplios sobre el impacto de los traumatismos craneoencefálicos en el cerebro, en los que participaron 15.000 personas (el estudio PROTECT), descubrió que tres o más conmociones cerebrales tenían un efecto significativamente más nocivo en la función cognitiva de una persona, y con cada conmoción cerebral posterior el efecto empeoró exponencialmente. En pocas palabras, demasiados golpes en la cabeza son malos.

Se cree que esto está asociado a cambios en el proceso de «lavado» del cerebro que se produce de forma natural en el cráneo. En la práctica, y habitualmente cuando estamos durmiendo, el líquido cefalorraquídeo se vierte sobre el cerebro para bañarlo, eliminando los desechos y residuos tóxicos acumulados a lo largo del día. Se cree que los traumatismos craneoencefálicos pueden interferir en este proceso. Esto puede afectar a la calidad del sueño y se ha relacionado con un mayor riesgo de enfermedades neurodegenerativas.

Si hay algo podemos aprender de todo esto es una lección muy sencilla: protege tu cabeza como harías con tus partes íntimas. Al fin y al cabo, no podrías soportar recibir un golpe bajo o medio en los genitales todos los días.

HACKEAR EL CEREBRO

Como cualquier sistema operativo obsoleto, el cerebro tiende a ser vulnerable a los virus, que siempre están a la vuelta de la esquina. Esto puede ser una mala noticia, pero no siempre es así. El sistema también es bastante fácil de piratear, otra cosa que podría ser catastrófica, pero en manos de la persona adecuada (es decir, tú mismo) es posible realizar algunos cambios en el cerebro y mejorar su rendimiento. Veamos por turnos a los principales actores.

Come de modo inteligente

Ahora mismo, es muy probable que tu cerebro esté bajo el control de cientos de microscópicos patógenos. Sabemos que los microbios intestinales no solo ayudan a digerir y metabolizar lo que comemos, sino que también ayudan a sintetizar ciertos neurotransmisores, en forma de sustancias químicas como la dopamina y la serotonina, que desempeñan funciones importantes en el sistema nervioso central. A través del nervio vago, cuyos receptores se encuentran junto a las paredes del sistema digestivo, estos microbios tienen efectivamente un camino claro, con una alfombra roja, hasta al cerebro. Esta interacción huésped-microbio es muy dinámica y no es unidireccional: el estado del cerebro puede, a su vez, influir en la vida de la flora intestinal. El estrés, por ejemplo, aumenta la inflamación, alterando así el paisaje gastrointestinal y la población de especies bacterianas.

SÁLVATE A TI MISMO

Si los microbios de tu sistema digestivo no están contentos, tu estado de ánimo puede manifestarse de varias formas en tu cerebro, desde el desánimo hasta la confusión mental y más. Una dieta crónicamente pobre y rica en alimentos procesados también puede provocar una acumulación de colesterol en las arterias, con consecuencias en el flujo de sangre al cerebro y, por tanto, sobre su funcionamiento. Sigue una dieta sana y equilibrada, y no solo te lo agradecerá tu sistema digestivo, sino también tu cerebro.

Para suministrar sangre al cerebro, así como oxígeno y nutrientes, se necesita hierro para hacer el trabajo pesado y la logística del transporte. También lo necesitan las enzimas que producen neurotransmisores. Los niveles bajos de hierro pueden provocar anemia, que se manifiesta con síntomas como fatiga, letargo y baja concentración y estado de ánimo.

La vitamina D es otro suplemento clave que regula el estado de ánimo. Mágicamente (y algunos podrían llegar a decir que hay artes oscuras de por medio), el cuerpo fabrica la mayor parte de su suministro a partir de la luz solar. Tradicionalmente, es una vitamina asociada a la salud ósea y muscular, pero en realidad sus capacidades van mucho más allá. Esta hormona esteroidea (técnicamente no es una vitamina) también interviene en la función de la memoria, y una carencia de vitamina D puede provocar un estado de ánimo más bajo, razón por la cual a veces se padece el trastorno afectivo estacional en los meses de invierno, cuando el sol escasea.

La regulación del estado de ánimo también depende en gran medida de una ingesta adecuada de proteínas (que se encuentran en las aves de corral, los mariscos, los lácteos, los frutos secos, las legumbres y los huevos, por nombrar algunos). Son fundamentales en la síntesis de los neurotransmisores serotonina y dopamina, ambos responsables de regular el estado de ánimo.

Los neurotransmisores y las hormonas son importantes, pero para que las células cerebrales respondan a ellos adecuadamente se necesitan niveles decentes de zinc (presente en cereales integrales, frutos secos y cereales de desayuno).
Uno de los elementos más importantes que se requieren en una dieta es el omega-3. Estos ácidos grasos intervienen en la construcción de las membranas celulares del cerebro y los hay de tres tipos: ácido eicosapentaenoico (EPA), ácido docosahexaenoico (DHA) y ácido alfa-linoleico (ALA). Los dos primeros se encuentran en pescados grasos como el salmón y el último en verduras de hoja verde y frutos secos (espinacas y nueces). Aunque el organismo puede convertir el ALA en EPA/DHA, la mejor forma de obtener EPA y DHA es a través del consumo de pescado. Cabe señalar que los suplementos de omega-3 aún no han demostrado tener los mismos efectos que el omega-3 presente en los alimentos.

En la niebla

Para comprender los efectos patógenos que los malhechores microscópicos como los virus pueden tener en el cerebro, basta con mirar los casos de COVID prolongado, también conocido como «Cerebro COVID». Estas son las secuelas prolongadas y aparentemente traicioneras incluso en los casos leves de COVID-19: a pesar de que ya no dan positivo en las pruebas del virus, los afectados que lo padecen se quejan de mal humor, pérdida de memoria, falta de motivación y concentración, bajo estado de ánimo, y esto puede durar semanas, meses y, a veces, incluso más. Los investigadores también han observado cambios estructurales significativos en el cerebro (como se ve en las resonancias magnéticas tanto antes como después de la infección). En algunos casos, el cerebro de un paciente con COVID prolongado se había reducido de tamaño, con una menor densidad de materia gris en áreas asociadas a la memoria.

Durante la pandemia, los profesionales sanitarios de todo el mundo documentaron que el virus COVID no solo atacaba los pulmones, sino incluso partes distantes del cuerpo, como el cerebro. Notaron síntomas neurológicos en sus pacientes y signos claros de encefalopatía (término general para referirse a las lesiones cerebrales).

La investigación sobre el COVID prolongado está aún en sus primeras etapas, pero no se puede ignorar el número de casos. No hay duda de que es la afección posvírica de nuestro tiempo, pero un vistazo a la historia nos dice que incluso después de pandemias anteriores el cerebro ha sufrido daños colaterales.

Uno de los casos más sonados fue el extraño fenómeno mundial de fatiga y agotamiento extremos que asoló a millones de personas poco después del brote de gripe de 1918. Este síndrome posviral se denominó «enfermedad del sueño» o encefalitis letárgica. Se creía que el virus de la gripe afectaba a las neuronas productoras de dopamina del sistema nervioso central. Los pacientes no solo sufrían fatiga, sino también depresión clínica grave y apatía. Tal vez podamos aprender una lección para nuestra respuesta a futuras pandemias víricas: combatir el incendio inicial es una cosa, pero lo que queda entre los escombros puede ser igualmente dañino.

No es un término médico ni científico, pero «niebla mental» describe con precisión la sensación de lentitud y desorientación que experimentan muchos pacientes cuando sufren un deterioro cognitivo tras un síndrome de fatiga crónica, una lesión cerebral o una enfermedad posviral. Se sabe que incluso las mujeres en plena menopausia sufren este estado mental perturbador.

Si alguna vez has tenido la sensación de que no puedes concentrarte o enfocar bien, o simplemente te ha costado recordar cosas que normalmente te vendrían a la mente al instante, es probable que hayas experimentado cierto grado de niebla mental. Esto no es infrecuente, aunque a menudo pasa desapercibido cuando la gente simplemente intenta arreglárselas y espera que se resuelva por sí solo.

La sensación de confusión mental también puede desencadenarse y agravarse por causas no físicas, es decir, por factores de estrés emocional y social. Por ejemplo, desde 2020 un gran número de personas no infectadas por COVID-19 todavía se quejan de cansancio extremo y otros problemas cognitivos. Se están realizando estudios que se centran específicamente en el estrés pandémico, los encierros y el trabajo desde casa.

¿Has probado de apagarlo y de encenderlo de nuevo?

El cerebro es como uno de esos viejos y frustrantes sistemas operativos. Probablemente ya seamos adictos a él: la mayoría de las veces nos hace la vida más fácil, en algunos casos es capaz de verdaderos destellos de genialidad, pero de vez en cuando resulta ser una masa de gelatina incompetente. A pesar de sus defectos hemos aprendido a convivir con él. Así que veamos algunas de sus extrañas características y las soluciones que inconscientemente hemos creado para seguir funcionando.

• Limitaciones de acceso

A menudo, tu cerebro no tiene las credenciales ni las autorizaciones de seguridad adecuadas para influir en determinadas funciones corporales. Incluso, si cree que tiene la autoridad, a veces los órganos no le hacen caso. Por ejemplo, nunca nos ordenó explícitamente que acumuláramos grasa. Tampoco experimentar excitación sexual durante una reunión de negocios o un funeral. Sin embargo, sucede.

Incluso cuando el cerebro toma decisiones, a veces solo ejerce un control débil e indirecto sobre determinadas funciones. Esto sucede debido a unas vías predefinidas, llamadas reflejos, que a menudo no se adaptan bien al propósito. Un ejemplo es la piel de gallina, también conocida como reflejo pilomotor. Se produce cuando el músculo arrector pili (erector del pelo), situado en la base del folículo piloso, se contrae y hace que la piel forme un bulto. A nuestros antepasados emplumados o peludos les servía para calentarse, pero a nosotros nos resulta inútil. A menos que creamos en fantasmas.

El cerebro no tiene acceso ilimitado al cuerpo y no puede actuar como administrador del sistema ni cambiar al modo programador. Somos simplemente contenedores de genios, y en realidad ellos son la verdadera junta directiva.

Luego está la cuestión del mantenimiento. Para un rendimiento óptimo, el cerebro tiene que entrar en modo sueño hasta ocho horas diarias, y a veces más. Es una función vital y, sin embargo, el entorno se ve frecuentemente dañado por información incomprensible en forma de sueños y pesadillas.

• Espacio de almacenamiento y archivos dañados

Sentado durante horas y horas asistiendo a conferencias a menudo inútiles, en la facultad de medicina (al menos eso me parecía entonces), solía tener la sensación de que mi cerebro estaba repleto de información, hasta el punto de que me sentía «lleno». A pesar de que a veces siento que no podría procesar más información, nuestra capacidad de almacenamiento es algo que los gigantes del *software* matarían por replicar. No importa lo sobrecargados que nos sintamos, nunca en nuestra vida tendremos que preocuparnos por quedarnos sin espacio en el disco.

Tenemos aproximadamente mil millones de neuronas en el cerebro. Cada neurona forma mil conexiones con otras neuronas, lo que equivale a más de un billón de conexiones, por lo que podríamos pensar que esto significa que tenemos un billón de puntos de datos de memoria. En realidad, cada neurona se relaciona con más de una memoria, lo que aumenta exponencialmente su capacidad de almacenamiento.

Todas estas comparaciones entre la capacidad de memoria de nuestro cerebro y el almacenamiento informático deben tomarse con pinzas. Todavía no sabemos lo que se necesita para almacenar una sola memoria; en realidad, ni siquiera sabemos de qué se compone una sola memoria, solo sabemos que tiene espacio de sobra.

A pesar de su capacidad de almacenamiento, lo cierto es que, como unidad de procesamiento, nuestro cerebro es un desastre. El disco duro se satura de información inútil y cada vez resulta más difícil acceder rápidamente a datos útiles. Si a esto añadimos una función de recuperación de datos que se ralentiza con la edad, archivos de memoria corruptos y datos esenciales que terminan borrados al azar justo cuando más los necesitamos, sin mencionar las dolencias y la tendencia general de nuestros archivadores a falsificar los documentos almacenados, tendríamos lo que se dice: un pandemónium de dejadez administrativa que nos hará perder la cabeza.

• Falsos recuerdos

Espero que estés sentado para esto: tus recuerdos son en su mayoría inventados. Son una obra de ficción. Tu cerebro no graba los recuerdos como un vídeo, sino que toma fotos instantáneas de los elementos más importantes. Entonces, cuando recuerdas, el cerebro se limita a adivinar lo que ocurrió entre una instantánea y otra, basándose en experiencias previas y en una gran dosis de generalización. Por eso es fácil inculcarnos recuerdos falsos o convencer a otra persona de que un recuerdo falso es verdadero; así lo demuestran numerosos casos judiciales en los que los sospechosos recordaron «recuerdos falsos» bajo la presión de un interrogatorio.

De hecho, solo con pensar en el pasado, estás borrando tu memoria. Cada vez que piensas en un recuerdo, en realidad no estás recordando el acontecimiento real, sino que simplemente estás pensando en la última vez que pensaste en ese recuerdo. Esto significa que cada vez que recuerdas algo estás creando una copia de ese recuerdo, que es menos precisa que la anterior, y la anterior, y así sucesivamente. El acto de evocar recuerdos es básicamente como un eterno juego de telefonía inalámbrica.

HAZ UN MEJOR USO DE TU CEREBRO

Cuando exiges demasiado a tu ordenador, normalmente cargando algún juego que consume mucho del procesador, puede hacer que el ventilador se ponga en marcha para evitar que se sobrecaliente. El cerebro no tiene ese tipo de mecanismo de seguridad, pero puede cometer errores si le exiges demasiado.

Cuando veo la televisión, por ejemplo, tengo que recordarme a mí mismo que debo dejar de navegar por las redes sociales en mi teléfono. La multitarea merma la productividad y la eficacia de las tareas. Se traduce en una mayor tasa de errores y mayores niveles de imprecisión. A menudo, esto te obliga a realizar las tareas de nuevo, pero por separado, por lo que esencialmente te estás volviendo menos productivo. Se mire como se mire, la alternancia constante de tareas reduce la calidad y la eficacia del trabajo. De hecho, un estudio limitado de la Universidad de Sussex analizó las resonancias magnéticas de personas que realizaban varias tareas a la vez (enviaban mensajes de texto y veían la televisión). Se observó una densidad reducida en el córtex cingulado anterior, una zona del cerebro implicada en la empatía y la regulación emocional.

Además, el cambio constante de atención de una cosa a otra hace que el córtex prefrontal y el cuerpo estriado quemen rápidamente glucosa oxigenada. Esto puede hacer que te sientas agotado incluso después de un periodo muy corto de realizar multitareas, porque has agotado literalmente las reservas de energía de tu cerebro. Sí, es digno de elogio que intentaras hacer todo al mismo tiempo, pero se te frio el cerebro, y, he aquí, accidentalmente publicaste una foto privada en el chat grupal.

Los beneficios de la música de fondo

No cabe duda de que el cerebro rinde al máximo cuando se concentra en una sola cosa a la vez. Aun así, puedes hacer una excepción cuando se trata de escuchar música mientras trabajas. Tenemos dos sistemas de atención: uno consciente y otro inconsciente. Cuando estás profundamente concentrado en un trabajo, tu atención inconsciente puede distraerse con los efectos sonoros de la vida: las notificaciones del teléfono o los crujidos del suelo pueden desviar el foco de tu atención consciente. Sin embargo, una entrada de bajo impacto, como una banda sonora de fondo, mantiene ocupada la atención inconsciente y actúa como filtro, suprimiendo otros ruidos. Es como darle un hueso al perro para que juegue mientras tú te dedicas a lo importante.

Pensamiento rítmico

Existe otro excelente método para mantener la eficiencia del cerebro: consiste en sintonizarse con el reloj biológico. Los seres humanos se rigen por varios ciclos, pero el que nos interesa aquí se conoce como ritmo ultradiano, y sintonizarnos con él solo puede beneficiar a nuestro cerebro.

El ritmo ultradiano es un ciclo biológico recurrente que se repite en oleadas de noventa minutos dentro de un ciclo de veinticuatro horas. Ultradiano significa literalmente «varias veces al día», y ayuda a gestionar la producción y recuperación de energía; y no solo se limita a los seres humanos. Las plantas, los animales, los hongos y otros seres vivos también están sujetos a él.

Cuando duermes, estos ciclos ultradianos intervienen en tus patrones REM (movimientos oculares rápidos). Durante el día, sin embargo, son cruciales para influir en el rendimiento y los niveles de energía. En la primera parte de un ciclo de aproximadamente noventa minutos, aumentan los parámetros fisiológicos como el ritmo cardiaco, la actividad cerebral, los niveles hormonales y el estado de alerta. Luego, a medida que se acerca el final del ciclo, todo esto disminuye. En otras palabras, rendimos mejor cuando nos concentramos en un trabajo intenso durante noventa minutos, seguidos de un descanso de veinte minutos. Siguiendo este ciclo ultradiano aproximado, puedes optimizar eficazmente tu rendimiento para ajustarlo a los altibajos naturales del cuerpo.

GARANTÍA EXTENDIDA

Con el tiempo, nuestro cerebro sufrirá los estragos del tiempo. En las primeras etapas de la vida, es literalmente una esponja para absorber conocimientos. Sin embargo, después de los primeros veinte años, resulta más difícil retener nueva información y esto se debe a un declive cognitivo constante. La buena noticia es que puede ralentizarse, como ocurre con un coche en buen estado, hay muchas formas de ponerla a punto para garantizar un rendimiento óptimo durante más tiempo.

Enciende tu cerebro

Gracias a la automatización, dependemos menos de nuestros recursos cognitivos naturales para tareas básicas como cálculos matemáticos simples. Configuramos los sistemas de navegación de nuestros coches para viajar siempre por las mismas rutas que hacemos todos los días. Incluso es posible que conduzcamos un vehículo que cambia de marcha por nosotros automáticamente. Con el tiempo, estas cosas se convierten en muletas de las que dependemos, y eso carcome nuestra función cerebral. Para contrarrestarlo, asegúrate de seguir poniendo a prueba tu cerebro de vez en cuando.

No se trata solo de apagar el navegador, aprender una nueva habilidad o un nuevo idioma estimula el cerebro para que se ponga a trabajar. Por ejemplo, dominar un instrumento musical pone en juego la memoria, la coordinación motora, la atención y la capacidad auditiva. Incluso hay estudios que sugieren que los músicos son menos propensos a desarrollar demencia que los que no tocan ningún instrumento. Hay pruebas similares en el caso de hablar más de un idioma. *C'est simple, non?*

Un paso adelante

Además de seguir una dieta saludable y mantener una buena hidratación, el ejercicio es una de las formas más eficaces de fortalecer la mente. No solo mejora el flujo sanguíneo en todo el cuerpo, incluido el cerebro, sino que también estimula diversos factores de crecimiento nervioso que apoyan y mantienen las vías neuronales. Aunque esto que tenemos entre las orejas no es realmente un músculo, una de las revelaciones en el campo de la neurociencia en las dos últimas décadas es que el cerebro parece funcionar como si lo fuera. Es plástico y maleable y, si se le entrena, cambia dinámicamente como resultado de lo que hacemos. Si se le deja solo, se atrofia. Una cosa que sabemos con absoluta certeza es que el ejercicio aeróbico como caminar o correr puede aumentar materialmente el volumen del hipocampo, un área del cerebro asociada a la memoria. Y lo que es aún más sorprendente, esta neuroplasticidad del cerebro se conserva durante toda la vida, por lo que un perro viejo puede aprender nuevos trucos simplemente incorporando una rutina regular de ejercicio.

Encuentra tu tribu

Los seres humanos somos criaturas sociales, por tanto, es lógico que el aislamiento pueda tener efectos profundamente negativos en nuestro cerebro y nuestra salud mental. Además, hay pruebas que sugieren que aumentar el contacto con amigos y familiares, y, en general, disfrutar de actividades sociales, ayuda a evitar el deterioro cognitivo. Las interacciones sociales no solo mejoran el estado de ánimo, sino también las capacidades cognitivas superiores, como la memoria, la atención y la concentración.

Rebelarse contra la jubilación

Varios estudios asocian la jubilación con el deterioro cognitivo. Existen numerosas razones para ello, pero en esencia sabemos que la estimulación mental y social son factores clave. Cuando se eliminan estos factores, la salud se deteriora. Mantenerse activo mentalmente aumenta lo que se conoce como «reserva cognitiva». Es la capacidad del cerebro para contrarrestar los efectos cognitivos del envejecimiento; si falta este tipo de red social indispensable, la salud empeora.

Hemos entendido que mantener la actividad, la sociabilidad y la estimulación es fundamental para mantener el cerebro en forma, por lo que debemos dejar de pensar en la jubilación como un momento para relajarnos y considerarla una oportunidad para ampliar nuestros horizontes. ¿Conoces ese cómodo sillón al que aspiras desde hace veinticinco años? Recuerda lo que te digo: en el momento en el que pongas los pies en el sofá, tu mente y tu cuerpo empezarán a pudrirse. Mantente estimulado y tendrás muchas posibilidades de recordar tu propio nombre durante mucho tiempo.

Relájate

Una de las mayores emociones que me invade durante los turnos ajetreados y las cirugías difíciles es el estrés. Solía subestimar lo pronunciados que pueden ser sus efectos en el cuerpo y, en concreto, en la mente. Cuando uno experimenta estrés, el cerebro acciona un interruptor que provoca una cascada de hormonas, cortisol, adrenalina y noradrenalina, las llamadas hormonas del estrés, que activan la «respuesta de lucha o huida».

A corto plazo, lavar el cerebro con estas sustancias químicas puede ser muy útil. Puede ayudar a las personas a enfrentarse a una amenaza o peligro, a un atleta a correr más rápido o a un cirujano cansado a operar con más destreza e intensidad. Sin embargo, el cerebro no puede soportar demasiado de algo bueno. Es quisquilloso y solo puede manejar un grado específico de estrés. Un exceso o una elevación prolongada de las hormonas del estrés pueden hacer que un acontecimiento estresante se convierta en ansiedad generalizada. La elevación crónica de sustancias químicas del estrés como el cortisol también puede afectar al córtex prefrontal, un área del cerebro implicada en el procesamiento emocional, la toma de decisiones ejecutivas (planificación, resolución de problemas) y la atención.

El estrés es un círculo vicioso, no solo puede afectar y encoger el córtex prefrontal racional, sino que también puede aumentar el tamaño del centro del miedo del cerebro, la amígdala. A su vez, esto hace que el cerebro sea aún más susceptible al estrés. En esencia, estas sustancias químicas del estrés crean un efecto dominó. Cuando se vuelcan, refuerzan las vías neuronales en el cerebro, de modo que una persona es más propensa a estar en un estado constante de ansiedad.

Durante mi primer año como médico en una concurrida planta de neumología en pleno invierno, los horarios tardíos, los turnos intensos y la falta de autocuidado acabaron pasándome factura. En mi caso, esto se tradujo en insomnio y algún que otro ataque de palpitaciones.

Para remediarlo, me propuse mejorar mi rutina de sueño y la calidad de mi descanso. También empecé a hacer ejercicio con regularidad, lo que me ayudó enormemente. Estos pequeños cambios en el estilo de vida me ayudaron a reducir los efectos nocivos del estrés en el cerebro, es decir, la inflamación.

Además de las mejoras holísticas, también quería soluciones instantáneas a las que pudiera recurrir en esos momentos en los que mis niveles de estrés me apremiaban. Al trabajar en un hospital, me di cuenta de que las situaciones estresantes sucedían con rapidez, desde encuentros con pacientes enfadados hasta desacuerdos con compañeros o frustraciones con sistemas informáticos atrasados. Los ejercicios de respiración profunda me resultaron especialmente eficaces para bajar el ritmo cardiaco y detener el estrés, la alarma de pánico de mi cerebro. Descubrí que no solo era eficaz para contrarrestar las grandes tensiones, sino también las microtensiones más comunes que se acumulan a lo largo del día y acaban por llevarnos al límite.

Dormir bien, hacer ejercicio con regularidad y una molesta tendencia a ponerme «zen» con mis colegas hicieron maravillas para mantener a raya mi estrés. La técnica más eficaz de todas fue aprender a canalizar mi delfín interior.

Sí, suena como un eufemismo que podría hacerme perder la licencia. De hecho, es un sistema de reinicio basado en la ciencia y uno de los más efectivos que he usado para eliminar el estrés.

Todos estamos dotados de un mecanismo arcaico llamado reflejo de inmersión de los mamíferos. Se activa al sumergir la cara en agua fría mientras se contiene la respiración. Si no te apetece, también puedes salpicarte la cara y las fosas nasales. Cuando la cara está sumergida y las fosas nasales llenas de agua, el nervio trigémino (quinto par craneal) transmite esta información al cerebro. A su vez, esto empuja al nervio vago (décimo par craneal) a inducir bradicardia, también conocida como disminución de la frecuencia cardiaca. Esto provoca el estrechamiento de los vasos sanguíneos, lo que restringe el flujo hacia las extremidades para preservarlo para el corazón, el cerebro y los pulmones. Se sabe que la combinación de estos cambios fisiológicos disminuye la ansiedad y el estrés. Así que, la próxima vez que te cueste sobrellevar la situación, busca una fuente reconstituyente de agua fría.

UN DÍA ESTE DOLOR TE SERÁ ÚTIL

Continuamente descubrimos cosas interesantes sobre el cerebro y, sin embargo, aún no se nos ha revelado por completo. A pesar de nuestros aparentes avances, el hecho es que no estamos tan lejos de saber lo que entendían nuestros antepasados. Es un órgano enigmático.

Por aquel entonces (me refiero a hace unos ocho mil años), nació el procedimiento quirúrgico más antiguo. En pocas palabras, consistía en hacer un agujero en el cráneo de alguien. El acto de la trepanación, como se le llama, se consideraba una solución para todo tipo de problemas de salud física y mental. Era el medio que utilizaban nuestros antepasados cavernícolas para exorcizar a los «malos espíritus», mientras que nuestros primos medievales creían que abrir el cráneo curaba fuertes dolores de cabeza. Sin duda, la muerte era una forma muy eficaz de eliminar el dolor, pero rápidamente se consideró un poco excesiva. Sorprendentemente, en la medicina moderna todavía utilizamos el método del agujero en la cabeza. La única diferencia es que lo hacemos con un método un poco menos torpe que el de nuestros predecesores. Hoy en día, los neurocirujanos utilizan principalmente la craneotomía, como se ha apodado tiernamente, como maniobra de emergencia para drenar una acumulación de sangre en el cerebro.

En la torre de marfil de la medicina, los neurocirujanos han avanzado su arte a tal nivel que pueden incluso realizar cirugía cerebral mientras el paciente está despierto. Esto es posible porque el cerebro no tiene receptores del dolor y, con el paciente consciente, el cirujano puede monitorear constantemente las reacciones fundamentales para evaluar los efectos del procedimiento.

Comprender el dolor

A diferencia del cerebro, que no puede percibir el dolor, todo lo que le rodea gritará ante el menor estímulo. Desde los vasos sanguíneos circundantes hasta el revestimiento membranoso (las meninges), pasando por los nervios y los músculos del cuello, estamos hablando de flores sensibles a las que les gusta provocar un drama. Esto explica por qué un cuello rígido o un dolor en el cuero cabelludo pueden provocar dolores de cabeza tensionales, mientras que comer cosas muy frías provoca la llamada «congelación cerebral», también conocida como ganglioneuralgia esfenopalatina.

Pero ¿qué es exactamente el dolor? Básicamente, es un mecanismo por el cual nuestro cerebro nos da una sensación desagradable para inducirnos a interrumpir o modificar una conducta. A veces esto sale muy mal o sucede que el interruptor se queda permanentemente atascado en modo activo, generando dolor crónico. Este mal funcionamiento en el sistema puede dañar gravemente la vida de quienes lo padecen, sin olvidar que su gestión tiene un coste muy alto para la sociedad.

A menudo he participado en cirugías para extirpar completamente el colon, el recto y el ano de un paciente, generalmente debido a una enfermedad inflamatoria intestinal. Este procedimiento se llama panproctocolectomía, e implica la extirpación del ano que se cierra con una sutura como parte del procedimiento. Un efecto secundario no tan infrecuente de esta intervención puede ser el llamado síndrome del «recto fantasma», en el que los pacientes siguen sintiendo la necesidad de ir al baño a pesar de no haber nada allí. La mayoría de los casos de miembros fantasma se explican simplemente por conexiones nerviosas cruzadas o nervios dañados que sanan, pero no adecuadamente, enviando señales incorrectas al cerebro. En el caso del recto fantasma, puede tratarse de un nervio pudendo dañado que sigue enviando mensajes falsos al cerebro, lo que hace que la persona sea literalmente perseguida por cacas fantasmas.

Hoy en día, hemos dejado atrás la ingenua creencia de que el dolor está simplemente ligado al daño tisular, sabemos que es posible sentir dolor sin lesión. Sin embargo, el problema sigue siendo que en realidad no tenemos idea de cómo intervenir eficazmente si no podemos entender no solo dónde duele sino también por qué.

Dale un nombre al dolor

A lo largo de nuestra vida, la mayoría de nosotros lidiamos con el dolor, algunos mucho más que otros. Siempre he comprobado que mis pacientes eran capaces de sobrellevar mejor su dolor una vez que comprendían las causas y los posibles tratamientos. Curiosamente, el conocimiento del dolor ya proporciona una especie de apoyo analgésico indirecto.

El teatro del dolor

Esa parte paranoica de nuestro cerebro es tan sobreprotectora que genera la sensación de dolor en su interior. Lo cual, como una alucinación, puede perseguirnos en cada momento de vigilia. La ciencia es muy clara al respecto: es cierto que los tejidos pueden transmitir señales al cerebro, pero en realidad el dolor en sí es un producto exclusivo de la galardonada empresa Cerebro S. p. A. En otras palabras, los receptores de la mano que quemamos no envían señales de dolor al cerebro, simplemente envían señales.

Las señales sensoriales recibidas de los tejidos lesionados son solo una de las variables que el cerebro asimila para escenificar su experiencia teatral del dolor. Lo que sentimos cuando nos mordemos estúpidamente el interior de la mejilla mientras tragamos la segunda barra de chocolate de la noche no es un dolor que viene de la mejilla. La sensación se combina con recuerdos previos, creencias culturales, explicaciones y otros datos sensoriales para producir una experiencia.

A veces, cuando está de humor, este cerebro calculador exagera las señales de dolor, lo que se conoce como hiperalgesia. Sin embargo, puede ocurrir que el cerebro dé varias veces la voz de alarma, lo que hacemos con demasiada frecuencia, y el resultado es la sensibilización, lo que implica soportar el malestar aparente porque sabemos que pasará.

Más allá de los aspectos teatrales, lo cierto es que el cerebro no es muy bueno para descifrar el origen de todo dolor. A menudo, se limita a hacer conjeturas muy bien fundadas basadas en datos entrantes y almacenados previamente. El dolor referido es un ejemplo clásico de esto. El dolor de espalda que sentimos en realidad podría originarse en el abdomen, y esto potencialmente causa dilemas de diagnóstico.

Afinando la «señal de dolor»

Atención, noticia bomba: te mintieron en las clases de biología. No hay absolutamente ninguna señal de dolor y menos aún hay fibras que lo detecten. Los nociceptores, los llamados receptores del dolor, en realidad detectan estímulos dañinos que pueden causar dolor, como la vez que pisaste un ladrillo de Lego a las cuatro de la mañana mientras ibas al baño. El cerebro interpreta los estímulos dañinos que luego decide cómo reaccionar. Entonces, cuando la planta del pie presiona contra ese afilado ladrillo de plástico, puede suceder que sigamos caminando sin prestar atención o que saltemos mientras maldecimos.

La sensación y la percepción del dolor son en realidad una vía de doble sentido: el cerebro puede recibir señales de «dolor», pero a su vez las retransmite a esos mismos nervios sensoriales para regular la intensidad del dolor, subiéndola o bajándola dependiendo de cómo quiera percibirlo. Esto puede explicar cómo los faquires, ascetas que condenan los placeres mundanos, pueden tolerar sentarse en una cama de clavos o cómo los monjes Shaolin pueden tolerar violentas patadas en los testículos.

SÁLVATE A TI MISMO

Si el cerebro es el culpable de causar el dolor, ¿podemos utilizar los poderes Jedi para influir de alguna manera en él para que se controle un poco más o incluso para desterrar el dolor con el pensamiento? Bueno, no del todo, pero sí que podemos manipular un poco la matriz del dolor. Los trucos que indico a continuación no son remedios garantizados que demuestren el poder de la mente sobre el cuerpo, ni mucho menos. Hay dolores que con nuestro conocimiento actual simplemente no podemos contrarrestar, por lo que lamentablemente seguiremos luchando con horribles cálculos biliares y abscesos dentales desgarradores.

Emociónate

Antes de sentirlo, el dolor pasa por una fábrica de señales hasta que el cerebro lo procesa. Estas señales procedentes de todo el cuerpo pueden ser modificadas, influenciadas e incluso aumentadas o disminuidas por el cerebro para crear un dolor hecho a medida. De hecho, nuestro estado emocional interviene en este proceso. Por ejemplo, estar triste o ansioso por el dolor puede acentuar la percepción del mismo. En el otro extremo están los atletas que «exceden el umbral del dolor» porque su atención está tan intensamente concentrada y distraída con su dolor que las señales nociceptivas se amortiguan temporalmente.

Se trata de un truco mental arraigado en la fisiología humana llamado modulación descendente del dolor. Es exactamente el mismo mecanismo por el cual un placebo puede tener efectos analgésicos. Tengamos en cuenta que si ciertos dolores no pueden ser ahuyentados por el poder del pensamiento o de las emociones, otros sí se ven influenciados por la cantidad de atención que les prestamos y por la situación en la que nos encontramos.

Mira hacia otro lado

Uno de los trucos mentales más sencillos para hacer frente al dolor es algo que utilizo con mis pacientes todo el tiempo cuando les extraigo sangre. Justo antes de insertar una cánula o incluso de extraer sangre, les pido que aparten la mirada. El viejo refrán «ojos que no ven, corazón que no siente» es apropiado en este caso, porque un estímulo nocivo externo no puede visualizarse. Como resultado, el cerebro es menos sensible al dolor, lo que me permite realizar mi trabajo sin que el pobre paciente se desmaye o vomite. El hecho de excluir un estímulo, visual en este caso, muestra por ejemplo cuán influyente es el papel del cerebro en la regulación del dolor. Aunque mirar hacia otro lado es una fórmula efectiva de manejar el dolor agudo anticipado, lamentablemente no funciona con el dolor crónico, porque el torturador acecha en las sombras y ataca sin ton ni son.

INTELIGENCIA ASESINA

Tengo sentimientos ambivalentes sobre el cerebro humano. Sin duda es el responsable de que nos hayamos convertido en la especie más dominante del planeta y de todas las maravillas de la civilización. Por otra parte, la gente puede ser idiota. Lo mejor y lo peor del cerebro se resume en la palabra democracia; construimos cohetes y llegamos a la luna, pero también nos hundimos en baños de hielo en invierno y comemos col rizada por elección propia.

Sin duda, el cerebro es una de las cosas más complejas del universo y, sin embargo, solo estamos arañando la superficie de lo que creemos saber. Para mí, ¡el hecho de que incluso después de todos estos años siga habiendo misterios en el cuerpo humano es muy apasionante! Si el cerebro fuera tan simple que pudiéramos entenderlo completamente, entonces probablemente seríamos demasiado estúpidos para hacerlo.

Y, sin embargo, no importa lo hábil que sea, siempre lo consideraré un gran bastardo. De vez en cuando, aunque afortunadamente ahora es menos frecuente, llega a este mundo con la intención de asesinar. El cerebro ha matado a millones de mujeres a lo largo de la historia debido al tamaño del cráneo necesario para albergarlo. La rápida expansión del cerebro durante milenios ha hecho que nuestras cabezas sean tres veces más grandes que las de nuestros primos más cercanos, los chimpancés.

Esto lo hace absolutamente inadecuado para atravesar el canal pélvico femenino, que en cambio conserva más o menos el mismo tamaño que el de una hembra de chimpancé. Como resultado, a lo largo de la historia, el parto ha resultado ser un proceso a menudo fatal.

Biológica y matemáticamente, los humanos modernos tienen una ruta de llegada al mundo mucho más peligrosa que la de otros simios. Para salir del útero materno, tienen que dar dos vueltas en lugar de solo una o ninguna, lo que aumenta las posibilidades de acabar con el cordón umbilical enrollado alrededor del cuello y, por supuesto, matar sin querer a la madre con hemorragias posparto y otras complicaciones obstétricas. Hemos llegado a un punto en el que ahora dependemos de la ayuda de otros para realizar la función biológica más esencial.

Otro problema es que nuestros cerebros no están diseñados para el mundo moderno. Nuestro progreso cultural ha sido increíblemente rápido, lo que resulta irónico porque nuestros cerebros estaban biológicamente adaptados a un mundo muy diferente al que nos encontramos hoy. Cosas como el mareo, la distorsión cognitiva, la superstición, el estrés laboral y la obesidad se deben a que nuestros cerebros siguen pensando que somos cazadores-recolectores en las llanuras de África.

Se puede decir que la cultura y la sociedad modernas han evolucionado a un ritmo más rápido que el cerebro. Por eso, aunque sigue estando programado para huir de las fieras, no soporta tan bien el estrés de la vida moderna, como las hipotecas y los jefes difíciles. Tu jefe no te comerá en el desayuno, pero saber que podría despedirte es suficiente para que te quedes despierto por la noche preocupado.

Es cierto que el cerebro puede dar lugar a numerosos problemas de salud mental, que a menudo están estrechamente relacionados con la vida moderna, pero afortunadamente también tiene un futuro brillante. Solo tenemos que encontrar formas de compensar sus deficiencias.

Cerebro 2.0 (fecha de lanzamiento retrasada)

El cerebro pretende conocer el mundo que le rodea. Desde los albores de la humanidad, nos ha convencido de que es él quien manda. En realidad, solo procesa la información que le llega a través de órganos sensoriales igualmente imperfectos. Es como un adolescente sentado en plena oscuridad jugando en un simulador de carreras de Fórmula 1 en el ordenador, convencido de que realmente está detrás del volante y ve a Lewis Hamilton por el espejo retrovisor.

Piensa en cuando comes un caramelo de menta y luego inhalas. Sientes frío, pero ¿por qué? Tu cerebro ha sido engañado. Las moléculas de mentol activan las proteínas TRPM8 en tus células nerviosas produciendo una sensación de frío, pero la temperatura no ha bajado ni un solo grado. Otro ejemplo es la sensación de estar mojado: es una ilusión porque los humanos no tenemos receptores específicos de humedad. Cuando nos sentimos mojados, húmedos, sudorosos... es solo una forma de ilusión sensorial. El cerebro combina diferentes percepciones y asocia el resultado con la humedad. Combina nuestra capacidad de detectar bajas temperaturas con percepciones táctiles como la presión y la textura, y añade esta información a nuestro conocimiento preexistente de las cosas que hemos aprendido que están mojadas: una toalla húmeda o unas gotas en el asiento del inodoro cuando entra en contacto con nuestras nalgas. El cerebro nos engaña literalmente para que percibamos esta humedad, pero esta simulación es imperfecta; por eso a veces es difícil de entender si la toalla está realmente mojada o simplemente fría.

La realidad que percibimos a nuestro alrededor está fuertemente redactada y filtrada por el cerebro para garantizar que captemos solo lo que es importante. Y eso no es todo, realiza constantemente cálculos complejos para evaluar y predecir lo que ocurrirá a continuación, utilizando datos almacenados y experiencias pasadas para guiar nuestras acciones. No se limita a reaccionar ante el mundo, sino que recurre a modelos predictivos y prepara nuestras acciones anticipándose al acontecimiento y antes de recibir los datos sensoriales. Por eso, cuando nos lanzan una pelota a la cara, el cerebro ya ha actuado antes de que siquiera pensemos conscientemente en quitarnos del camino. Sucede tan imperceptiblemente rápido que ni siquiera nos damos cuenta de esta eficiente planificación anticipada.

Habiendo tomado nota de los defectos de nuestro cerebro y de sus sistemas de autocompensación, así como de su capacidad para adaptarse a sus propias deficiencias, quizá podamos esperar que haya mejoras cuando se lance el nuevo sistema operativo. Ahora mismo, los avances en inteligencia artificial están dando lugar a sistemas de aprendizaje algorítmico que pueden pensar por nosotros. Primero vendrán y robarán nuestros trofeos en torneos de ajedrez y pronto estarán sentados detrás del volante del coche y ocuparán nuestro lugar en las cirugías y... ¡ah, espera!

El futuro puede parecer incierto, pero solo podemos esperar que el hombre y la máquina se unan para mejorar nuestros cerebros por el bien común. Incluso podríamos ver las funciones de este pudín nuestro grisáceo y arrugado transferido a las redes en la nube. Con el tiempo, tal vez, el cerebro mejorado por ordenador incluso arroje luz de cómo funciona el modelo antiguo, y yo, por mi parte, seré el primero en activar mi laringe sintética y declarar: «hoy en día ya no se fabrican cerebros como este».

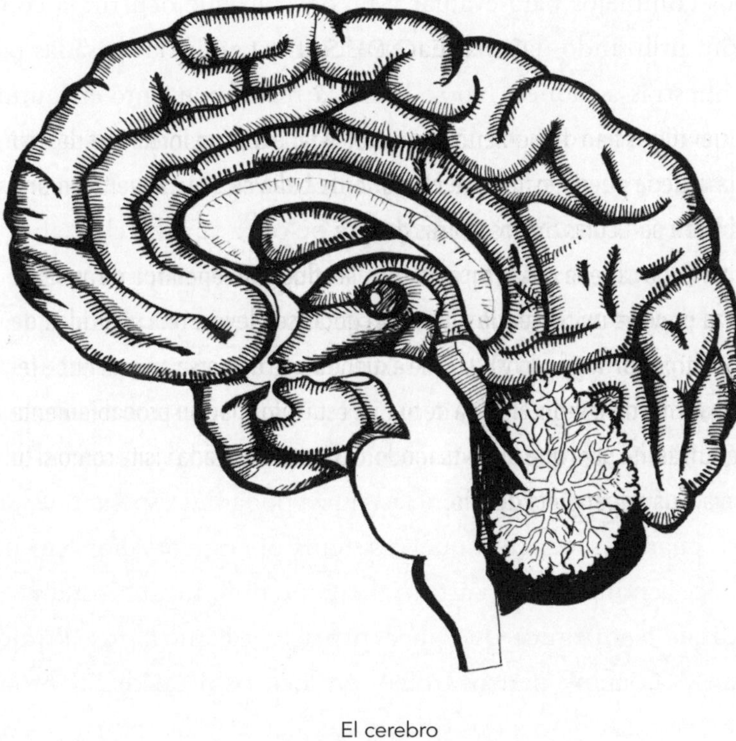

El cerebro

CONSEJO DE SALUD

Los científicos han descubierto que cerrar la tapa del inodoro antes de tirar de la cadena puede evitar que el cuarto de baño se vea envuelto en una niebla de partículas microscópicas de caca.
Al tirar de la cadena con la tapa abierta, la afluencia repentina de agua en la taza provoca un géiser de diminutas gotas se eleve a una velocidad de dos metros por segundo y luego se extiende y se dispersa en una nube fecal en forma de hongo. Huelga decir que esta información probablemente será suficiente para que tapes tu inodoro después de cada visita como si tu propia vida dependiera de ello.

3. LA CÁMARA SANGRIENTA

UNA MIRADA AL CORAZÓN

El corazón tiene conexiones profundas con el comienzo de la vida. Seis semanas después de la concepción, es el primer órgano que se desarrolla en el útero, cuando un grupo de células se reúnen y dice: «Eh, vamos a empezar a bailar juntas» y empieza a latir el ritmo de la música.

Al igual que en todos los seres vivos, nuestro corazón muscular sirve para bombear oxígeno y nutrientes por todo el cuerpo, a través de las arterias. Además, al empujar el flujo de sanguíneo hacia las venas, también desempeña un papel esencial en la eliminación de productos de desecho, como el dióxido de carbono.

El corazón es infatigable y desinteresado, nunca se toma un descanso, y así podemos dormir por la noche sabiendo que alguien o algo está en guardia y se asegura que nos despertaremos a la mañana siguiente. A lo largo de nuestra vida, la mayoría de nosotros podremos permitirnos el lujo de unos 3000 millones de latidos del corazón. Trabaja incansablemente para mantenernos con vida con una fiabilidad que ningún ingeniero mecánico nunca podría igualar. Si se detuviera, aunque fuera un momento, todo el cuerpo se quedaría sin su suministro de oxígeno. Es una gran responsabilidad.

Cuando descansamos, el corazón bombea alrededor del cuerpo 5 litros de sangre por minuto. En un individuo sano y en buena forma física, este valor puede incluso multiplicarse por ocho o nueve veces bajo el estrés. A pesar de su gran esfuerzo, el corazón no es un órgano egoísta y solo consume el 5% de todo el torrente sanguíneo. En la práctica, el corazón es el caballo pura sangre del cuerpo, responsable de perseguirun único propósito con la mayor eficiencia posible. Las células del corazón no pueden regenerarse ni reproducirse, esto significa que cuando morimos, nos llevamos con nosotros el 50% de las células del corazón con las que nacimos. Este órgano tiene tal determinación que, si se lo extrajéramos del cuerpo, seguiría latiendo por sí solo: ¿qué mejor confirmación de su inquebrantable ética profesional? No solo es una bomba increíble y a la vez un circuito eléctrico, sino que el corazón también desempeña un papel principal en todos los campos de la cultura humana, desde la literatura hasta la pintura la música y el amor. Es el órgano que lo es todo para todos.

Una renta vitalicia

Una de las creencias populares más conocidas es que el corazón de los seres humanos tiene un cierto número de latidos antes de agotarse. Y no es una idea completamente descabellada: el corazón de la ballena azul late solo 8 veces por minuto, mientras que en el mismo periodo de tiempo el de la musaraña etrusca supera los 800, y sin embargo, todos los mamíferos, grandes o pequeños, suman en promedio el mismo número de latidos en vida, es decir, alrededor de 500 millones. Esto se conoce como la «teoría de la velocidad de la vida», y, sin embargo, no se aplica a los seres humanos. ¿Por qué? Porque los avances en higiene, medicina y ciencia nos han permitido ir más allá de esas limitaciones hipotéticas y aumentar el número total de latidos del corazón que disfrutamos en comparación con otros mamíferos.

Y eso es todo lo bueno que tengo que decir sobre el corazón, ahora es el momento de profundizar en los aspectos negativos.

DEFECTOS DEL CORAZÓN HUMANO

Los excesos de la sociedad moderna, la mala suerte, los malos hábitos y, a veces, una desafortunada herencia genética son factores que pueden «rompernos» el corazón. La placa puede acumularse en las arterias, que está formada básicamente por residuos biológicos: es como si el cuerpo tirara basura en zonas prohibidas como acto de desafío contra los altos niveles de colesterol. Me refiero a la basura que se acumula (placa aterosclerótica) debido al tabaquismo, la insuficiente actividad física y los factores alimenticios, aunque en algunos casos el problema es genético. Todos estos elementos contribuyen a las enfermedades cardiacas, que son la mayor causa de muerte en los seres humanos, y a menudo la más insidiosa.

En el Reino Unido, las cardiopatías causan más de una cuarta parte de todas las muertes de adultos, lo que supone una muerte cada tres minutos. Entonces, ¿por qué esta bomba vital es tan vulnerable a los daños y qué hace que nos falle?

Siente el bombeo

El corazón es un órgano muscular ávido de oxígeno. Por lo tanto, se podría pensar que tiene garantizado un suministro constante y generoso de sangre, que en realidad es bastante escaso. El corazón no está equipado con un implante brillante de múltiples tubos para la gestión del flujo sanguíneo, sino solo con dos pequeñas arterias con un diámetro de unos 3 mm.

Si una de ellas se obstruye, algo muy frecuente en el organismo, se habla de un ataque cardiaco o infarto de miocardio. Este mal funcionamiento parece peculiar del corazón humano; otros animales demuestran que no tiene por qué ser así. Los perros, por ejemplo, tienen sistemas de suministro secundarios, lo que significa que, si sufren un infarto, este se ve mitigado por una red arbórea de vasos sanguíneos más pequeños que se ramifican desde las arterias coronarias principales. Piensa en ello como un práctico desvío hacia tu destino si la carretera principal está cerrada.

En el corazón humano, los sistemas de suministro secundario son muy limitados, lo que no es ideal cuando las tuberías principales de sangre están obstruidas o lesionadas de alguna manera. Estimular el crecimiento de vasos sanguíneos colaterales podría contrarrestar el suministro insuficiente de sangre y reducir el riesgo de infartos, pero la ciencia médica aún se encuentra en una etapa muy temprana de investigación al respecto. Mientras esperamos la invención de un corazón inmortal, o de un mundo virtual en el que realmente nos gustaría vivir, existe una forma sencilla y gratuita de remediar algunos de los defectos de diseño del corazón, y es la actividad física.

Podemos reconstruirlo

Los vasos sanguíneos tienen un revestimiento interno de células llamadas endoteliales, y la actividad física es capaz de crear un poco de magia. Las células endoteliales liberan óxido nítrico, la misma sustancia presente en los gases tóxicos que salen de los tubos de escape de los coches que no han pasado la ITV. Sin embargo, en pequeñas cantidades, este contaminante ambiental es en realidad una bendición para el sistema circulatorio. Desempeña dos funciones fundamentales: la primera consiste en mantener el revestimiento de las arterias resbaladizo y liso, lo que permite a los glóbulos blancos y las plaquetas disfrutar tranquilamente de un viaje sin baches, de modo que no se atasquen y provoquen coágulos de sangre que obstruyan las tuberías; y, en segundo lugar, el óxido nítrico relaja el tejido muscular liso del que está hecha la capa media de las arterias, manteniéndolas abiertas y favoreciendo el flujo sanguíneo. De hecho, es precisamente este mecanismo de aumento de la producción de óxido nítrico de las células endoteliales lo que llevó a los médicos a crear el Viagra, que actúa llevando más sangre al pene, provocando así una erección.

La pequeña píldora azul

El Viagra nunca se concibió como un medicamento para hacer que la entrepierna se hinche. Fue desarrollado originalmente en 1989 como el fármaco UK-92480 por científicos de Pfizer que buscaban un tratamiento para la angina de pecho, un dolor torácico de origen cardiaco. La idea era que el fármaco bloqueara la enzima PDE-5, lo que haría que los vasos se ensancharan para aumentar el flujo sanguíneo y reducir la presión arterial.

Sin embargo, la preparación, conocida como citrato de sildenafilo, tuvo un curioso efecto secundario: una enfermera atenta había notado que los voluntarios del ensayo clínico se tumbaban boca abajo debido a una erección inesperada y vergonzosa.

Los científicos no tardaron en darse cuenta de su potencial y convirtieron un efecto secundario en una empresa multimillonaria para combatir la disfunción eréctil.

Por cierto, un corazón sano y un flujo sanguíneo reducido pueden ser un factor importante cuando se trata de disfunción eréctil. La buena noticia es que se cree que el ejercicio es un antídoto eficaz, cuyos beneficios van más allá del dormitorio, capaz de estimular a los vasos cardiacos para que desarrollen nuevos y diminutos vasos sanguíneos.

Se trata de un proceso único conocido como angiogénesis, que puede mejorar el riego sanguíneo al corazón y ayudar a prevenir las cardiopatías. Piensa en ello como una forma de pseudocirugía de *bypass* automático que te proporciona algunos de los beneficios de la cirugía sin las cicatrices. La angiogénesis puede estimularse mediante ejercicios aeróbicos como el senderismo, el *running*, el ciclismo y la natación, o incluso simplemente caminando y añadiendo regularidad a tus entrenamientos.

Un final final

Cuenta la leyenda que cuando los atenienses se enteraron de que los persas habían llegado a la ciudad de Maratón durante su invasión a Grecia en el año 490 a.C., un mensajero llamado Filípides corrió a Esparta con una petición de ayuda. Quizás el primer y original «corredor de maratón», Filípides recorrió 260 kilómetros en menos de dos días y murió desplomado inmediatamente después. La historia no nos dice si murió de un ataque al corazón, pero los científicos están investigando qué efecto tiene el ejercicio extremo sobre el corazón.

Afortunadamente, la mayoría de nosotros no tenemos que preocuparnos por estar demasiado en forma, sino más bien por lo contrario.

Sin embargo, los atletas que se enfrentan a pruebas de resistencia extrema, como el ultramaratón, pueden desarrollar diversas anomalías del ritmo cardiaco y daños en el corazón. La teoría es que las actividades de resistencia extrema sobrecargan el sistema cardiovascular, lo que provoca una «remodelación» estructural del corazón: las paredes del corazón se vuelven más gruesas y se acumula tejido cicatricial. Estos cambios físicos pueden causar latidos irregulares, como la fibrilación auricular. Como en todo, el veneno está en la dosis: demasiado de algo bueno puede acabar siendo malo para ti.

No solo el ejercicio «extremo» puede poner en peligro el corazón, sino también el tipo de ejercicio que practican los jóvenes atletas de alto nivel. En las últimas décadas se han multiplicado las muertes súbitas de futbolistas que practicaban su deporte favorito, aparentemente sanos y en buena forma. Esto no se debe a la mala suerte o a una misteriosa coincidencia que podría dar lugar a una red de teorías conspirativas, sino que se asocia a una enfermedad mortal conocida como miocardiopatía hipertrófica obstructiva (HOCM), que hace que el corazón de los atletas jóvenes se comporte como el de una persona de ochenta años. Los corazones intensamente ejercitados de estos jóvenes profesionales del deporte se moldean en función del estrés de su entrenamiento. Inicialmente, esta renovación estructural del corazón es útil; crea una bomba más eficaz para satisfacer las mayores exigencias que requiere el organismo. Sin embargo, si padeces HOCM no es tan bueno. Esta enfermedad se debe a una anomalía genética que hace que la pared muscular del corazón se vuelva mucho más gruesa de lo necesario: debido al sobreentrenamiento esta pared se vuelve gruesa, hasta el punto que puede impedir el flujo sanguíneo adecuado, y ahí es donde llega el desastre. Puede que pienses que se trata de una circunstancia poco frecuente, pero el HOCM es sorprendentemente común, ya que afecta aproximadamente a 1 de cada

500 personas, aunque la mayoría no son estrellas del deporte de alto nivel, y, por lo tanto, viven toda su vida sin ningún síntoma.

Para un atleta, la primera señal de problemas también puede resultar ser la última. El paro cardiaco repentino es potencialmente mortal, porque, si el corazón se para, técnicamente la persona ha fallecido y la única posibilidad real de tener una segunda oportunidad de vida depende de si alguien presente puede realizar una reanimación cardiopulmonar o RCP.

La cara del RCP y Michael Jackson

Permitidme que os traslade a París de finales del siglo XIX y a la historia de *L'Inconnue de la Seine* (La desconocida del Sena). Aunque nunca llegó a conocer su fama póstuma, la joven en cuestión transformó el rostro de la educación en la medicina de urgencias, un cambio que acabaría salvando millones de vidas.

A finales de la década de 1880, se encontró el cadáver de una adolescente en el río Sena. El cuerpo fue enviado a la morgue y la historia podría haber terminado aquí. Como no había forma de identificar a la joven, el cadáver se dejó expuesto en la morgue con la esperanza de que pudiera ser reconocido por sus familiares. Al hacerlo, el patólogo de guardia quedó profundamente cautivado por su enigmática media sonrisa y su aspecto extrañamente sereno. Llegó incluso a encargar una «máscara mortuoria» de yeso de su rostro para inmortalizar esta hermosa expresión. Muy pronto, esa máscara se reprodujo y se vendió como pieza decorativa para los hogares. Sí, las máscaras mortuorias eran elementos de decoración interior en aquella época, y la joven parisina muerta se hizo rápidamente conocida como *L'Inconnue de la Seine* (La desconocida del Sena).

Ahora, hagamos un salto temporal a 1960, donde el médico austriaco Peter Safar ya había desarrollado una forma rudimentaria de RCP boca a boca. Comprensiblemente, a los estudiantes de medicina les resultaba difícil practicar estos primeros auxilios entre ellos, así que Safar recurrió a un juguetero belga llamado Asmund Laerdal para que fabricara un maniquí didáctico. En su búsqueda de un rostro realista, Laerdal recordó una máscara mortuoria que había visto en casa de sus abuelos cuando era más joven, y así fue como *L'Inconnue de la Seine* se convirtió en el rostro del maniquí de entrenamiento. El maniquí se llamó «Resusci Anne» o «RCP Anne» y se convirtió en la herramienta a través de la cual millones de personas, quizás incluso tú, aprendieron a hacer RCP. Como resultado, Anne ostenta el honorable título de ser la chica más besada del mundo. Michael Jackson incluso hizo referencia a ella en la letra de su canción *Smooth Criminal* al preguntar: «Anne, ¿estás bien?», una frase que los estudiantes de RCP llevan mucho tiempo aprendiendo a utilizar cuando evalúan inicialmente a un paciente plástico que no responde.

Hollywood está equivocado

Mi primer turno como médico fue también la primera vez que vi morir a una persona frente a mis ojos. Eran las 11 de la mañana y el mensaje automático de mi localizador decía: «paro cardiaco, sala E1, paro cardiaco, sala E1». Mientras corría con mi superior hacia la habitación de una paciente que, según me habían informado previamente, tenía problemas para respirar, me recibió un abrumador olor a vómito, la ineludible sensación de mal presentimiento y un grupo de médicos, auxiliares sanitarios y enfermeras apiñados alrededor de la paciente. La anciana tenía los ojos vidriosos mientras su cuerpo se sacudía bajo las repetidas compresiones torácicas. Eso fue suficiente para que se me hiciera un nudo en la garganta.

Cuando un paciente ha sufrido un paro cardiorrespiratorio y su corazón ya no late, técnicamente está muerto: es la versión humana de un apagón. Es diferente de un infarto, que suele deberse a un problema de plomería, en el que se obstruye una de las arterias coronarias, y no a un fallo eléctrico. Ambas son situaciones de emergencia y, de hecho, el infarto es una causa frecuente de paro cardiaco. Cuando cesa la actividad eléctrica en el corazón y la sangre deja de moverse espontáneamente, las compresiones torácicas son esencialmente un medio de mantener el corazón bombeando de forma manual; es un intento de mantener el flujo sanguíneo a los órganos vitales junto con la esperanza de que el corazón vuelva a la actividad cardiaca de forma espontánea o con la ayuda de un desfibrilador.

Relevé a una de las enfermeras que estaba practicando la reanimación cardiopulmonar y empecé a comprimir el pecho de la paciente. Tenía noventa años y era frágil, podía oír cómo se le rompían las costillas bajo el peso de mi RCP. Sentí náuseas.

Hasta ese momento, solo había practicado la reanimación cardiopulmonar en maniquíes o la había visto en televisión. En la vida real, toda esa formación y experiencia observada de repente parecen no tener sentido. Aparte de la mala forma y la mala técnica, Hollywood ha dado a los espectadores la información equivocada sobre las tasas de éxito y las consecuencias de una RCP. El cine y la televisión lo presentan como una maniobra heroica de gran éxito, pero, lamentablemente, no es así; la tasa de supervivencia de los pacientes con un paro cardiaco ronda el 20 %. En el caso de un paro cardiaco extrahospitalario, esa cifra desciende vertiginosamente a un solo dígito.

En algunos casos, los médicos tenemos otro truco bajo la manga si la reanimación cardiopulmonar por sí sola no funciona. También es una de las favoritas de Hollywood, en la que el heroico médico aplica dos parches desfibriladores en el pecho del paciente y le da una descarga que le devuelve la vida. En realidad, los desfibriladores no vuelven a poner en marcha un corazón que no late; por el contrario, lo apagan con la esperanza de que se reinicie por sí solo superando la anomalía del ritmo cardiaco. Aplicar una descarga eléctrica a un paciente cuya monitorización cardiaca da una línea plana no conduce a nada, a menos que estés pensando en pedir una porción de carne bien hecha. Cuando alguien entra en estado de paro cardiaco, es posible que necesite una descarga dependiendo del ritmo y de si se trata de un ritmo «desfibrilable» o no. Una línea plana entra en la categoría de no «desfibrilable». Por otro lado, el ritmo cardiaco más común en un caso de paro cardiaco se llama fibrilación ventricular, un tipo de palpitación cardiaca, y se puede tratar con descargas eléctricas.

Como mi anciana paciente mostraba algún leve signo de actividad cardiaca en el monitor, continuamos con varias rondas de RCP antes de pasar a medidas más desesperadas. Por desgracia, no sobrevivió a pesar de dos inyecciones de adrenalina y varias descargas del desfibrilador. Cuando se declaró la hora de su muerte, tuve que recordarme a mí mismo que siempre vale la pena hacer tales intentos, incluso si el resultado no está garantizado. Más tarde vi muchos paros cardiacos, pero sin poder quitarme de encima esa sensación de impotencia. De hecho, ha estado conmigo durante años, y me trajo recuerdos vívidos cuando vi por televisión el partido de la Eurocopa 2020 entre Dinamarca y Finlandia, cuando el jugador danés, Christian Eriksen, se desplomó en el suelo minutos antes del final del primer tiempo, debido a lo que más tarde resultó ser un paro cardiaco. Afortunadamente, gracias a la oportuna intervención de los jugadores y el personal, fue rápidamente sometido a RCP y varios intentos de reanimación. Tal fue su recuperación que Eriksen sigue jugando al fútbol al más alto nivel. Gracias a las maravillas de la medicina y la tecnología, tiene un pequeño marcapasos implantado alrededor del corazón, que detecta cualquier anomalía en los ritmos cardiacos y los revierte antes de que sean letales.

El anexo del que no estás al tanto

Si os pidiera que adivinarais el nombre de una parte accesoria de vuestro cuerpo, un pequeño e inútil bolsillo de tejido del tamaño del dedo meñique, pero que invariablemente enferma a las personas y tal vez incluso las mata, apuesto a que la mayoría de vosotros respondería que es el apéndice. Pero como ahora sabemos que este pequeñín desempeña un papel clave en el poblamiento de la flora intestinal, en este caso la respuesta sería incorrecta.

Me refiero a un anexo verdaderamente maligno que causa mucho más daño, y en algunos casos incluso la muerte, de lo que el apéndice del intestino podría llegar a conseguir. Se trata del apéndice auricular izquierdo, que sale del corazón y es responsable de aproximadamente una cuarta parte de todos los accidentes cerebrovasculares.

En teoría, la coagulación de la sangre parece una buena idea y una opción mejor que una hemorragia incontrolable. Pero, en realidad, cuando la coagulación se produce dentro del cuerpo y en el lugar equivocado, puede causar todo tipo de problemas. Seguro que has oído hablar de personas a las que se les forman coágulos en las piernas o en los pulmones; de hecho, la mayoría de los infartos de miocardio suelen ser coágulos de sangre en el corazón que suelen proceder de la aurícula izquierda y están causados por un ritmo cardiaco irregular, también llamado fibrilación auricular, que es bastante común a medida que envejecemos. Con un ritmo irregular, la sangre empieza a acumularse en ese pequeño apéndice, y, con el tiempo, se solidifica en un coágulo de sangre y, antes de que nos demos cuenta, ha subido hasta el cerebro y hemos sufrido un derrame cerebral. Este temible apéndice, famoso por albergar coágulos sanguíneos fugitivos letales, y luego transportarlos al resto del sistema circulatorio, es sin duda una amenaza para nuestro cuerpo. No sirve para nada, excepto como curiosidad médica, con consecuencias potencialmente letales.

Un corazón lleno de agujeros

Preparaos para un hecho aterrador: hay un 25 % de probabilidades de que tengas un agujero en el corazón. En la inmensa mayoría de los casos no causa problemas y se considera una variante normal que sirve de puerta biológica accidental entre la aurícula izquierda y la derecha. Por lo general, no debe haber ninguna abertura entre el lado derecho del corazón y el lado izquierdo (después del nacimiento) y este pequeño orificio es casi siempre diminuto. Básicamente, es un vestigio de la complicadísima formación del corazón durante el desarrollo en el útero.

Aunque la mayoría de los agujeros son inofensivos, pueden producirse otros fallos con consecuencias que van de manejables a catastróficas. Uno de los sistemas para tratar este defecto consiste en un conducto adicional llamado arteria mamaria interna: parte de la arteria subclavia, situada en la unión entre el cuello y la parte superior del hombro, que conecta con la pared torácica. Separar un extremo no causa ningún problema, por lo que una persona muy inteligente tuvo la idea de hacerlo y luego volver a unir el extremo libre al corazón como sustituto en caso de que otros vasos dejaran de funcionar, y lo llamó operación de injerto de derivación de la arteria coronaria. Así que, la próxima vez que comas patatas fritas, agradece que tu cuerpo esté equipado con un equipo de reserva en caso de que tu corazón lo necesite.

El club de los corazones rotos

Hasta ahora hemos hablado de todas las formas tangibles en las que tu corazón puede arruinarte la vida, pero ¿qué hay de un corazón roto? Lo más probable es que cuando veas esta frase te imagines un divertido corazón animado que se rompe como un objeto de porcelana fina. ¿Qué pasaría si te dijera que el corazón puede «romperse» de verdad, incluso causarte la muerte? Y es que el síndrome del corazón roto tiene un significado más literal que figurado.

Durante ciertos periodos de agitación emocional, como la ruptura de una relación importante o un duelo, el organismo puede experimentar niveles elevados de hormonas de estrés. Esto puede provocar una cardiomiopatía inducida por el estrés llamada síndrome de Takotsubo, un debilitamiento del músculo cardiaco. El nombre deriva del término japonés *tako-tsubo*, una trampa para atrapar pulpos similar a un jarrón, que es la forma que toma el corazón en esta patología.

La miocardiopatía de Takotsubo puede aparecer de repente y sin previo aviso, incluso en personas sanas. Los síntomas incluyen dolor en el pecho, dificultad para respirar, lecturas anormales en el electrocardiograma, básicamente los signos típicos que se encontrarían en un ataque cardiaco, excepto la obstrucción de las arterias coronarias, pero, como curiosidad, las emociones fuertes en el origen del síndrome no tienen por qué ser puramente negativas. Alrededor del 1 % de los casos de síndrome del corazón roto es causado por acontecimientos positivos, como el nacimiento de un hijo, que pueden desencadenar emociones intensas de un signo diametralmente opuesto.

En conclusión, la muerte por un corazón roto es rara, pero sí, te pueden romper el corazón y puede ser fatal.

EL CORAZÓN FELIZ

Dado que puede matarnos, torturándonos lentamente con la velocidad y habilidad de un ninja, ¿cómo podemos luchar contra el corazón e incluso convertirlo en un aliado para vivir una vida larga y satisfactoria? Sabemos que una dieta sensata y moderada, y una actividad física regular son factores importantes, pero ¿hay algún truco astuto para ayudar a nuestro corazón?

Infórmate sobre las grasas

Puede parecer extraño que lo que comemos tenga un efecto tan profundo en el corazón, dado que los alimentos se procesan principalmente lejos de allí, en el sistema gastrointestinal; sin embargo, cada vez se reconoce más que la nutrición es un factor clave para la salud.

Sabemos que una ingesta abundante de fibra no solo protege el intestino, sino que también puede ayudar a reducir la presión arterial y los niveles de colesterol. Paradójicamente, la grasa puede desempeñar un papel importante a la hora de mantener el corazón en buena forma. Garantizar una ingesta adecuada de ácidos grasos como el omega-3 puede reducir los niveles de triglicéridos, un tipo de grasa que se encuentra en la sangre, reduciendo así la presión arterial y el riesgo de formación de coágulos. El omega-3 presente en el pescado azul, por ejemplo, contribuye significativamente a la creación de hormonas útiles para una buena salud de las arterias. También se encuentran en las nueces, las almendras y otros frutos secos, así como en las frutas con un alto contenido en pectina (una fuente vegetal de omega-3). El omega-3 es un tipo de grasa que suele denominarse «ácido graso esencial»: dado que nuestro organismo no puede fabricarlo, necesitamos consumirlo en nuestra dieta. Como ya he comentado en el capítulo 2, los tres ácidos grasos omega-3 más importantes que necesitamos son el ALA (presente en plantas, frutos secos y semillas), el EPA y el DHA (presentes en el pescado azul y, en menor cantidad, en los huevos y productos lácteos). Nuestro cuerpo es bastante inteligente (a veces) y puede convertir alrededor del 10 % del ALA que consumimos de alimentos de origen vegetal en EPA/DHA, por lo que puede ser una buena idea que los vegetarianos y veganos consideren el uso de suplementos de omega-3 EPA/DHA. De hecho, también hay pruebas que sugieren que, para las personas con triglicéridos altos en sangre, la ingesta de omega-3 EPA/DHA también es beneficiosa.

SÁLVATE A TI MISMO

Para evitar que el corazón dé un golpe no deseado, debemos limitar el consumo de ácidos grasos saturados y, sobre todo, de grasas trans, que se encuentran en grandes cantidades en las carnes y alimentos procesados. Por último, la sal es una sustancia fundamental en la regulación de la presión arterial e, indirectamente, en la salud del corazón. Es difícil llevar una vida sin sal y tampoco sería recomendable. Sin embargo, en el mundo moderno, los alimentos que consumimos, sobre todo los ultraprocesados, contienen cantidades desmesuradas de sal añadida. Según los datos actuales, deberíamos limitar nuestro consumo de sal a menos de 5 g al día. Si eres un carnívoro voraz, ni por un momento se me ocurriría intentar convertirte al veganismo o al vegetarianismo, porque yo no pertenezco a ninguno de los dos grupos. Sin embargo, una reducción del consumo de carne roja puede ayudar a reducir el colesterol y promover la buena salud del corazón.

El estrés

Este tema es intrincado. En realidad, algo de estrés es bueno para nosotros, literalmente, abre los grifos: aumenta nuestro ritmo cardiaco y permite una circulación sanguínea más eficiente. También es la consecuencia natural y la antesala del ejercicio físico y la actividad intensa. Sin embargo, el estrés crónico y continuo puede ser perjudicial. El estrés persistente, como en el trabajo o en las relaciones, inunda nuestros sistemas biológicos con hormonas del estrés como el cortisol, que afecta a la regulación del azúcar en la sangre, causa una inflamación sistémica moderada y eleva de forma persistente la tensión arterial, todo lo cual no es claramente compatible con una buena salud cardiaca.

Presión arterial

La presión arterial es un indicador del esfuerzo que realiza el corazón. Una presión arterial alta no controlada, conocida como hipertensión, es como hacer la vista gorda ante el trabajo esclavo. En este caso, sin darte cuenta has sobrecargado tu corazón, que te devolverá el favor con la misma moneda cuando menos lo sospeches.

Los períodos prolongados de hipertensión pueden someter a las paredes de las arterias a tensiones mecánicas que las hacen cambiar de forma, endurecerse e incluso estrecharse. A su vez, esto se convierte en el caldo de cultivo perfecto para los infartos de miocardio y los accidentes cerebrovasculares. Este aumento de la tensión puede desencadenar la formación de placa, obstáculos biológicos en las arterias, y hacer que el músculo cardiaco se debilite y también se engrose con el tiempo.

Los valores de la presión arterial se expresan generalmente como una fracción, por ejemplo, 120/80 (los valores normales oscilan entre 90/60-120/80): la cifra superior es la presión sistólica, que representa la contracción del corazón, y la cifra inferior es la presión diastólica cuando el corazón está en reposo y se llena de sangre. Es perfectamente normal que la presión arterial aumente ligeramente con la edad y la degeneración del sistema circulatorio relacionada con la edad, pero mantener esas cifras bajo control es crucial, ya que la hipertensión es una de las principales causas de infarto de miocardio, así como de accidentes cerebrovasculares.

La presión arterial fluctúa a lo largo del día, puede verse influida por la falta de sueño, el estrés, la cafeína, el alcohol y las emociones. Lo ideal sería medirla al menos dos veces diferentes, o más, para obtener un promedio fiable.

Controlar la hipertensión arterial es absolutamente crucial: los estudios han demostrado que por cada diez puntos de disminución de la presión arterial sistólica, el riesgo de ictus se reduce en un 27 % y el de enfermedad cardiaca en un 17 %.

SÁLVATE A TI MISMO

Aunque conocer el corazón y sus fragilidades puede provocar la ansiedad suficiente como para provocar un paro cardiaco, entonces, ¿cómo podemos reducir realmente la presión arterial? Mucho se consigue con cambios en el estilo de vida que promuevan un corazón sano, como moderar el consumo de alcohol, limitar la sal a menos de 5 g al día y hacer algo de ejercicio.

Además, uno de los más grandes estudios sobre el corazón, el *Framingham Heart Study,* descubrió que el exceso de peso corporal era el culpable de aproximadamente una cuarta parte de los casos de hipertensión en los hombres y de hasta un tercio de los casos en las mujeres. Tiene sentido: cuanta más carga lleves en tu cuerpo, más tiene que trabajar el corazón para llevar sangre a todo el cuerpo.

Por lo tanto, a veces, y para un grupo selecto de personas, la pérdida de peso en combinación con otros factores puede ser un paso esencial para mantener la tensión arterial bajo control.

Colesterol

El colesterol es un tipo de grasa, o lípido, que se encuentra en la sangre y es uno de los muchos factores que juegan un papel vital en la salud del sistema circulatorio y cardiovascular. Es importante entenderlo, pero también puede ser bastante complejo, en el sentido de que no todo el colesterol puede considerarse malo.

En resumen, el colesterol de lipoproteínas de alta densidad (HDL) se considera protector, y se encuentra en alimentos antioxidantes como los frutos secos y las bayas, mientras que el colesterol de lipoproteínas de baja densidad (LDL) es el «malo», y se encuentra en cortes grasos de carne o productos lácteos enteros. Las cosas no son tan sencillas, pero en efecto, unos niveles más altos de HDL y más bajos de LDL son proporcionales a una mejor salud cardiovascular.

También tenemos triglicéridos, que son un tipo de grasa calórica que circula por el torrente sanguíneo y a la que recurrimos para obtener energía. El consumo de una dieta rica en azúcares, o simplemente un trago de bebida deportiva, puede aumentar los niveles de triglicéridos, que es efectivamente combustible para el organismo. Así que, con moderación y en combinación con actividad física, estamos hablando de una grasa que puede cumplir una función importante.

El exceso de peso, y sobre todo de grasa, desempeña un papel oculto en la mala salud del corazón. Básicamente, a medida que se acumula más grasa en el organismo, se produce una cadena de cambios hormonales que culmina con la liberación de unas molestas sustancias químicas llamadas adipoquinas, que pueden influir en los niveles de azúcar en sangre, la tensión arterial y la concentración de glóbulos grasos en la sangre. Estas sustancias van de la mano de cambios inflamatorios en los vasos sanguíneos, que aceleran el endurecimiento y daño de las arterias, la hipertensión y las cardiopatías crónicas.

En muchos casos, el colesterol alto puede controlarse con dieta, ejercicio y cambios en el estilo de vida, pero no siempre es suficiente, ya que también existe un importante componente genético.

Azúcar en sangre

El nivel de azúcar en sangre es otro aspecto clave que vale la pena vigilar, y puede ser un factor de riesgo de cardiopatía si no se controla. El ejercicio y una dieta nutritiva contribuirán en gran medida a regular los niveles; sin embargo, hay algunos elementos sorprendentes que pueden contribuir sutilmente a unos niveles crónicamente elevados de glucosa en sangre, pero la buena noticia es que se pueden evitar.

Dormir bien por la noche es el primer paso. La mala calidad de sueño contribuye a la resistencia a la insulina y aumenta la glucosa en sangre. Luego tenemos el alcohol, que puede disparar los niveles como si fuera un desagüe después de una tormenta. Otro enemigo insidioso es el estrés crónico, que estimula la hormona cortisol, y que a su vez puede aumentar los niveles de azúcar en sangre.

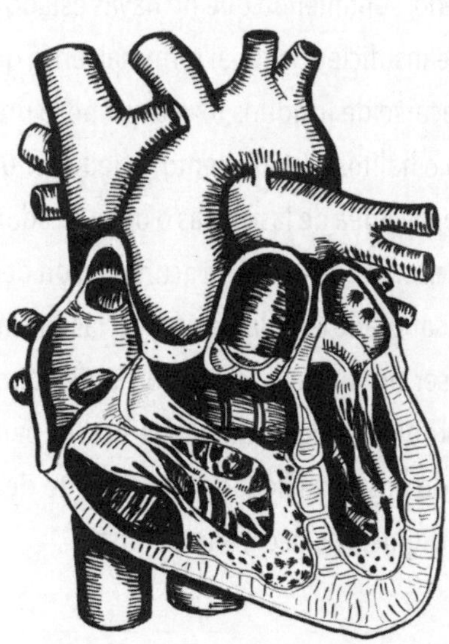

El corazón

CONSEJO DE SALUD

La prueba del aliento puede ayudarte a evaluar tu estado de salud. Si detectas los siguientes olores, consulta a un profesional:

* Un olor agrio puede indicar reflujo ácido, esto significa que hay restos de comida que vuelven a la garganta, convirtiéndola en un caldo de cultivo para las bacterias.
* Un olor como a naftalina puede ser señal de que sufres una alergia o un resfriado.
* Un aliento afrutado indica niveles elevados de cetonas en la sangre. Es un síntoma de cetoacidosis diabética, en la que el organismo no produce suficiente insulina para utilizarla como ácidos grasos para producir energía.
* Una nota dulce o mohosa en el aliento podría ser un signo de hedor hepático, que es un indicador de enfermedad hepática.
* El aliento a pescado, suponiendo que no hayas estado comiendo marisco, es un signo de insuficiencia renal terminal, en la que los riñones no consiguen deshacerse de residuos tóxicos como la urea y el amoníaco.
* Un olor metálico o halitosis (mal aliento) puede ser un signo de infección bacteriana en la línea de las encías o un indicador precoz de enfermedad de las encías. Si no se trata, la acumulación de placa bacteriana puede provocar sangrado e inflamación de las encías. El mal aliento también puede ser un indicio indoloro de caries dental. Así que, una vez que hayas probado todo lo que se te ocurra para deshacerte del mal aliento, puede que haya llegado el momento de visitar al asesino sonriente de los dientes, es decir, a tu dentista.

4. HASTA EL ÚLTIMO ALIENTO

LA LETALIDAD DE LOS PULMONES

EL MAYOR PROBLEMA DE LOS PULMONES no es culpa de ellos; en comparación con otras partes del cuerpo, están terriblemente desatendidos. Hasta hace poco, los pulmones se daban por descontados, lo que significa que, en comparación con otras enfermedades, la investigación sobre ellos recibe muy poca financiación. Pero, entonces, el virus COVID-19 detuvo al mundo durante un tiempo, lo que nos impulsó a enmascararnos para proteger a este par de preciosos órganos como si nuestras vidas dependieran de ello.

Por muy hermoso (y criminal) que sea, el corazón no valdría para nada sin sus ayudantes (y a veces, asesinos despiadados). Los pulmones son los únicos órganos gemelos del cuerpo que se niegan a funcionar en el útero, lo cual probablemente sea lo mejor. También marcan el comienzo de la vida independiente con un grito y una bocanada de aire cuando los dos cofres, ya vacíos de líquido, se inflan por primera vez.

Con unas 20.000 respiraciones diarias para que el oxígeno penetre y nutra las células del cuerpo, dependemos tanto de la respiración que si dejáramos de respirar moriríamos en cuestión de minutos. Es algo que ocurre en segundo plano, bajo el radar de la conciencia la mayor parte del tiempo, pero sobre todo fiable y adaptable a nuestras necesidades.

Hace unos 300 millones de años, nuestros antepasados acuáticos se arrastraron a la tierra y se comprometieron a respirar en la superficie. Desde entonces, hemos pagado el precio. Los pulmones son básicamente dos grandes globos, llenos de mucosidad y millones de diminutos sacos de aire. Para ser justos, la mayor parte del tiempo funcionan de forma sincronizada, lo que nos permite saborear el aliento de la vida. Es un motor perpetuo, como el corazón... excepto cuando funciona mal. Basta con sufrir un ataque de ansiedad, encontrarse asfixiado por una llave de lucha libre o tener una migaja de comida en la tráquea para que los pulmones pierdan la coherencia.

Los pulmones son las mulas subestimadas e incansables que tiran del carro de nuestro cuerpo, ya que además de perfeccionar el arte de extraer aire del mundo exterior, también eliminan los productos de desecho creados por los tejidos, como el dióxido de carbono, y los intercambian como un centro de reciclaje abierto las 24 horas del día.

Y AHORA RESPIRA HONDO

Hay algo extraño, casi místico, en los pulmones. Los médicos ayurvédicos de la antigua India y los defensores de la medicina tradicional oriental creían que el aire que se respiraba transportaba energía vital y del espíritu: lo llamaban prana y qi, respectivamente. Por esta misma razón, los gurús y místicos de las estribaciones del Himalaya se sumergían en meditaciones profundas y prácticas respiratorias intensas en un intento de trascender su forma corpórea y difuminar la delgada línea entre el mundo espiritual y el físico.

Existe un vínculo innegable entre cómo respiras y tu estado de ánimo. Al igual que con el huevo o la gallina, a veces es difícil determinar qué es lo primero, ya que, a diferencia del corazón, cuyo ritmo se rige por células marcapasos especializadas, los pulmones y los músculos respiratorios circundantes reciben órdenes directamente del cerebro. A pesar de su importancia, hubo que esperar hasta la década de 1980 para averiguar el origen exacto de las señales que controlan los pulmones. Aunque el antiguo médico griego Galeno observó que los gladiadores con el cuello roto a determinados niveles de la región cervical de la médula espinal tenían problemas para respirar, Jack Feldman y sus colegas no identificaron hasta siglos más tarde unos miles de neuronas del tronco encefálico humano, denominadas complejo pre-Bötzinger, como responsables de dirigir la orquesta de la respiración.

Sin duda, respirar es algo que damos por sentado. Estamos hablando de un proceso invisible, al fin y al cabo, y no muchos de nosotros tenemos el privilegio de verlo desde dentro para apreciar la increíble estructura que forman los pulmones. Lo que más me llamó la atención de ellos, la primera vez que abrí el tórax de un cadáver en el laboratorio de anatomía, no fue tanto su poder etéreo, como lo perfectamente moldeados que estaban a la forma de la cavidad torácica. Vienen ajustados de fábrica, similares a esas partes integrales en electrodomésticos modernos como lavadoras y televisores que no pueden sustituirse cuando se rompen.

Una de las primeras cosas que te enseñan en la facultad de medicina, al presionar la cabeza fría del estetoscopio sobre el tórax desnudo y la espalda de un paciente, son los distintos ruidos que produce la respiración en caso de enfermedad en comparación con los normales. A pesar de contar con todo tipo de herramientas y escáneres de lujo, el estetoscopio, de eficacia probada, resiste el paso del tiempo para detectar la patología. En un turno de noche (el tercero de cuatro seguidos), revisé a un paciente que había chocado con su coche contra un árbol; el árbol ganó. El paciente tenía fracturas de costilla sospechosas, e inmediatamente, procedí a examinarle el tórax para ver si tenía algún indicio de colapso pulmonar que se conoce como neumotórax. Las costillas fracturadas a menudo pueden perforar la membrana que rodea los pulmones y esto permite que el aire se filtre en el espacio entre el pulmón y la pared torácica, provocando que el paciente se agite cada vez más y le falte el aire.

Al auscultarlo con mi estetoscopio, detecté una preocupante ausencia de ruidos respiratorios en su pulmón izquierdo. Cuando percutí (golpeé) este pulmón izquierdo fue como un tambor (hiperresonante, para ser precisos), esto era indicativo de un colapso pulmonar potencialmente mortal con el aire comprimiendo el pulmón, lo que se conoce como neumotórax a tensión. Nunca había visto uno en vivo, pero gracias a mis conocimientos de medicina sabía lo que tenía que hacer y le clavé una cánula en la parte superior del tórax que fue recibida con un aliviador silbido de aire saliendo de la cavidad torácica. Al instante, la respiración dificultosa del paciente empezó a calmarse y una radiografía de tórax reveló que el otro lado tenía un hemotórax, una hemorragia en el espacio pulmonar debida también a la fractura de costillas.

Lo más rápido que pude, reuní todo el material necesario: un drenaje torácico (un tubo de plástico para drenar la sangre), un bisturí, anestesia local, gasas y puntos de sutura. Durante los 10 minutos siguientes, con algunos gruñidos y gemidos por parte de ambos, coloqué los drenajes torácicos en los pulmones del paciente. Como respuesta, recibí un chorro de sangre que se desvió hacia el drenaje derecho. Después de drenar 500 ml, el paciente parecía más cómodo, le faltaba menos el aire y tenía un poco de hambre; tú también estarías hambriento después de perder medio litro de sangre.

La mecánica del oxígeno

La ingeniería que hay detrás de la función pulmonar es tan impresionante como insultantemente básica. Con cada inspiración, el diafragma se contrae y se desplaza hacia abajo, y, al mismo tiempo, los músculos intercostales situados entre las costillas (los reconocerás si te gustan las parrilladas) mueven la caja torácica hacia arriba y hacia fuera, haciendo que esta coordinación favorezca la entrada de aire. La espiración es más bien un proceso pasivo que se produce cuando estos músculos se relajan y los pulmones se vacían suavemente con un suspiro.

Hay un problema bastante obvio con esta configuración: cada vez que inspiras, con la esperanza de que entre aire fresco en tus pulmones, este se mezcla con el aire viciado que queda en tu sistema respiratorio. Cuando llega a los alvéolos pulmonares para el intercambio gaseoso, ya está parcialmente viciado. Piensa en cuando bebes el último trago de agua de una botella... sabes que se trata principalmente de saliva y agua estancada, ¿verdad? En los pulmones hay un nivel constante de aire viejo que contamina cada nueva inhalación, solo que este «reflujo respiratorio» se denomina espacio muerto.

Esta es una de las razones por las que se dispone de una amplia red respiratoria para lograr un rápido intercambio de oxígeno y dióxido de carbono cuando las demandas son elevadas. También es la razón por la que podemos «quedarnos sin aliento» cuando hacemos un gran esfuerzo. Justo cuando más lo necesitamos, tus pulmones fallan y limitan tus capacidades, pero, por suerte, esto ya no significa que te vaya a despedazar el tigre dientes de sable del barrio, sino que solo perderás el autobús y llegarás tarde al trabajo.

Al sugerir que los pulmones funcionan como un par de globos, debo admitir que les estoy haciendo un favor. La mecánica de la respiración es algo más matizada que una bomba sin sentido que aspira y expulsa gases. Los pulmones están repletos de células inmunitarias que también desempeñan un papel manteniendo los niveles de pH de la sangre en tándem con los riñones. Con cada inhalación, el aire desciende a través de una ramificación laberíntica de catacumbas internas en cada pulmón que, si se desarrollaran en una trayectoria lineal, se extenderían por más de 1500 kilómetros. Afortunadamente, dada la distancia a recorrer, todo esto sucede en su mayoría de forma automática gracias al tronco encefálico.

Los millones de sacos de aire microscópicos del interior de los pulmones se denominan colectivamente alvéolos y forman el núcleo del sistema respiratorio, donde se produce el intercambio de gases. Cada alvéolo, del grosor de un cabello humano, está rodeado por una malla de microcapilares que transportan oxígeno al resto del torrente sanguíneo y devuelven dióxido de carbono para que sea expulsado con cada espiración. Hay mucho en juego en este proceso de intercambio; de hecho, tu vida depende de ello. Aunque la inmediatez del efecto que produce es notable, ya que permite que el oxígeno se difunda en el torrente sanguíneo a velocidades vertiginosas, también debe eliminar los gases nocivos que, de otro modo, podrían entrar en el cerebro con la misma rapidez y provocar tu muerte.

Podríamos pensar que la respiración se debe simplemente a la necesidad de oxígeno, pero en realidad esto es solo una parte: la principal razón para respirar es que el cuerpo aborrece el exceso de dióxido de carbono, que puede acidificar la sangre cuando se acumula.

Respiración anal

Al considerar la importancia del intercambio gaseoso en los pulmones, no es descabellado preguntarse por qué la boca y la nariz tienen que hacer todo el trabajo, ya que, al fin y al cabo, tienes otro orificio rosado y carnoso que, con algunas modificaciones, podría servir como generador de oxígeno de reserva. Por el momento, la naturaleza ha decidido que el ano solo necesita hacer un trabajo y todos estamos de acuerdo en que sería extraordinario que tu ano también pudiera respirar por ti, y no solo... porque estarías preparado de por vida con el truco definitivo. Puede sonar como un sueño, pero lo cierto es que científicos de Japón han descubierto recientemente que cerdos y roedores absorben oxígeno por el ano, e incluso pueden sobrevivir sin respirar por los pulmones. Es un superpoder increíble, pero quizás un poco difícil de gestionar para el departamento de *marketing*.

Los invasores deben morir

El principal portal de entrada a su precioso espacio aéreo también es uno de sus mayores puntos débiles. Tienes la desgracia de compartir un orificio respiratorio, la tráquea, con una entrada de alimentación, y, como resultado, cada vez que comes o bebes algo estás jugando involuntariamente a la ruleta de la asfixia. Además, el interior de los pulmones es tan sensible que cualquier alimento o sustancia líquida que entre en ellos a través de la tráquea puede desencadenar una respuesta química desagradable y, a veces, incluso peligrosa. En un entorno hospitalario, a menudo veo esto cuando un paciente inhala su vómito o secreciones después de una intervención quirúrgica, o después de un ataque de arcadas violento y repentino. Esto puede provocar una inflamación química del pulmón conocida como neumonía por aspiración.

Pero incluso si logramos evitar que los alimentos terminen en nuestra tráquea, sigue siendo una puerta abierta para que entren patógenos traicioneros, contaminantes irritantes y alérgenos molestos, que pueden ingresar y causar daños en la respiración.

Cuando los pulmones se enfadan al detectar sustancias ajenas al aire que tocan sus entrañas, a veces se ponen en modo militar, por ejemplo, cuando luchan contra un ataque vírico o bacteriano. Una invasión de este tipo puede dejar los pulmones llenos de mucosidad y provocar una respiración pesada y dificultosa. Y lo que es peor, si somos asmáticos, los pulmones pueden decidir ahogarse y dejarnos sin respiración cuando los provocan las cosas más inocuas, como el aire frío, el polvo o incluso el humo del tabaco.

Los pulmones pueden parecer resistentes, pero en realidad son increíblemente frágiles y la acumulación de cicatrices microscópicas debidas al tabaco, la inflamación o la infección puede dañar el colágeno y las fibras elásticas de los alvéolos, privándolos así de elasticidad y capacidad de recuperación, lo que provoca enfermedades pulmonares crónicas.

Para reducir el riesgo de morir con cada respiración, los pulmones también actúan como purificadores de aire y atrapan las partículas en una capa de mucosidad y las transportan hacia arriba para expulsarlas. Esta tarea la realizan millones de pequeñas protuberancias parecidas a pelos, llamadas cilios, que recubren las vías respiratorias y vibran frenéticamente para repeler las partículas invasoras y enviarlas de regreso al esófago. Si no son deglutidas en el camino, los invasores llegarán a la boca a través de la tos, los estornudos o los vómitos. Qué apetitoso, ¿no?

Respiración asistida

La pandemia de COVID puso de manifiesto la necesidad de ampliar nuestras opciones a la hora de respirar. La ventilación mecánica, en la que se introduce aire artificialmente en los pulmones a través de la tráquea, es nuestra opción por defecto cuando los pulmones necesitan ayuda. Luego tenemos la oxigenación por membrana extracorpórea (ECMO), en la que la sangre se bombea fuera del cuerpo y se reoxigena en pulmones artificiales.

El concepto básico de mecanismo de respiración artificial existe desde hace décadas. En el siglo XIX, los pacientes debían sentarse erguidos en cámaras herméticas con la cabeza asomando. La presión de aire interna de la cámara aumentaba o disminuía mediante un par de fuelles que debían accionarse manualmente desde el exterior, provocando así una compresión o expansión de la cavidad torácica del paciente para imitar la respiración natural. Estas primeras formas de «ventiladores de presión negativa» condujeron a la invención del temido pulmón de acero, que acabó salvando vidas.

A principios del siglo XX, la poliomielitis era una de las enfermedades más temidas: el virus podía provocar una parálisis respiratoria que imposibilitaba la respiración. En las décadas de 1940 y 1950, era una de las principales causas de mortalidad infantil y adolescente, lo que hacía que la estancia en el pulmón de acero fuera un poco más tolerable para los jóvenes pacientes. Estas enormes máquinas eran ventiladores gigantes, a veces incluso de más de 2 metros de largo. Un niño afectado por la polio, y por lo tanto apenas capaz de respirar sin ayuda, estaría sepultado hasta el cuello dentro de la máquina. Un par de fuelles al pie del dispositivo reflejarían la función del diafragma humano, y, de este modo, el aire entraba y salía de los pulmones del paciente mediante presión negativa y positiva, respectivamente.

El pulmón de acero podía ser una experiencia profundamente desagradable para el paciente encerrado en su interior y, sin embargo, el dispositivo ayudaba a respirar durante el tiempo suficiente para vencer al virus y respirar de forma independiente en pocas semanas.

Por desgracia, hay algunos casos relevantes de pacientes que nunca recuperaron la capacidad de respirar por sí mismos y se vieron obligados a pasar toda su vida atrapados en esta jaula metálica. En la segunda mitad del siglo XX, la llegada de un eficaz programa de vacunación prácticamente erradicó el virus de los países industrializados, lo que también supuso el fin de esta temida pero necesaria forma de ventilación.

SÁLVATE A TI MISMO

Como ya tienes edad para leer, quizá pienses que es demasiado tarde para aprender a respirar correctamente. En mayor parte, se trata de un proceso involuntario, cuyo ritmo está regido por el tronco encefálico. Aun así, tenemos cierto control consciente sobre él y puedes aprender a respirar mejor con algunos consejos y trucos básicos.

Una faceta subestimada de la buena respiración es la postura. Una postura correcta significa que el diafragma no está contraído, para ello, la espalda debe estar erguida y los hombros no encorvados hacia delante, sino hundidos y ligeramente girados hacia atrás. Mantén la barbilla ligeramente inclinada hacia arriba, con la mandíbula, el cuello y los hombros relajados. Mientras lo haces, tómate un momento para considerar tu boca y ciérrala si es necesario (no lo digo de forma ofensiva). La cuestión es que la mayoría de nosotros respiramos por la boca de forma crónica, lo que puede resecarla y provocar halitosis, también puede irritar los pulmones y ser un factor causante de la apnea del sueño. Utilizar la nariz en lugar de la boca para inspirar aprovecha los filtros naturales del cuerpo.

Ayuda a filtrar, humidificar y limpiar el aire antes de que entre en tu sensible medio interno. La respiración nasal permite realizar respiraciones más profundas y enriquecedoras. El estrés de la vida moderna a menudo nos aleja de una respiración diafragmática eficaz, y, en su lugar, nos empuja hacia una respiración torácica menos refrescante y superficial. Puedes intentarlo ahora: túmbate boca arriba en una cama con las rodillas ligeramente flexionadas y coloca una mano sobre el pecho y la otra sobre el abdomen, justo debajo de las costillas. Inspira lentamente por la nariz, imaginando que el aire se escapa hacia el bajo vientre. La mano del pecho debe permanecer quieta mientras la del abdomen sube y al exhalar debe ocurrir lo contrario: contrae los músculos abdominales para dejar salir el aire a través de los labios fruncidos y la mano sobre el vientre debe volver a la posición original.

El poder de la respiración para influir en las emociones se pone de manifiesto cuando se experimenta un ataque de pánico, un ataque de asma o cualquier momento de falta de aire, ya sea por asfixia o en un entorno claustrofóbico. Estas emociones negativas exacerbadas afloran en personas con problemas pulmonares graves, como la enfermedad pulmonar obstructiva crónica, donde la dificultad para respirar provoca respiraciones más rápidas y superficiales, y agrava la ansiedad y el malestar.

Al cuidar de tus pulmones, ten en cuenta los contaminantes atmosféricos. Desgraciadamente, esto es en gran medida ineludible en la vida moderna, pero, aun así, hay medidas que puedes tomar para garantizar una buena calidad del aire dentro de tu casa. Mantenerla limpia puede minimizar la acumulación de polvo, y puedes garantizar una buena ventilación abriendo las ventanas periódicamente. Incluso se sabe que las plantas de interior mejoran la calidad del aire al absorber la humedad (un factor en la formación de moho perjudicial para los pulmones) y ayudar a regular la humedad. Otras medidas sencillas pueden ayudar, como evitar mezclar amoniaco y lejía al realizar las tareas domésticas, ya que el gas resultante puede ser peligroso para la salud pulmonar.

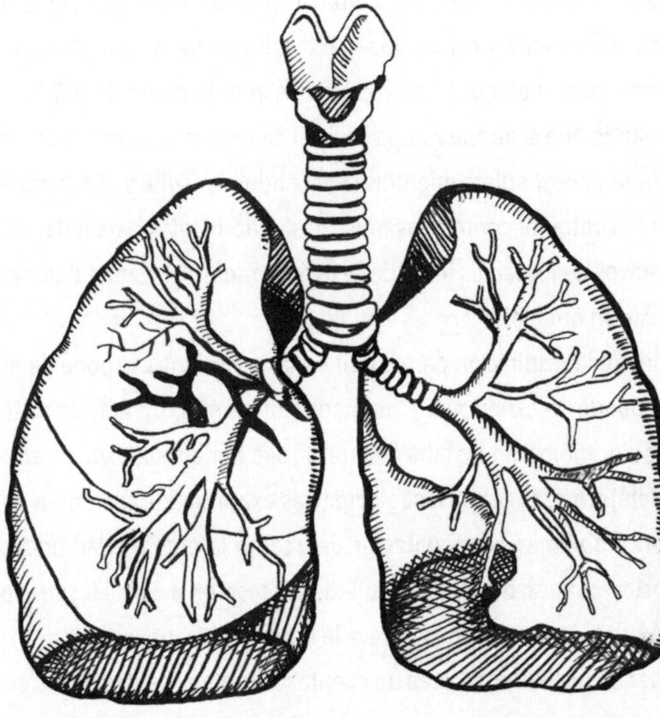

Los pulmones

CONSEJO DE SALUD

A menudo recurrimos a medicamentos analgésicos como el paracetamol o el ibuprofeno para reducir o aliviar molestias leves o moderadas causadas por cualquier cosa, desde un dolor de cabeza hasta dolores musculares.
Puede resultar tentador hacer caso omiso de las afirmaciones que aparecen en los envases de que determinados analgésicos actúan con rapidez, pero se trata de un mercado estrictamente regulado y tales afirmaciones tienen que ser veraces.
El hecho es que el cuerpo absorbe más rápidamente los analgésicos en forma de sales, geles o líquidos que los comprimidos. Aunque estas formas pueden tener ventaja en cuanto a la rapidez con la que actúan los efectos analgésicos, los genéricos más baratos seguirán haciendo el mismo trabajo, solo que a su debido tiempo.

5. CARGA FALLIDA

LAS DEFICIENCIAS DEL ESQUELETO

Tus huesos son más que relevantes; sin ellos, seríamos un desastre. Los huesos son la infraestructura de tu cuerpo, y, una vez ensamblados para formar el esqueleto humano, gracias a los cartílagos, articulaciones y tendones que lo conectan, son las vigas y las articulaciones portantes que proporcionan resistencia, estabilidad y aseguran que todo esté en posición vertical.

El hecho de que tu esqueleto te permita sostenerte sobre dos pies es una de las razones por las que eres la criatura más exitosa de la Tierra (aunque la opinión cambia según el interlocutor). A veces, esta misma estructura que crece, nos protege y nos sostiene también puede ser una jaula de huesos en la que nos torturan dolores crónicos de espalda, molestos dolores de cuello y articulaciones de rodilla que se desmoronan como cemento viejo bajo presión.

En este sentido, si tu esqueleto fuera un edificio, sería más económico y eficiente derribarlo hasta los cimientos y construir uno moderno. Aunque puede fallarte miserablemente, tratemos de imaginar alguna pequeña intervención arquitectónica para las funciones más críticas, y que toda la estructura no se derrumbe mientras aún estamos vivos.

Cerca del hueso

El andamiaje general que sostiene nuestro cuerpo, desde la coronilla hasta las puntas de los pies, no es solo una sustancia inerte. Los huesos están muy vivos gracias a un rico suministro de sangre en la fina capa membranosa que cubre los huesos, el periostio, y, en realidad son de un tono rosa muy claro, no blanco. Tenemos 206 huesos en el cuerpo, que hacen más que ayudarte a correr, saltar y caminar. También protegen nuestros delicados intestinos, contienen médula ósea e incluso almacenan minerales valiosos como calcio y fósforo. Sin embargo, para que nos sigan protegiendo es fundamental cuidarlos.

Los huesos humanos son como un mueble de IKEA: hay que construirlos. La densidad ósea aumenta continuamente hasta aproximadamente los treinta, y, a partir de los cuarenta, empieza a disminuir a medida que el esqueleto comienza a deteriorarse en las mujeres, este proceso puede acelerarse después de la menopausia. En la tercera edad, los huesos pueden fracturarse con mucha más facilidad que cuando éramos más jóvenes, así que debes dar por terminadas las piruetas con tu bicicleta.

SÁLVATE A TI MISMO

Unos sencillos pasos pueden ayudar a preservar la densidad ósea y no se trata solo de hacer ejercicio.

Seguro que siempre te han dicho que hay que beber leche para tener huesos fuertes; bueno, esto es propaganda de la industria láctea. Si bien la leche es una fuente nutritiva y relativamente fácil de obtener calcio y energía, lo cierto es que la mayoría de los seres humanos pierden la capacidad de digerir la lactosa poco después de nacer. Además, la leche no contiene suficiente calcio para preservar los huesos. Si el cuerpo no recibe la cantidad necesaria de calcio, puede absorberlo de los huesos para apoyar al corazón y los músculos, lo que obviamente no es lo ideal. Por suerte, otros productos lácteos como el queso y las verduras como la col rizada son ricos en calcio. Y luego está la vitamina D, que favorece la absorción del calcio por parte del intestino, una razón de más para exponer la piel a la luz solar después de haberla untado abundantemente con protector solar. Y antes de que preguntes: no, la protección solar no «reduce» la producción de vitamina D. Todavía hay aproximadamente un 3 % de rayos UV que logran llegar a la piel, lo que es más que suficiente para sintetizar la vitamina D. Pero sobre todo: no existe un bronceado sin riesgos.

DE RODILLAS

Como los pulmones, las rodillas son mulas incansables. Con cada paso agotador (y más aún si corremos) estos titanes levantan habitualmente un peso hasta seis veces mayor que el de nuestro cuerpo, lo que la convierte en la articulación más estresada que tenemos. Están diseñadas para soportar millones de pasos a lo largo de nuestra vida, y, sin embargo, inevitablemente, la acumulación de estrés a veces puede llevarlos a ceder.

Caminar es estupendo, excepto cuando duele. Los puntos débiles de la rodilla se reducen simplemente a la anatomía y la ingeniería estructural. La rodilla es una articulación en bisagra que sujeta la parte inferior del fémur (hueso del muslo) a la parte superior de la tibia (hueso de la espinilla) mediante ligamentos y músculos, todos ellos propensos a desgarrarse y sufrir esguinces.

En comparación con la rodilla, la articulación de la cadera es la que se lleva todos los premios a la innovación: el mecanismo es una articulación esférica, en la que una concavidad de la pelvis, llamada acetábulo, permite que la cabeza redonda del fémur gire fácilmente dentro de ella. Esto hace que la cadera sea más robusta y permite una mayor libertad de movimiento para facilitar las torsiones y los giros; imagínate tus pasos de baile si tus rodillas pudieran hacer lo mismo. Por otro lado, si la rodilla pudiera girar como la cadera, lo más probable es que sufrieras más accidentes. La rodilla está pensada para moverse hacia delante y hacia atrás como la bisagra de una puerta, si también pudiera girar, te volverías muy inestable sobre tus pies.

Cuando cambias rápidamente de dirección, girando y torciendo, la rodilla ya no está alineada con el pie, y depende de ligamentos y músculos para mantener la estabilidad. Piénsalo por un momento: lo único que mantiene unidas las dos mitades de tu pierna cuando te mueves es un sistema de cuerdas y correas de sujeción. Buen trabajo.

Uno de estos ligamentos, el ligamento cruzado anterior (LCA), es tan desafortunado que no contiene vasos sanguíneos y, sin embargo, desempeña una función de enorme importancia. Está diseñado para mantener el fémur unido a la tibia y, si se desgarra, solo una cirugía puede reparar realmente el daño, aunque se ha desmostrado que intervenir de forma precoz y dirigida con fisioterapia puede ayudar a recuperar la funcionalidad. Las roturas del ligamento cruzado interior es una de las lesiones deportivas más frecuentes que vemos como cirujanos, del mismo modo que los mecánicos de taller ven muchos coches con las ruedas destrozadas por los baches.

SÁLVATE A TI MISMO

Los músculos y ligamentos que sostienen la rodilla también dependen de los cuádriceps y las caderas para su estabilidad. Las zancadas y las sentadillas son ejercicios sencillos para mantener tanto la rodilla como la cadera en buena forma, pero ¿qué hay de la protección de la propia articulación? Esto requiere un sexto sentido, literalmente...

La propiocepción es la capacidad oculta que no sabías que poseías: te permite conocer la ubicación de las articulaciones en el espacio, lo que se conoce como orientación espacial, sin mirar. Esto se debe a que las articulaciones y los ligamentos están llenos de fibras nerviosas que envían constantemente señales al cerebro. Es como una brújula interna del cuerpo.

La propiocepción no es algo inmutable y se puede mejorar. En la práctica, cuanto mejor sea la capacidad de tu cuerpo para autocalibrarse o corregirse sin pensar, menor será el riesgo de lesiones. Por ejemplo, si corres sobre una superficie irregular, el cuerpo realiza numerosos microcálculos para estabilizarse y limitar los daños en la rodilla. La mayoría de los corredores de élite de montaña son capaces de hacer que su rendimiento parezca que se hace sin esfuerzo, pero en realidad se debe en parte a un aumento de los sentidos de la propiocepción, y esto se gana con la experiencia.

Puedes mejorar tu propiocepción con sencillos ejercicios de equilibrio, por ejemplo, con los ojos cerrados, mantente de pie sobre una pierna ligeramente flexionada: forzarás a los músculos alrededor de la rodilla a un mayor esfuerzo para mantener el equilibrio y refinarás el sentido de la articulación. Para aumentar el nivel de dificultad, mueve la cabeza hacia un lado, de modo que también se involucre el equilibrio del oído interno. Además de los ejercicios de equilibrio, cuanto más practiques una actividad física regular, más sabrán instintivamente tu cuerpo y tu cerebro qué hacer y cómo protegerte sin necesidad de señales conscientes de tu parte, y, créeme, al final tus rodillas te lo agradecerán.

Podemos reconstruirlo

En el Reino Unido se realizan cada año más de 70.000 operaciones de prótesis de rodilla y la gran mayoría se deben a la artrosis. En resumen, se trata de tu cuerpo intentando frotar los huesos para provocar un incendio.

En una persona sana, los huesos deben tener una superficie lisa y resbaladiza para poder moverse sin frotarse directamente entre sí. Esta superficie se llama cartílago articular, pero con el tiempo se vuelve progresivamente más fino y se desgasta. El problema es que este cartílago no se reconstruye, porque cuando evolucionó hasta convertirse en parte de nuestro cuerpo no estaba en absoluto previsto que tuviera que funcionar setenta años o más. Utilizamos este cartílago mucho más allá de la expiración del período de garantía: a la edad de ochenta y cinco años, y si has llevado una vida razonablemente activa, podrías haber recorrido 300.000 kilómetros en total, es decir, casi ocho vueltas al mundo. No es de extrañar que tu pobre cartílago se rinda. Si a esto añadimos el exceso de peso, que es el castigo de la vida moderna, y a veces también por factores genéticos, se entiende por qué el cartílago articular de las rodillas opta por una jubilación anticipada. La buena noticia es que, efectivamente, una rodilla nueva puede dar lugar a una segunda vida. Lo sensato es cuidar el modelo original y no desgastar innecesariamente la banda de rodadura.

SÁLVATE A TI MISMO

Si la tensión en la articulación contribuye a la artrosis, ¿es eso excusa para no hacer ejercicio como correr? Antes de que te quedes en el sofá por tu propio bien, hay pruebas que sugieren que usar las zapatillas y salir a correr puede evitar la artrosis durante más tiempo.

Durante una actividad en la que se soporta peso, como correr, la articulación de la rodilla se somete a una carga. Esto ayuda a exprimir el cartílago como una esponja, exprimiendo las sustancias de desecho e introduciendo una nueva dosis de líquido rico en nutrientes con cada paso o zancada. Como en la mayoría de las cosas de la vida, la moderación es la clave, pero la mayoría de la gente no necesita preocuparse por hacer demasiado ejercicio.

EMPIEZA CON EL PIE DERECHO

Es muy probable que hayas dedicado muy poco de tu valioso tiempo a contemplar los misterios y caprichos de tus pies. El único momento en que les prestas atención es cuando te duelen... o se rompen.

Tu pie tiene veintiséis huesos individuales, en total, cincuenta y dos huesos en ambos pies, lo que equivale a una cuarta parte de tu esqueleto; es ridículo. Ahora bien, todos esos pequeños huesos, músculos y ligamentos eran estupendos para nuestros antepasados que vivían en los árboles, pero quizá no tanto ahora que los han reutilizado para las aceras. Levantarse constantemente del suelo significa una vida de fascitis plantar, pies doloridos y esguinces de tobillo.

De una forma perversa, los problemas de pies son un pequeño precio a pagar por la movilidad que nos proporcionan; nos dan estabilidad, capacidad de desplazarnos largas distancias y soportar las contorsiones de nuestro cuerpo cuando bajamos a la pista de baile. Si elimináramos todos esos huesos tendríamos que renunciar a algo de fuerza, flexibilidad y equilibrio, y los pies también serían sensibles a la presión. Por otro lado, tus nuevos pies, delicados y degradados, probablemente dejarían sin trabajo a los podólogos.

Hasta que podamos imprimir nuevos pies en 3D, tendremos que aprender a vivir con el sofisticado par que te conecta al suelo. Con un poco de cuidado y atención elemental, nuestros pies nos mantendrán erguidos antes de que algo por encima de nosotros nos derribe.

SÁLVATE A TI MISMO

Hay razones para plantear la hipótesis que muchos problemas biomecánicos del pie pueden estar causados por el propio calzado diseñado para amortiguarlo y protegerlo. Cuando estamos descalzos y la planta del pie entra en contacto con el suelo, los numerosos receptores de la piel, los tendones y los ligamentos envían una gran cantidad de información al cerebro y la médula espinal, no solo sobre la posición, sino también sobre la tensión, la fuerza y el estiramiento. A cambio, el cerebro proporciona un control más preciso de los músculos del pie para calibrar las articulaciones y, de esta manera, minimizar el impacto y maximizar la absorción de fuerzas para limitar los daños. Entonces, ¿por qué se anulan estas señales metiendo los pies en zapatillas? Es un tema candente en el mundo de los corredores, por ejemplo, con defensores de ambos lados que presentan argumentos convincentes. Obviamente, hay que hacer un compromiso entre el deseo de proteger los pies y el de optimizar tu salud. Al final, se trata de una elección personal, y el reciente auge del calzado «minimalista» contribuye en cierta medida a un compromiso informado. Si decides deshacerte de las zapatillas por completo, camina antes de correr, literalmente. De lo contrario, si quieres hacerlo demasiado pronto, corres el riesgo de lesionarte.

Independientemente del calzado, los pies no tienen grandes exigencias, aunque deberían. Recuerda cortarte las uñas de los pies para evitar las molestas uñas encarnadas; habiendo operado unas cuantas, te aseguro que no es una experiencia deseable. Ni que decir tiene que los zapatos deben ajustarse bien, tanto en talla como en anchura, porque pasarás la mayor parte del día con ellos puestos. El calzado mal ajustado o incómodo es uno de los principales responsables de la aparición de callosidades, durezas, juanetes y dolores crónicos en los pies.

En la mayoría de los casos, un poco de sequedad en los pies o unas grietas aquí y allá no suponen un gran problema en individuos medianamente sanos. Sin embargo, si padeces diabetes o algún tipo de inmunodepresión, esa grieta puede convertirse en una úlcera dolorosa o una herida difícil de curar. Sea cual sea tu estado de salud, trata a tus pies como a tu cara, y mantenlos bien hidratados y cuidados.

HA VUELTO

El dolor de espalda es un asesino silencioso que puede aparecer cuando menos te lo esperas, con consecuencias devastadoras. Ni siquiera sabe hacer bien su trabajo porque rara vez te mata, simplemente arruina nuestras vidas.

La columna vertebral es, literalmente, la espina dorsal del cuerpo, y puede hacerse notar de diversas maneras, desde simples dolores hasta espasmos violentos e insoportables, escoliosis, cifosis y hernias discales terriblemente dolorosas; incluso trata de encogernos todos los días. Para desempeñar un papel tan fundamental, es increíble que sea un desastre en términos de ingeniería. Estamos hablando de una torre desequilibrada de huesos delicados conocidos como vértebras, encargados de sostener una sandía llena de sangre en la parte superior. Es como intentar equilibrar una manzana con el tallo hacia arriba. No es una tarea fácil y, a menudo, termina mal.

Para garantizar la estabilidad, se podría pensar que el diseño apropiado para la columna vertebral es un eje más rígido y recto, como la de sus parientes cercanos el chimpancé y el mono. En cambio, como una de esas decisiones tomadas por un comité y no por el sentido común, la columna vertebral es flexible y curvada. Estas curvaturas deberían favorecer el equilibrio y una posición erguida, pero según las leyes de la física, los puntos débiles que crea son una garantía del fracaso.

Pero quizá lo más alarmante sea el hecho de que el cuerpo ha desarrollado neuronas en la columna vertebral hasta tal punto que ha perdido la capacidad de regenerarse. Si la médula espinal está dañada, las neuronas no pueden activar una función de reparación automática, como es el caso de otras partes del cuerpo. Por lo general, el resultado es una parálisis.

SÁLVATE A TI MISMO

Cuando se trata de solucionar problemas de espalda, existe un mundo de desinformación y peligro que a veces solo puede empeorar las cosas. No importa cuántas curas milagrosas se ofrezcan, en muchos casos un simple ejercicio es la clave para aliviar el dolor y recuperar la movilidad y la fuerza. En mi opinión, y en la de mis colegas neurocirujanos, la manipulación de la columna vertebral no es buena. La quiropráctica del cuello y la columna vertebral se considera una terapia alternativa no convencional y, en algunos casos, puede incluso tener consecuencias graves para la salud, como la disección de la arteria vertebral (el desgarro de una arteria vital que puede causar accidentes cerebrovasculares). Lo primero que debes hacer es consultar a un fisioterapeuta, un especialista en dolor o un cirujano de la columna vertebral para averiguar cuál es tu problema.

Otras prácticas como los masajes, aunque no están muy amparadas por pruebas empíricas, son bastante inofensivas. De hecho, este enfoque tiene sentido desde el punto de vista del alivio del dolor, pero es poco probable que produzca cambios a largo plazo en la espalda, aunque parece que al menos mejora los síntomas y la función a corto plazo. La medicina tradicional no entiende bien la acupuntura, aunque hay pruebas que sugieren que parece ayudar, más o menos. Es uno de los enfoques más antiguos para el dolor de espalda y una piedra angular de la medicina tradicional oriental, que sustenta la filosofía china según la cual la enfermedad es el resultado de un desequilibrio entre el yin y el yang. Aunque tengo formación en medicina tradicional, me crie en una cultura muy vinculada a los remedios holísticos y naturales. Así que, si sufriera problemas de espalda y nada más funcionara, estaría más que encantado de probar la acupuntura si me diera la oportunidad de recuperar la movilidad y la flexibilidad que a menudo damos por sentadas.

El dolor de espalda puede ser una fuerza demoníaca; por suerte, para la gran mayoría de las personas, es muy poco probable que sea letal. Aquí tienes mis consejos sobre cuándo deberías tomarte en serio el dolor de espalda y consultar a tu médico:

1. Hace más de seis semanas que es persistente.
2. El dolor de espalda viene precedido de cualquier traumatismo que hayas podido sufrir, como un accidente de tráfico.
3. El dolor es intenso y/o no mejora o empeora aún más.
4. Tienes dolor y debilidad en ambas piernas y/o experimentas incapacidad para hacer pis o caca o ambas cosas (un indicio de compresión o daño nervioso).

Giros y vueltas

No solo la carga puede causar problemas a la columna vertebral, el acto básico del movimiento también puede causar problemas. Por ejemplo, ya seas humano, avestruz o tigre, tienes que crear suficiente fuerza y fricción con el suelo para impulsarte y proteger tu cuerpo de las fuerzas que se generan cada vez que tus pies empujan. En los humanos, como nuestros egoístas antepasados decidieron intentar ser bípedos, toda esa fuerza ingresa en el cuerpo a través de un único punto del talón. Esto significa que tenemos que confiar en los músculos de la parte inferior de las piernas para absorber gran parte de esa energía en su camino hacia la columna vertebral y, por lo tanto, proteger nuestras articulaciones. Naturalmente, la espalda seguirá sufriendo cierto impacto, que puede ser compensado por la forma en la que nos movemos, técnicamente llamada zancada.

Cuando el talón toca el suelo, la rodilla se flexiona entre 5 y 6 grados, esto permite a los cuádriceps absorber la energía. Luego, cuando el metatarsiano presiona el suelo, el músculo cuádriceps se contrae, ejerciendo la fuerza contra el suelo que nos impulsa hacia adelante. Un punto de contacto genera mucha fuerza, por lo que hemos adaptado nuestra zancada para amortiguar toda esa presión con cada paso, por eso balanceamos los brazos a medida que avanzamos. La consecuencia es que realizamos giros continuos para dispersar aún más la carga debido a nuestra zancada bípeda.

Sin esta torsión, la fuerza reactiva del suelo sería tan intensa que nos haría retroceder. El problema es que la torsión es otra causa importante de problemas de espalda, porque entre los discos vertebrales que forman la columna vertebral hay una almohadilla de colágeno llena de un gel de mucoproteína, una estructura que a menudo se compara con la de una rosquilla de mermelada. Los discos permiten que nuestra columna vertebral se flexione y se retuerza, y también divide la carga distribuida sobre ella. Excepto que millones de giros en el lapso de nuestra vida son realmente demasiados para los discos, y a veces, la dura capa externa se desgasta, la mermelada se escapa de la rosquilla y se produce una hernia discal. Peor aún, puede presionar nervios vitales, causando dolor o entumecimiento que en algunos casos se transmite (o se mueve) a otros lugares, desde la parte baja de la espalda y los glúteos hasta los pies. Puedes tratar de evitar lo peor fortaleciendo tus músculos del abdomen para dar más apoyo y estabilidad a la columna vertebral. Sin embargo, recordemos que este es un precio relativamente bajo a pagar para poder mantenerse erguido, que es lo que nos convierte en seres humanos, y en la especie de primates más exitosa.

Ponte erguido

De niño, y posiblemente en la adolescencia, te habrán dicho que dejaras de encorvarte. Puede que incluso hayas crecido autocorrigiendo esa tendencia a dejar que tu columna se hunda como si hubieras perdido las ganas de vivir. Lo más probable es que sepas perfectamente que una buena postura puede reducir el riesgo de problemas de espalda y movilidad, pero es más complejo de lo que crees.

Es lógico que encorvarse constantemente, mirando el móvil durante varias horas al día, no beneficie a la columna vertebral. De hecho, existen pruebas empíricas de que están aumentando los casos de cifosis cervical, también conocida como «cuello de texto».

La mala postura es un hábito, es voluntaria y está destinada a causarte dolor físico. Tomemos como ejemplo sentarse en una silla con un tobillo metido bajo el trasero: no es la silla la que te está obligando a adoptar esta postura que implica una carga desigual en la columna vertical, sino que eres tú quien está usando mal la silla. Incluso podría empeorar la situación metiendo más el tobillo para estar más cómodo: una ergonomía pésima. Así que la solución no es la creación de una silla especial que te permita colocar cómodamente una pierna debajo de una nalga: la solución es sentarte correctamente en una silla normal.

Todos tenemos nuestras propias peculiaridades posturales, y, sin duda, tratamos de minimizar movimientos o posiciones que nos resulten incómodos, pero a veces el riesgo es vernos comprometidos desde el punto de vista ergonómico. Como cirujano, a menudo tengo que trabajar con instrumentos afilados en espacios reducidos y ángulos extraños que exigen todo tipo de contorsiones corporales. En el caso de la cirugía laparoscópica (un procedimiento abdominal mínimamente invasivo), tengo que mirar una pantalla mientras utilizo un instrumento alargado que se introduce en el abdomen de mi paciente. El instrumento está controlado por pedales, lo que significa que tengo que asegurarme de dar a mis manos, codos y muñecas, el ángulo y la posición correctos para evitar una tensión excesiva y repetida. Al mismo tiempo, la altura de la mesa de operaciones tiene que ser cómoda tanto para mí como para mi ayudante. Si alguna de esas condiciones no se cumple adecuadamente, mi paciente saldrá del quirófano en el camino hacia la recuperación, mientras que yo me enfrentaré a un dolor insoportable, convirtiéndome en un ejemplo claro de cómo una mala postura puede ser provocada por el estrés postural.

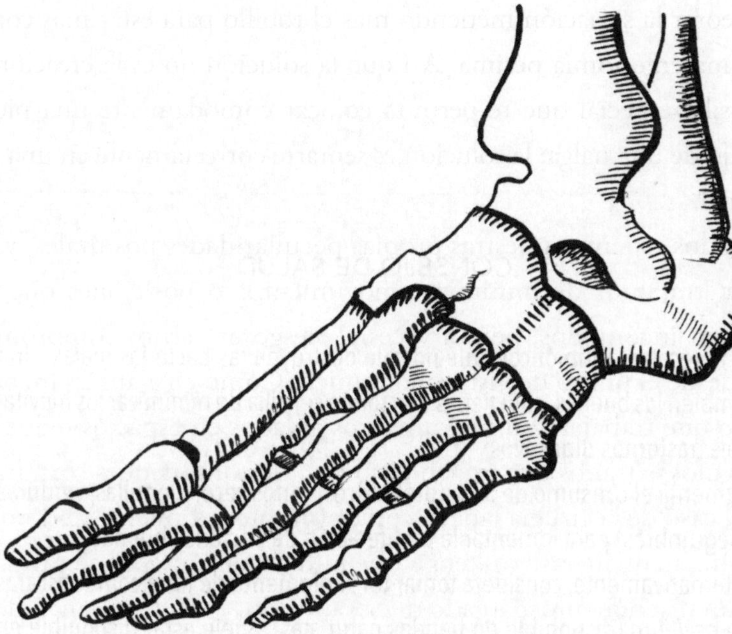

El esqueleto del pie

CONSEJO DE SALUD

Si te recetan antibióticos, que no solo destruyen las bacterias malas, sino también las buenas, aquí tienes una forma sencilla de minimizar los inevitables trastornos digestivos:

Aumenta el consumo de fibra (prebióticos, frutos secos, semillas, verduras y legumbres) para fomentar la proliferación de bacterias buenas.

Alternativamente, considera tomar un suplemento de fibra como cáscaras de *psyllium* (disponible en tiendas naturistas). Suele estar disponible en forma de mezcla soluble que no daña el intestino.

Considera la posibilidad de añadir a tu dieta fuentes de probióticos naturales: yogures, quesos, verduras fermentadas, etc.

6. OJOS HACIA ARRIBA

AVENTURAS A LA VISTA

Han sido objeto de la poesía y la filosofía durante siglos y, sin embargo, en esencia estamos hablando de dos bolas de gelatina salada. No quiero limitarme a tratar detalles mecánicos sobre el funcionamiento de los ojos (que convierten las señales luminosas en un código eléctrico en el cerebro), sino analizar aspectos más prácticos y útiles para retrasar el inevitable deterioro de la salud visual con el paso del tiempo. Con estos datos a tu alcance, puede que incluso encuentres formas de reforzar tu capacidad visual, y, por extraño que parezca, incluso podrías aprovecharla para optimizar otros aspectos de tu salud más allá de la vista, como la salud física e incluso mental.

Modo visual activado

Tus ojos son tan geniales como terribles; de hecho, se podría argumentar que los seres humanos son fundamentalmente ciegos, incluso aquellos que creen tener una vista perfecta. El hecho es que no somos capaces de ver el 99,997 % del mundo. Toda la radiación luminosa del arcoíris, es decir, todo el espectro electromagnético, debe ser una cosa hermosa, pero nunca la veremos porque solo una parte de ella es accesible al ojo humano: un mísero 0,0035 % conocido como espectro visible, mientras seguimos con nuestra vida cotidiana ajenos al mundo oculto que nos rodea.

La evolución nos ha impuesto estas limitaciones porque, siendo realistas, no necesitamos rayos X ni visión infrarroja para escapar de los depredadores o encontrar una pareja. Las abejas y las mariposas, en cambio, sí necesitan la radiación ultravioleta para identificar patrones especiales en las flores, mientras que las serpientes necesitan la visión infrarroja para cazar a sus víctimas de sangre caliente. Todos somos, de alguna manera, esclavos de nuestro destino evolutivo y de nuestro papel en esta simulación.

Ocultamiento de pruebas

Los defectos del ojo no terminan ahí, de hecho, está tan mal construido que el cerebro se ve obligado a encubrir sus errores y mentirnos. Incluso ahora, al leer estas páginas, te estás quedando ciego momentáneamente. Esta rareza se conoce como enmascaramiento sacádico, un término elegante para decir que el cerebro hace un trabajo de encubrimiento para ocultar nuestra mala visión y borrar las imágenes incriminatorias filmadas por el ojo. Esto se debe a que cada vez que los ojos se mueven o se desplazan, como cuando se lee la página de un libro, el cerebro reconstruye una serie de imágenes fijas, muchas de ellas se ven borrosas cuando los ojos se mueven, por lo que el cerebro las envía a la sala de montaje para, al menos, fingir que lo que se está viendo es fluido y cinematográfico.

Los movimientos rápidos que realiza el ojo al cambiar la mirada se denominan sacádicos, mientras que los puntos donde se detiene el ojo se llaman fijaciones. Cuando cambiamos nuestra mirada entre de fijaciones, las imágenes borrosas que el cerebro borra durante el proceso son en realidad momentos de ceguera. Y en el caso de que nos demos cuenta del engaño, el cerebro incluso impide que la mente consciente registre lo sucedido: ¿de quién te puedes fiar?

Al revés

Érase una vez (culpemos de esto a los antiguos griegos) que pensábamos que veíamos el mundo gracias a la luz que emanaba de nuestros ojos e iluminaba los objetos que veíamos, esto se conocía como teoría de la emisión y dominó nuestra comprensión de la visión durante siglos.

Afortunadamente, en el siglo XVI entramos en razón y desarrollamos nuestra comprensión de la mecánica ocular. Fue entonces cuando reconocimos que el ojo es una especie de conducto, y la retina actúa como receptora de la luz. Cuando llega a la córnea, la luz es refractada (o desviada) por el cristalino y forma una imagen en la retina, en la parte posterior del ojo. Aquí es donde la cosa se pone extraña; lo que recibimos es una imagen muy nítida, pero al revés, porque el proceso de refracción a través de una lente convexa hace que las imágenes se inviertan. Para corregir este error, tu cerebro tiene que recoger las piezas y darle la vuelta a la imagen para que quede recta. Si crees que tus ojos no pueden realizar una tarea simple tan mal, ciérralos y presiona suavemente tus dedos en el lado inferior izquierdo del globo ocular. Deberías ver aparecer un punto oscuro en la esquina superior derecha, demostrando así que la imagen ha sido invertida.

Vale la pena señalar que no nacemos para realizar este acto y tiene que aprenderlo el cerebro. Se cree que en los primeros días de vida, los bebés siguen viendo el mundo al revés. No suena bien. Así que si un recién nacido llora de miedo al mirarte a la cara, puede que no sea tu rostro desafiante lo que le infunde temor, sino el hecho de que tu ceño fruncido aún no se haya convertido en una sonrisa.

Míseras retinas

Hay que entender que la evolución no se debe a un neurocirujano que utilizó técnicas de microcirugía para dar forma a la creación del ser humano. La evolución es torpe, desordenada, desorganizada pero caprichosa, y esto es evidente en la construcción de tus ojos, ya que, una vez iniciado el proceso, ya no había marcha atrás, y a los errores se añadían otros errores, ocultos en el tiempo por atajos y desvíos para evitar que andaras dando tumbos en la oscuridad.

Ya sea por nostalgia o por malos recuerdos, vale la pena regresar a las clases de biología del colegio, en las que probablemente vimos una ilustración anatómica del ojo en la que se detallaban varias estructuras internas. La primera estructura importante es la retina: la centralita del ojo que recibe la comunicación entrante (en forma de luz) y la transmite al cerebro para que la procese.

De hecho, la retina es técnicamente parte del cerebro, la única parte que se encuentra en el mundo exterior, más allá de la protección de la bóveda craneal. Básicamente, tenemos dos pedazos de tejido cerebral que fueron deliberadamente expulsados durante el desarrollo embrionario y colocados dentro de dos cuencas oculares.

Un primer plano más detallado de la retina revela sus capas individuales. Aquí, los bastones y los conos (células sensibles a la luz conocidas como fotorreceptores) son alcanzados por la luz solo después de haber pasado a través de toda la serie de capas celulares y neuronas. En general, las células del bastón se encargan de la luz y se activan por la noche, mientras que los conos se encargan del color.

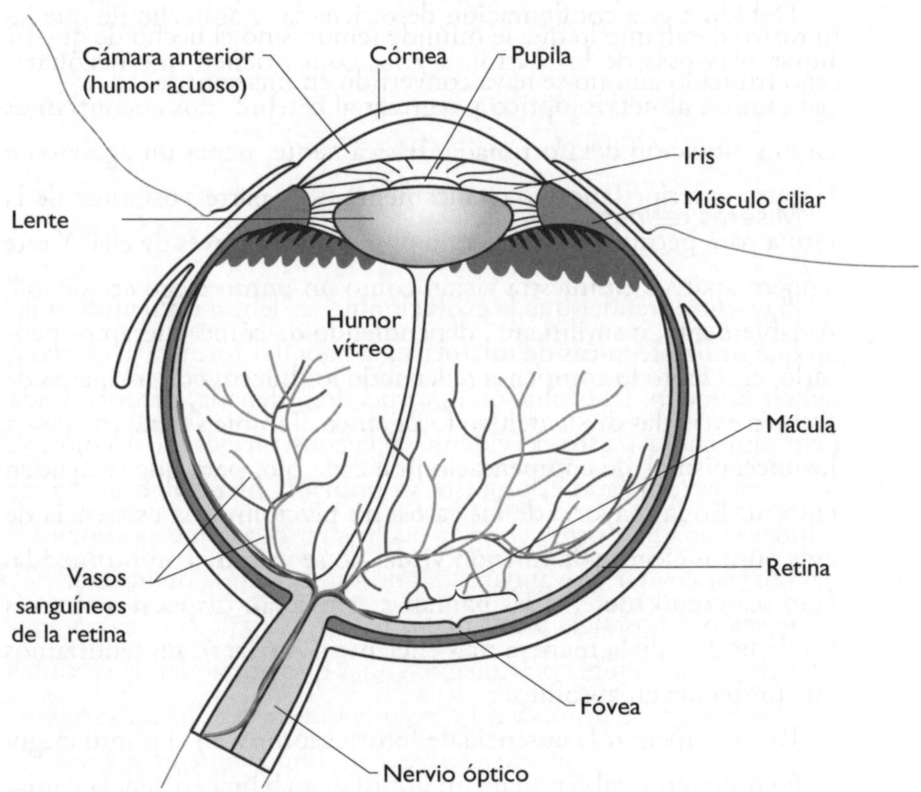

Aunque tanto los bastones como los conos son adecuados para su propósito, un fallo de diseño reside en el hecho de que la retina que los alberga parece estar orientada hacia dentro en lugar de hacia fuera. En 2015, un grupo de científicos llegó a la conclusión de que esta disposición podría servir para evitar que nos veamos abrumados, o cegados, por la luz, pero me sigue pareciendo extraño que los fotones de luz se vean obligados a recorrer un largo camino alrededor de toda la «célula de la cámara» para llegar al lado receptor. Quizá esto se deba a que los ojos evolucionaron como una extensión del cerebro y no como un pliegue de la piel exterior de la cara.

Debido a esta configuración desordenada, y al hecho de que las fibras nerviosas de los bastones y los conos tienen que fusionarse para unirse al nervio óptico y regresar al cerebro, nos encontramos en una situación desafortunada. Básicamente, tienes un agujero en la parte anterior (aunque técnicamente es la parte posterior) de la retina para permitir que el nervio óptico pase a través de ella. Y este agujero aparece en nuestra visión como un punto ciego accidental. Amablemente, o sutilmente, dependiendo de cómo queramos pensarlo, el cerebro lo compensa rellenando los huecos con imágenes de archivo extraídas de su archivo fotográfico. También tiene en cuenta los mecanismos de compensación de cada ojo, para que se ayuden entre sí. En la mayoría de los casos, no percibimos la existencia de esos puntos ciegos y la función visual no se ve muy comprometida. Pero sea como fuere, si las pantallas estuvieran dispuestas al revés (o, de hecho, de la manera más eficiente o *correcta*), no tendríamos este problema en absoluto.

Para compensar la ausencia de fotorreceptores en el punto ciego, el ojo humano también tiene un punto de máxima eficiencia llamado mácula. Se trata de una parte de la retina densamente poblada de bastones y conos que permiten una visión fina y detallada. Dentro de la mácula hay otra zona, la fóvea central, reservada exclusivamente para una alta concentración de conos. Esta estrategia todo en uno es bastante arriesgada, porque nos hace totalmente dependientes de la mácula para la agudeza visual. Lo que significa que cualquier problema con esa pequeña área tendrá un gran impacto en nuestra capacidad de ver con claridad, ya que lamentablemente el resto de la retina no es lo suficientemente potente, ya que los bastones y conos son más escasos. Y de hecho, la degeneración macular es la causa más común de ceguera. Podemos agradecer a las extravagancias de la anatomía este talón de Aquiles ocular.

¿En quién puedes confiar?

Lo que ves es mentira. El hecho de que los bastones y los conos de la retina sean buenos para hacer cosas diferentes significa que si tu cerebro no lo mezclara todo, nuestra visión sería un desastre. Para la zona periférica del marco estamos equipados principalmente con varillas, que se ven en blanco y negro y con mucha nitidez en comparación con los detalles más pequeños que puedes distinguir en el centro, caracterizados por una alta densidad de conos. Sin embargo, a pesar de esta extraña solución, percibimos una imagen en color aparentemente en cada parte del ojo. Esencialmente, la falta de color y detalle de la periferia es compensada por el cerebro, que extrapola la información almacenada; es decir, utiliza materiales de archivo para reconstruirlos sobre la base de experiencias pasadas, un proceso llamado «inferencia inconsciente».

Dada la premisa, todo lo que estás viendo en este momento es simplemente una suposición. Es un pensamiento que me lanza a un pánico existencial, así que espero que a ti te pase lo mismo porque el mal común significa alegría. Supongamos que miras una manzana roja. Los conos del ojo, que son capaces de ver colores, en realidad, están formulando un patrón de códigos eléctricos y puntos de datos, basados en la longitud de onda de la luz reflejada por la manzana, para permitirle percibir el color rojo. Entonces, ¿es realmente roja la manzana? Sí y no. No hay luz roja que entre en el ojo. El cerebro compara las longitudes de onda de la luz reflejada por la manzana roja con las demás longitudes de onda alrededor de ese objeto. Simplemente estás detectando un patrón de electricidad, una comparación de diferentes señales eléctricas, y lo que ves es una transposición de señales. Así que sería más apropiado decir que vemos con el cerebro y recogemos información con los ojos.

Niebla roja

Las rarezas no se limitan al hecho de que los fotorreceptores estén mirando hacia atrás, o que el nervio se inserte en esa preciosa zona que está delante del ojo. Como si fuera poco, los vasos sanguíneos que irrigan la retina se encuentran en el lado que mira hacia el mundo, por lo que se interponen entre la luz y la capa fotorreceptora. Por lo general, esto no causa demasiados problemas, aunque contribuye al punto ciego y limita la cantidad de luz que llega a los bastones y conos. Pero lo más importante es que aumenta el riesgo de enfermedades oculares.

Es un hecho que la mayoría de las personas que padecen diabetes también sufrirán retinopatía diabética, es decir, la lenta destrucción de la retina. La retina reacciona a la reducción crónica de la disponibilidad de oxígeno en la sangre causada por la enfermedad estimulando la proliferación de los vasos sanguíneos, en un intento desesperado por aumentar el suministro. Dado que los vasos están ubicados frente a la retina, su aumento solo empeora aún más la visión. Una vez más, todo este sinsentido se podría haber evitado si se hubiera rectificado la posición de la retina. Desafortunadamente es demasiado tarde para poder hacer algo al respecto.

Otra consecuencia de que la naturaleza no nos haya dado unos ojos atractivos como los de un calamar, sino una maldita y horrible retina «hacia atrás», es la mayor propensión a desprender la propia retina. A los ojos de los cefalópodos (es decir, los ojos de los moluscos: calamares, sepias, pulpos, etc.), los axones de las células fotorreceptoras (cuerpos largos en forma de asta) anclan la retina a las capas subyacentes. En los ojos humanos, sin embargo, la retina puede desprenderse de la capa pigmentada subyacente. En consecuencia, la porción desprendida de la retina pierde el suministro de sangre y causa ceguera en el segmento afectado.

Ojos tapados

Paremos un momento de linchar a la retina y echemos un vistazo a algunas deficiencias en la fabricación del ojo que pueden causar estragos. Es posible que hayas oído hablar de una enfermedad llamada glaucoma, que es el resultado de un aumento de la presión intraocular, concretamente en la cámara anterior del ojo. La cámara está llena de un líquido transparente llamado humor acuoso, y, sin embargo, lo que voy a contarte es cualquier cosa menos algo gracioso. Este líquido suele drenarse a través de unas tuberías llamadas sistema de malla trabecular, pero, por desgracia, la ubicación de estos conductos de drenaje, entre el iris y la córnea, hace que puedan obstruirse. Si el humor acuoso se acumula y aumenta la presión ocular, puede dañar el nervio óptico, y por lo tanto, provocar ceguera. Si vamos a repartir estrellas de puntuación apunta a un número bajo; no es recomendable.

Una mirada llena de músculos

Si pasamos del mobiliario interior al equipamiento exterior, tenemos que hablar un poco de los músculos del ojo. Se llaman músculos extraoculares y tenemos seis en total: recto lateral, recto medial, recto superior, recto inferior, oblicuo inferior, oblicuo superior. Lógicamente, hay tres que sobran: si imagino el ojo como una esfera, desde el punto de vista físico se puede manejar fácilmente con tres músculos que lo mueven en todas las direcciones. Poner seis parece un poco una de esas bravatas típicas de las hojas de las maquinillas de afeitar de última generación y, al igual que para la tecnología de afeitado, incluso en este caso no hace falta tanta abundancia. Al final del día, solo aumenta las posibilidades de algún mal funcionamiento, lo que puede dañar significativamente tu vista.

Accidentes automovilísticos

La mecánica visual de los ojos es un poco elemental en comparación con funciones computacionales como la percepción de la profundidad. Esto requiere de modo literal que el cerebro realice cálculos y trigonometría sobre el terreno para dar sentido a los limitados datos que proporciona el ojo. Se trata de una imagen bidimensional del mundo, que el cerebro convierte en tridimensional basándose en la memoria y las experiencias pasadas. En pocas palabras, el cerebro sabe que los objetos parecen disminuir de tamaño con la distancia, y nos recuerda que las cosas se detienen al pasar junto a ellas, incluso, sin cruzar nuestro campo de visión. Sin procesar e interpretar esta información ocular, no durarías ni un minuto al volante de un vehículo sin acabar en una zanja.

Vivimos en un mundo que ensalza a los ojos para permitirnos procesar imágenes, formas, colores y movimiento, pero en realidad su trabajo no es más que el de emisarios del cerebro. La función más primaria y básica del ojo es ayudarnos a detectar los niveles de luz para comunicar la hora del día a la nave nodriza dentro del cráneo. Esta función se produce gracias a una de las células más antiguas, las células ganglionares de la retina, un tipo especial de neurona que conecta la retina con el cerebro, que incluso contiene sus propios fotorreceptores y fotopigmento específico, la melanopsina. Curiosamente, el pigmento melanopsina también se encuentra en la piel de anfibios como las ranas, y, esto les permite alterar el color de la piel en respuesta a la luz, un truco tristemente negado a los seres como nosotros. Las células ganglionares de la retina productoras de melanopsina desempeñan principalmente funciones visuales no relacionadas con la formación de imágenes, como la regulación de los ciclos de sueño y vigilia, el estado de ánimo, la cognición, la liberación de varias hormonas y la tasa metabólica. Mientras tengas retina, aunque tu visión esté comprometida, estas células estarán presentes para ayudarte a regular las funciones no relacionadas con la imagen.

La luz de mis ojos

Desde el punto de vista evolutivo, los globos oculares humanos son cada vez más largos y tienen forma de pera. Como consecuencia, la córnea se curva excesivamente y la luz converge frente a la retina en lugar de en la retina misma, por lo que los objetos cercanos parecen nítidos pero los distantes son borrosos. Se cree que la causa principal es una mayor exposición a las pantallas en comparación con una menor exposición a la luz natural durante el día, que en cambio parece tener un efecto protector contra la miopía. Esto podría tener graves consecuencias, como un mayor riesgo de glaucoma a largo plazo y degeneración macular. Se trata de un lento deterioro de la mácula, en el centro de la retina, que culmina con la pérdida de la visión central.

SÁLVATE A TI MISMO

Desde un punto de vista práctico, podemos tomar algunas medidas para para proteger los ojos y reducir el riesgo de miopía y otros problemas oculares. Si pasas mucho tiempo delante de una pantalla (como la mayoría de la gente), adopta la regla 20/20/20. Cada 20 minutos, descansa de la pantalla y mira un objeto lejano a una distancia mínima de 6 metros durante 20 segundos; esto permite a los ojos relajarse y dejar de esforzarse por un momento. También es bueno alejarse de la pantalla, ¿verdad? Entonces, ¿por qué no salir al exterior a por una dosis de luz natural?

Centrar los ojos y la mente

Cada vez que miramos algo, ya sea de cerca o de lejos, el ojo cambia la forma de la lente para ajustar dinámicamente el punto de llegada de la luz reflejada. Este proceso se conoce como acomodación, y su importancia va mucho más allá de tener una visión clara tanto de cerca como de lejos, sino que también influye en la concentración cognitiva y la relajación mental.

Cada vez que el cristalino cambia de forma, lo hace por orden de un grupo de pequeños ayudantes llamados músculos ciliares. Al mismo tiempo, el iris y tus músculos del esfínter regulan la cantidad de luz que entra en el cristalino. De este modo, cuando ves algo a lo lejos, el cristalino se relaja y se aplana; esta relajación, a su vez, te proporciona a ti y a tus ojos un efecto relajante al contemplar una vista panorámica. Por el contrario, enfocar un objeto cercano requiere un mayor esfuerzo de los músculos complejos que rodean el cristalino. Incluso el iris tiene que hacer un esfuerzo para que el cristalino se contraiga y se hinche para que la luz converja en la retina.

Puede que la relevancia de este aparentemente oscuro fragmento de anatomía no resulte evidente a primera vista, pero hoy en día pasamos gran parte del día mirando objetos que tenemos cerca de la cara, por ejemplo, mirando el teléfono, documentos y pantallas del ordenador, lo que no permite que las lentes oculares se relajen y que los músculos se tomen un descanso. Esta es una vía rápida para el dolor ocular, que podría a su vez contribuir a los dolores de cabeza.

Sálvate a ti mismo

El concepto de flujo óptico se refiere a la percepción del movimiento de los objetos que nos rodean cuando es nuestro cuerpo el que se mueve, como los árboles que pasan a nuestro lado cuando montamos en bicicleta por un bosque. Este estado de flujo óptico se puede lograr con cualquier movimiento autogenerado, como ir en bicicleta, correr, hacer senderismo e incluso nadar. ¿Por qué es bueno para nosotros el flujo óptico? El sistema visual también forma parte del sistema nervioso autónomo, que incluye el sistema nervioso simpático, es decir, el centro de control del mecanismo «lucha o huida», ante el ataque inminente de un león, o simplemente por el estrés diario, puede dilatar las pupilas para reducir el campo de enfoque.

También hay que tener en cuenta el sistema nervioso parasimpático. Este se encarga del descanso y la digestión, y es el sistema que nos ayuda a relajarnos. A nivel visual, contrae las pupilas y amplía el campo de enfoque haciendo que esta función se optimice en estados de flujo óptico, lo que puede conseguirse contemplando un panorama mientras te desplazas por el mismo. Si bien se puede conseguir flujo óptico caminando por interiores, la experiencia es más gratificante y holística cuando se sale al exterior y se observa el entorno.

Supervisión

A pesar de que en más de una ocasión el ojo puede resultar deficiente, su capacidad de adaptación bajo presión es interesante, aunque un poco desconcertante. La visión bajo el agua es un buen ejemplo, ya que es borrosa porque el agua que la rodea tiene la misma densidad que la que contiene la capa externa de la córnea, lo que significa que perdemos algo de poder de refracción. Puede parecer un problema con el que tenemos que resignarnos a vivir, pero hay razones para creer que es solo cuestión de insistir un poco. Los moken son una tribu nómada amante del mar que vive en el archipiélago de Andamán, se pasan el día buceando bajo el agua en busca de comida. Increíblemente, son capaces de ver bajo el agua con perfecta claridad y sin el ardor del agua salada en sus ojos.

Se cree que, con el tiempo y la frecuente exposición a nadar bajo el agua con los ojos abiertos, los moken han desarrollado lentes que pueden cambiar de forma para mantener su poder de refracción, así como pupilas que se contraen para aumentar su profundidad de campo. Lo que sigue siendo un misterio, sin embargo, es cómo sus ojos permanecen inmunes al ardor del agua de mar. Supongo que serán chicos duros.

No te quedes mirando el sol...

Estas dos canicas gomosas que tenemos en nuestras órbitas no solo pueden quemarse con el agua de mar, sino que también pueden ser dañadas por cierta cosa a 150 kilómetros de distancia. Con suerte, aprendiste desde pequeño que mirar fijamente al sol es una mala idea. Para entender por qué, imagina que un niño utiliza una lupa para freír unas hormigas (suponiendo que el niño sea malvado). Mientras que la lupa puede concentrar los rayos solares en un solo punto para amplificar la energía, la lente que contiene el ojo tiene una potencia cuatro veces superior. Es capaz de agujerear una hoja de papel, así que piensa en lo que puede ocurrirle a tu retina si eres lo bastante tonto como para mirar la bola de fuego a la cara.

En algunos casos, el sol puede causar daños tan graves en la visión que incluso existe una enfermedad que lleva su nombre; la retinopatía solar se debe a un daño permanente en la parte de la retina que nos da la máxima agudeza visual, la fóvea central. Como resultado, los afectados tienen que vivir con visión borrosa o una gran mancha oscura en su campo de visión, además de un montón de remordimientos.

¿Qué ocurre cuando nos frotamos el ojo?

Algunas de las cosas que he explicado sobre los ojos pueden parecerte totalmente absurdas. Incluso puedes estar frotándote los ojos con incredulidad, pero eso es exactamente lo que nunca deberías hacer, a no ser que quieras darles un cambio de imagen horrible y literalmente cambiar su forma.

Cuando maltratas tus globos oculares con las yemas de los dedos o los nudillos, literalmente los estás deformando y empujándolos hacia las cuencas de los ojos; y eso no es lo peor. No solo suena mal, sino que literalmente daña el globo ocular. De hecho, hay razones para creer que frotarse constantemente los globos oculares podría ser una de las causas del queratocono, una afección en la que la córnea sobresale y el globo ocular cambia de forma debido a una manipulación excesiva.

El peor viaje psicodélico

Si alguna vez te has frotado los ojos, lo más probable es que también hayas visto el espectáculo interior de remolinos, colores y destellos de luz conocido como fosfeno. Este viaje psicodélico gratuito es el resultado de que tu pobre ojo confundido perciba luz cuando no la hay.

Las células ganglionares de la retina que interpretan la luz son fáciles de engañar, es decir, pueden activarse mediante la aplicación de presión. Si ahora te presionas el ojo con suavidad, se engaña a las células ganglionares para que envíen información al cerebro de la misma manera que si se las estimulara con luz. No pueden distinguir físicamente entre la información de la luz y la de la presión, por lo que la transmiten de la misma manera a la corteza visual del cerebro. El resultado es que percibimos un espectáculo de luces que por una sola vez, y con precaución, puede resultar fascinante. Sin embargo, ten en cuenta que frotarse los ojos repetidamente para ver repeticiones puede causar problemas detrás de escena.

Señales de advertencia

Cuando miras fijamente a algo uniforme o brillante, como el cielo o una hoja de papel blanca, es probable que veas «moscas volantes». Se trata de estructuras aleatorias, indistintas o pequeñas parecidas a gusanos que se mueven en el campo visual. Su nombre médico es *muscae volitantes* o «moscas volantes», pero no temas, tus ojos no han sido invadidos por criaturas parásitas. Estos pequeños objetos son en realidad grupos aleatorios de proteínas, como fragmentos de tejido desprendidos o incluso glóbulos rojos. Pueden proyectar una sombra sobre la retina al nadar a través del humor vítreo (la sustancia gelatinosa que permite que el ojo conserve su forma) y pasar a través de la luz que entra por la pupila.

Aunque ver estas cosas puede ser normal y no hay de qué preocuparse, si notas un aumento repentino de la cantidad de estas moscas volantes, a menudo acompañadas de una sensación de luz intermitente repentina, te aconsejo que acudas de inmediato a un oftalmólogo. Puede ser un síntoma de desprendimiento de retina, es decir, cuando la retina se desprende del fondo de ojo y luego causa pérdida de visión.

Pulmones faciales

A menudo he pensado que los globos oculares son los pulmones de la cara. Las córneas no tienen riego sanguíneo, de hecho, son la única parte del cuerpo humano que sobrevive sin él. En lugar de ello, obtienen su ración de oxígeno directamente del aire; es por eso que, cuando llevas lentes de contacto, el suministro de oxígeno a la córnea se reduce ligeramente, y esto se reduce aún más cuando cierras los ojos para dormir; por eso, dormir con las lentes de contacto puestas es una idea miope a varios niveles. El bajo nivel de oxígeno en los globos oculares de los usuarios de lentes de contacto durante el sueño es suficiente para que la córnea se hinche. Esto hace que se formen huecos entre las células superficiales del ojo que pueden atraer bacterias. Dejar que el globo ocular se convierta en una placa de Petri durante la noche hace que cualquier infección ocular sea motivo de preocupación. ¿Por qué? Porque los ojos gozan de una especie de despensa inmunitaria, lo que significa que no tienen el mismo nivel de protección que otras partes del cuerpo. Esto tiene cierto sentido: si el sistema inmunológico provocara inflamación ocular cada vez que algo los irritara, muy a menudo terminarías con una visión deteriorada.

Cualquier usuario de lentes de contacto que pase la noche en vela sabe que no hay nada peor que quitárselas al despertarse, ya que corre el riesgo de irritar más el ojo e incluso de dañar la córnea.

Visión nocturna

Cuando era muy pequeño, en un intento por ver en la oscuridad, me comí una bolsa entera de zanahorias durante una semana. Aparte de la tez anaranjada, no tuve ningún otro cambio y, sin embargo, según la ciencia no era tan tonto como pensaban mis padres. Las zanahorias son naturalmente ricas en vitamina A (betacaroteno), que es excelente para mantener la salud ocular. De hecho, la vitamina A es precursora de la rodopsina o «bastones», el fotopigmento de la retina que contribuye sobre todo a la visión nocturna, e incluso puede revertir la ceguera nocturna en las personas con deficiencia de vitamina A. Es cierto, caí en el mito de que me ayudaría a ver en la oscuridad, pero para ser justos no fui el primero.

Al comienzo de la Segunda Guerra Mundial, el Reino Unido desarrolló rápidamente, y en secreto, una tecnología extrema en la tecnología de radar. Con gran desconcierto de los estrategas alemanes, significaba que la RAF era capaz de derribar un gran número de aviones enemigos de noche. Deseoso de proteger su ventaja, el alto mando británico alimentó a los periódicos con la historia de que sus pilotos tenían mejor visión nocturna porque comían zanahorias. La estratagema tuvo tanto éxito que no solo convenció a los alemanes, sino también a la opinión pública británica. Dados los probados beneficios para la salud, el gobierno incluso lanzó la campaña del «Doctor Zanahoria» e hizo que estas verduras superpotentes quedaran exentas de las raciones de guerra para fomentar su consumo.

(Volviendo a la confesión que hice hace un momento, ¿realmente me volví de un tono anaranjado? Puede parecer un mito, pero es cierto. Si comes muchas zanahorias o cualquier cosa con alto contenido en betacaroteno, como calabazas o naranjas, este pigmento también puede volver tu piel del mismo color. Afortunadamente, mi tez de Umpa Lumpa se invirtió por completo después de que mis padres restablecieran mi consumo de zanahorias a un nivel razonable).

Aumentando la oscuridad

Con tantos déficits oculares potenciales, siempre existe la posibilidad de perder la visión en algún momento. Sin duda, la capacidad de ver es uno de los sentidos más importantes para interactuar y percibir el mundo. La ceguera puede tener consecuencias devastadoras, desde un mayor aislamiento social hasta una mayor propensión a problemas de salud mental como la depresión. En algunos casos, sin embargo, la deficiencia de un sentido puede amplificar otros, e incluso puede dar lugar a la aparición de extraordinarios superpoderes ocultos, como descubriremos cuando centremos nuestra atención en los oídos en el capítulo siguiente.

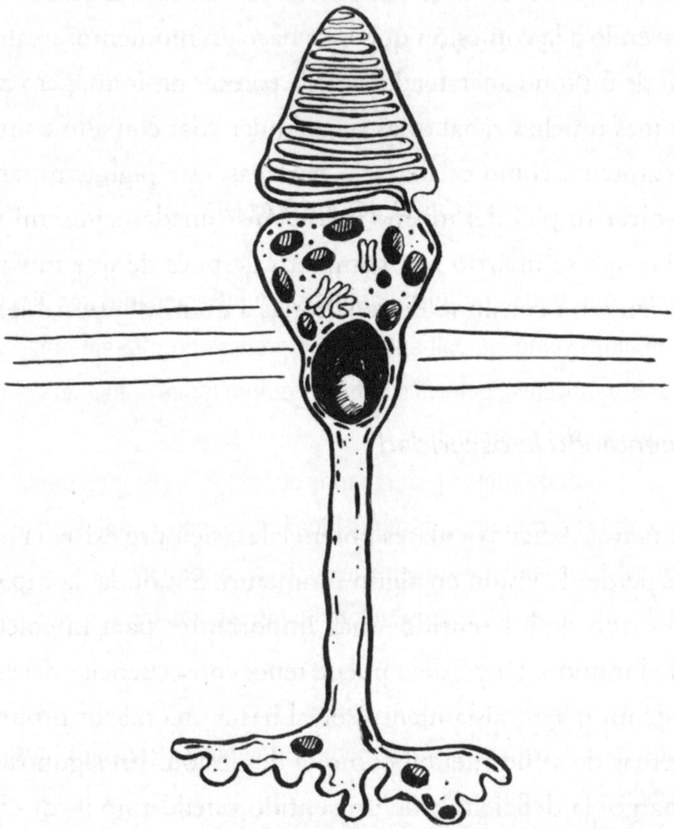

Una célula de cono

CONSEJO DE SALUD

Sabemos que frutas como las frambuesas y los arándanos son ricas en antioxidantes como los polifenoles (que protegen contra enfermedades cardiacas y cánceres), pero vale la pena comprobar en la etiqueta el país de origen antes de comprarlos.

¿Por qué? Porque alimentar la demanda de fruta fuera de temporada, que a menudo se ha importado de algún lugar del mundo, no solo encarece el precio, sino que también aumenta la huella de carbono.

En su lugar, da un vistazo a sus homólogos congelados, que contienen la misma cantidad (si no superiores) de polifenoles, porque las frutas se recolectan, envasan y congelan cuando están frescas. Además, son más baratos, más respetuosos con el medio ambiente y se pueden consumir durante todo el año.

7. OÍDOS ATENTOS

UN RECORRIDO SOBRE LA AUDICIÓN

El hecho de que los oídos conspiren con el cerebro para captar los pequeños cambios en las ondas de radio es una extraordinaria proeza biológica. El término técnico para designar esas aletas pegadas a cada lado de la cabeza es pabellón auricular o pabellón de la oreja (que significa aleta o ala en latín). La parte externa de la oreja está hecha de cartílago y optimizada para captar el sonido. De hecho, aún conservamos pequeños músculos vestigiales que nuestros antepasados utilizaban para mover las orejas en respuesta al sonido. Algunos individuos extraños todavía son capaces de hacerlas girar, lo que es un espectáculo digno de contemplar.

Nuestra percepción del sonido se produce cuando las vibraciones del aire, también conocidas como ondas sonoras, penetran en nuestro oído. Las que podemos oír suelen limitarse a frecuencias entre 20 Hz y 20.000 Hz. Las frecuencias de sonido por debajo de estas frecuencias se conocen como infrasonidos y, aunque es posible que no las «oigas» con tus limitados oídos, tu cerebro las recibe a través de las vibraciones del cráneo, la piel y los huesos que componen la mandíbula y la cara. A pesar de ser una de las partes más pequeñas del cuerpo, los oídos no solo intervienen en el sentido del oído, también coordinan el equilibrio y la postura, lo que se conoce como «función vestibular». En ningún otro lugar del cuerpo humano hay tantos elementos funcionales tan densamente agrupados en un espacio óseo tan limitado.

Un mundo en tu oído

Las tres regiones del oído (externa, media e interna) desempeñan funciones distintas, pero igualmente importantes. Las regiones del oído externo y medio se ocupan principalmente de la transmisión del sonido al oído interno. El oído interno alberga una estructura en forma de caracol denominada cóclea, que actúa esencialmente como transductor para convertir la energía sonora en energía eléctrica. El oído interno también contiene el aparato vestibular: tres conductos semicirculares y dos cámaras que contienen los receptores que rigen nuestro equilibrio y coordinación.

El oído es uno de esos temas a los que nunca le presté mucha atención en la facultad de medicina. En el mejor de los casos, es un órgano de tercera categoría (ahora seguramente los otorrinolaringólogos que me lean o escuchen resoplarán de frustración), pero reconozco que sigue siendo un órgano fascinantemente extraño. Para ilustrar su rareza, hasta el 70 % de los oídos de las personas emiten ruidos conocidos como otoemisiones acústicas; es una función normal de la cóclea.

Aunque sean sonidos que no oímos, puede afectar a los animales que se encuentran en el mismo ambiente. Es un poco como ser un delfín.

El ritmo del tambor

Los sonidos que captan tus oídos acaban llegando a la membrana timpánica o tímpano; en verdad es tan simple como la piel de un tambor. En el interior del tímpano hay tres huesecitos con forma de martillo, yunque y estribo. Cada vez que entra sonido en tu oído, la membrana del tímpano puede moverse hacia delante y hacia atrás, y hacer que los huesos golpeen la cóclea. Aquí es donde las cosas se vuelven un poco locas: la cóclea contiene pequeñas células ciliadas (nada que ver con las pestañas de los ojos, es solo que bajo el microscopio se parecen a pelos pequeños) cuya función es reaccionar con el movimiento a los golpes del martillo, el yunque y el estribo, y enviar señales al cerebro. La forma laberíntica de la cóclea, similar a la concha de un caracol, es esencial no solo para oír los sonidos, sino también para distinguir sus diferentes frecuencias. Es increíblemente complejo y vulnerable a los abusos cuando pones los altavoces al máximo.

El corte de pelo que no querías

Nacemos con unas 16.000 células ciliadas en la cóclea, y, es posible sufrir daños en más o menos la mitad de estas células antes de que notes cambios significativos en la audición. En ese momento, será demasiado tarde para hacer algo al respecto.

Si alguna vez has asistido a un concierto o a un acontecimiento deportivo, es posible que hayas notado que, al volver a un lugar más tranquilo, tu audición parezca un poco amortiguada y te cueste oír los sonidos a bajo volumen. Es normal, porque las células ciliadas son como briznas de hierba: cuanto más fuerte son los ruidos, más se doblan, pero generalmente vuelven a su posición normal después de un tiempo. Sin embargo, la exposición prolongada a un sonido fuerte puede dañar irreversiblemente las células ciliadas y provocar una pérdida de audición gradual.

Ahora me preguntarás: ¿qué es demasiado ruido? Es difícil dar una lista exhaustiva, pero si tienes que gritar para mantener una conversación por encima del ruido, te zumban los oídos después o las cosas parecen amortiguadas tras la exposición a un sonido, probablemente sea un ruido demasiado fuerte.

Tu teléfono inteligente suele tener un volumen máximo de unos 102 decibelios. Esto significa que incluso escuchar algunas canciones a todo volumen puede dañar tu oído. Que quede claro: no hay forma de revertir el daño causado a tu vulnerable oído interno. Las células ciliadas no se reparan solas ni vuelven a crecer. Es extraño que se nos conceda algo tan delicado y frágil que puede perderse para el resto de nuestras vidas por el simple hecho de escuchar tu canción favorita demasiado alto. Podríamos verlo como la madre naturaleza en su versión más cruel, o como un recordatorio constante de que la vida es preciosa.

SÁLVATE A TI MISMO

Como norma general, para minimizar los daños auditivos relacionados con el uso de auriculares, limítate a 60 minutos de música a un volumen de alrededor del 60 %. Después, tómate un descanso de unos 15 minutos, más o menos. Personalmente, siempre utilizo auriculares de cable en lugar de intrauditivos, ya que el sonido se aplica de forma menos directa a la membrana timpánica (el tímpano).

También vale la pena invertir en unos auriculares con cancelación de ruido que eliminan los sonidos de fondo sin que tengas que subir el volumen.

¿Están tus receptores activos?

Nuestros cinco sentidos tradicionales tienen receptores únicos: fotorreceptores para la vista, receptores olfativos para el olfato, receptores gustativos para el gusto y mecanorreceptores para el tacto, y luego está el oído, que no tiene un receptor específico. En su lugar, utiliza el mismo mecanorreceptor que nuestra piel para detectar el tacto. Por supuesto, funciona de forma un poco diferente porque las células ciliadas en las que existen esos receptores detectan el movimiento y no las ondas sonoras. Básicamente, se trata de un receptor del tacto reconvertido en receptor «auditivo» que funciona de una forma tan precisa que nos permite interpretar millones de sonidos. Se podría decir que hablar es, de hecho, como rozar un poco los oídos del oyente, pero sospecho que tal idea podría quitarte el sueño.

Aunque nuestros oídos pueden detectar millones de sonidos, son solo una fracción de los sonidos que existen en el mundo que nos rodea. De hecho, las limitaciones evolutivas de tus oídos y tu sistema auditivo podrían incluso explicar algunos fenómenos paranormales audibles.

Fantasmas en tus oídos

A principios de la década de 1980, el ingeniero británico Vic Tandy trabajaba hasta altas horas de la noche en su laboratorio de

Warwickshire. A medida que avanzaba la noche, empezó a sentir una intensa sensación de fatalidad inminente. Entonces, por el rabillo del ojo, Tandy vislumbró una figura gris inclinada contra la pared blanca del laboratorio. Se volvió bruscamente para verla mejor, pero ella ya no estaba.

Los colegas de Tandy ya le habían advertido sobre el laboratorio, pero Tandy, escéptico como era, se negó a creer que el lugar estuviera embrujado por algo sobrenatural. «Debía haber una explicación científica», pensó, y resultó que tenía razón. El culpable era el extractor recién instalado en el laboratorio, que zumbaba a una frecuencia de 18,9 Hz.

La frecuencia de 18,9 Hz está justo por debajo del rango de audición humana, que es de 20 a 20.000 Hz. Es un rango bastante amplio, pero aún hay muchos sonidos que no podemos oír. Por ejemplo, el rango de los elefantes es menos amplio, pero incluye frecuencias más bajas, por lo que pueden oír sonidos que nosotros no oímos, como el movimiento de las nubes o el zumbido fantasma de un extractor. Además, hay todo tipo de criaturas, como los murciélagos, que pueden oír por encima de los 20.000 Hz. Quién sabe lo que pasa a esos niveles. De hecho, recientemente se ha descubierto que cuando las plantas están en dificultades, gritan, y emiten sonidos a una frecuencia de entre 20.000 Hz y 100.000 Hz. Desde este punto de vista, ¿quizá los fantasmas se comunican mediante chirridos de alta frecuencia? Realmente tendría sentido.

Pero volvamos al laboratorio de Tandy. ¿Cómo puede algo que ni siquiera podemos oír causar tanta agitación? Pues bien, curiosamente, los sonidos a esa frecuencia provocan sensación de ansiedad, mareo y desorientación. A menudo se utiliza en las bandas sonoras de las películas de terror para añadir ese toque extra espeluznante. Y estos sonidos de baja frecuencia no solo nos dan una sensación de nerviosismo, sino que también pueden interferir con las vibraciones de los globos oculares (así es, los globos oculares vibran constantemente como pequeñas gelatinas esféricas), haciendo que los ojos vean cosas que en realidad no están ahí. Todo, desde las turbinas eólicas hasta los frigoríficos ruidosos, puede provocar estas ondas sonoras de baja frecuencia, y dado que la mayoría de nosotros no caminamos habitualmente con detectores de frecuencia, es difícil saber cuántos casos de casas embrujadas son realmente causados por una lavadora que se tambalea o a una tostadora que vibra.

Un superpoder oculto

Cuando localizamos la posición de un ruido en el mundo real solemos utilizar una combinación de vista y oído para localizar la fuente. Sin embargo, las personas ciegas, a pesar de estar privadas de uno de los dos sentidos, parecen superar a los videntes en el sentido del oído. Algunos incluso desarrollan lo que podría considerarse un superpoder oculto: la ecolocalización o el sonar.

Cuando una persona pierde la visión, su cerebro se somete a una revisión y reorganización. El córtex visual empieza a ser más receptivo y a captar otra información sensorial, puesto que ya no recibe información visual. Esencialmente, una mayor salida de procesamiento cerebral se asigna a los sentidos del oído, el gusto, el tacto y el olfato.

Esta reorganización puede culminar en el desarrollo de la ecolocalización, es decir, el uso de pequeños sonidos, producidos, por ejemplo, con la boca, para escuchar el eco devuelto por los objetos circundantes con el fin de mapear el entorno. De hecho, algunos estudios han demostrado picos en la actividad en el córtex visual de las personas ciegas que utilizan la ecolocalización.

Conductos auditivos secretos

No solo el ruido puede alterar nuestra delicada audición, la presión también puede causar problemas en forma de barotrauma. Se trata de la incómoda sensación de «oídos taponados» que puedes experimentar como pasajero de un avión al despegar o aterrizar. El barotrauma auditivo se debe al desequilibrio entre la presión del aire en el ambiente y la del oído medio. En casos graves, puede pasar de ser una molestia a provocar dolores de cabeza, mareos e incluso náuseas.

Un truco sencillo para reequilibrar la presión al bostezar. En este caso, no es un signo de cansancio o pereza, sino una habilidad que hay que valorar para salvar los oídos del estrés del mundo. Cuando bostezamos o masticamos chicle, activamos un músculo en el cráneo, justo detrás de la cavidad bucal, llamado tensor veli palatini. Este músculo tensa el paladar blando, produciendo toda una serie de efectos que culminan en la apertura de las trompas de Eustaquio (que conectan la cavidad nasal/sinusal con el oído medio), que actúan así como un conducto de regulación de la presión. También hay quienes logran hacerlo a la orden sin necesidad de bostezar.

Hisopos

A veces, los misteriosos conductos de nuestros agujeros auditivos se taponan con cera, pero, además de hacer que los oídos apesten y perjudicar la audición, la cera en realidad desempeña una función crucial: actúa como una barrera física contra los gérmenes, la suciedad, el polvo y varios patógenos dañinos que intentan asaltar las terminaciones de tus oídos. Sin embargo, este pegajoso aliado también puede volverse contra nosotros.

Si la cera se acumula, reduce la capacidad del tímpano para vibrar eficazmente y, en general, arruina la acústica de la arquitectura del oído.

Una acumulación excesiva de cera también puede provocar problemas de equilibrio e incluso mareos, porque depende del equilibrio entre las trompas de Eustaquio y el mundo exterior.

Seguro que alguna vez has introducido un bastoncito de algodón (o un hisopo) en estos largos y oscuros conductos para quitar la suciedad. Puede parecer una decisión inteligente, pero en realidad es absurda y muy peligrosa. Dado que el canal auditivo es muy estrecho, es fácil tocarlo con un hisopo para empujar la cera más profundamente, evitando así que la nueva cera expulse a la anterior; en algunos casos, incluso hay quien se ha perforado accidentalmente el tímpano. Como la mayoría de los orificios del cuerpo, los oídos no están hechos para que penetren cuerpos extraños, y, en su mayor parte, es un sistema unidireccional. Teniendo en cuenta los diversos equilibrios de presión de aire, ventilación y fontanería que se producen en el interior del oído, es bastante evidente que introducir un bastoncito en él solo empeorará un problema ya existente. Gracias a la naturaleza fluida de la cera, debe considerarse un sistema de autolimpieza.

Si sientes la tentación de meterte algo en los oídos, no solo para aliviar un picor o eliminar un poco de cera, sino en busca del místico «oídorgasmo», te ruego que reconsideres tus opciones vitales. La sensación de cosquilleo que recibirás de la delicada cavidad del oído puede ser placentera, pero podría dar lugar a una infección.

Hay otra extraña consecuencia de hurgar en el oído que pone aún más en relieve los peculiares e innecesarios designios que adopta el cuerpo: un reflejo automático de tos. El reflejo de la tos de oído de Arnold, que recibe su nombre de Friedrich Arnold, por el científico alemán del siglo XIX que lo descubrió, es cuanto menos inusual. La tos no tiene un propósito específico, pero se estimula porque está conectada al nervio vago, que durante su largo peregrinaje desde el cerebro hasta el intestino coquetea un poco con el extremo de la oreja. El tracto nervioso que entra en el conducto auditivo se llama nervio de Arnold y está conectado con la sensación táctil. Por lo tanto, si algún intruso entra en el conducto auditivo, ya sea un insecto o un hisopo de algodón, estimula la superautopista principal del sistema nervioso que pasa a través del cuello. Aunque se trata de un fallo biológico en toda regla, el cerebro no valora el oído lo suficiente como para fiarse de él, supone que la fuente de la irritación procede de la garganta y pone en marcha el reflejo de la tos en un intento equivocado de eliminar el irritante.

Rock and roll

Lo creas o no, el equilibrio está controlado por un componente específico dentro de los oídos. Justo al lado de la cóclea en forma de caracol, que transforma el sonido en señales eléctricas, se encuentran los canales semicirculares. Básicamente, son aros de *hula-hoop* llenos de canicas que se mueven dentro de ellos cuando nos movemos.

Hay tres canales semicirculares en total: uno está colocado verticalmente, el segundo en un ángulo de 45 grados y el último inclinado a 90 grados.

Al girar la cabeza, las canicas de los aros ruedan en función de la velocidad, la dirección y el plano de rotación de la cabeza. Estas canicas deberían llamarse más exactamente piedras u otolitos; sí, tenemos piedras en los oídos. No me preguntes por qué el cuerpo está obsesionado con las «piedras» en todas las cavidades corporales, desde los conductos urinarios hasta los conductos salivales, pero en realidad estos guijarros específicos son útiles. Los otolitos están compuestos principalmente de calcio y cuando se mueven hacia los anillos de los canales semicirculares hacen que las células ciliadas microscópicas se flexionen y detectan la dirección. Esencialmente, todo nuestro sistema de equilibrio depende de los guijarros que se mueven en nuestros oídos como mini desprendimientos, y esto calcula nuestra posición en el espacio.

SÁLVATE A TI MISMO

He aquí un experimento para mejorar tu capacidad de regular esos guijarros y mejorar tu sentido del equilibrio. Ponte sobre una pierna, levanta la otra y mira fijamente a lo lejos. Ahora cierra los ojos. Deberías tener la sensación de tambaleo, lo que se conoce como oscilación postural, porque tu sistema vestibular también depende de la información visual para mantener el equilibrio posicional. De hecho, existe una relación simbiótica intrínseca en la que el sistema vestibular indica a los ojos dónde mirar y la posición de los ojos indica al sistema del equilibrio cómo debe funcionar. Ahora viene lo divertido: puedes optimizar el sentido del equilibrio fortaleciendo el sistema vestibular. Vuelve a ponerte de pie sobre una pierna, pero esta vez mantén los ojos abiertos. Mira a un punto lo suficientemente cerca y luego sigue ampliando la mirada progresivamente hacia la distancia. A continuación, mientras mantienes el control de la concentración y el equilibrio, vuelve a acercar la vista a un punto cercano. Este tipo de entrenamiento vestibular, que incorpora información visual variable, ayuda a coordinar el cerebelo (el pequeño cerebro de la parte posterior de la cabeza), los canales semicirculares y los ojos para mejorar el sentido del equilibrio.

Podemos pensar en el equilibrio en términos de quietud y aplomo, pero rara vez es así. De hecho, la mayor parte del día a día consiste en ser dinámico, desde caminar hasta correr o esquivar con agilidad un charco antes de que lo atraviese un coche. Así que, si quieres mejorar tus habilidades de equilibrio durante unos minutos al día, adopta una postura estática con una sola pierna y varía tu campo de visión al mismo tiempo. Incluso puedes aumentar el nivel de dificultad haciendo ligeros cambios en tu postura corporal.

El mareo simplificado

Con los ojos abiertos, mueve la cabeza muy lentamente hacia la derecha. A continuación, repite el movimiento, pero hazlo rápidamente. Es posible que hayas notado que es más incómodo mover la cabeza lentamente, y, esto se debe a que los guijarros dentro del *hula-hoop* no toman suficiente impulso para moverse, sino que los ojos tienen que saltar de una posición a otra a medida que mueves la cabeza. Como resultado, moverse a paso de tortuga puede ser perjudicial para el equilibrio y la vista.

Cuando se trata de explicar por qué sientes náuseas viajando por mar, piensa en esos pequeños movimientos magnificados. A medida que la embarcación se balancea lentamente sobre una ola tras otra, los guijarros en tus oídos hacen lo mismo, pero las cosas cerca de ti, (por ejemplo, herramientas y muebles) parecen estáticas a tus ojos. Como resultado, se produce una discrepancia entre los datos visuales y los del equilibrio, y empiezas a desear que la muerte fuera una opción ante el tipo de náuseas que experimentas.

¿Oyes ese ruido?

Los oídos a veces son tan desagradables que incluso pueden llevar a una pobre persona al borde de la locura, creando ruidos inexistentes. Un ejemplo muy común es el tinnitus. Este suele percibirse como un zumbido interno, un silbido o un pitido en los oídos.

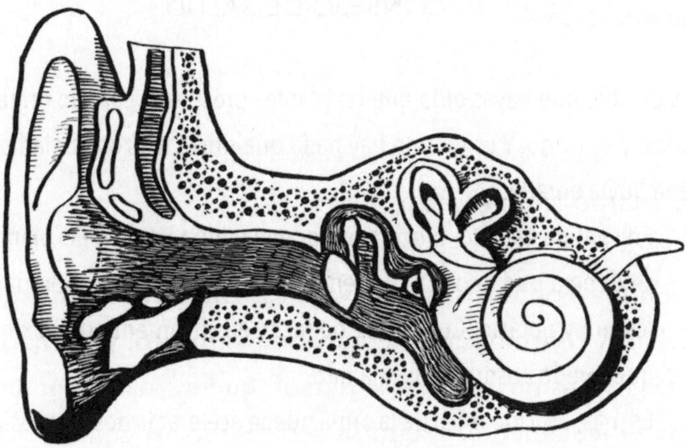

Las causas del tinnitus siguen siendo un tanto misteriosas, y es un reflejo de la complejidad en la relación entre el cerebro y la audición, pero puede ser una intrusión constante generada internamente. El tinnitus no es dañino físicamente por sí solo, pero puede estar asociado a una afección subyacente, como un traumatismo craneal, la pérdida de audición relacionada con la edad o incluso la acumulación de cera. Sin embargo, desde el punto de vista psicológico, esta afección puede tener consecuencias especialmente insidiosas para la salud. No es de extrañar que un ruido persistente y fuerte, pero en realidad inexistente, provoque estrés, falta de sueño, dificultad para concentrarse, irritabilidad e incluso ansiedad.

CONSEJO DE SALUD

Es posible que hayas oído que las plantas prosperan cuando orinas sobre ellas, y es cierto. Y es que no hay nada que guste más a los gladiolos que una lluvia dorada.

* En sentido estricto, procura orinar en la tierra y no en las plantas. Esto se debe a que la orina contiene una buena proporción de nitrógeno, fósforo y potasio. Cuando se riega, es efectivamente un elixir de vida que puede absorberse en la raíz.
* Es más, el ácido úrico de la orina puede acelerar la descomposición del compost. Desde este punto de vista, es un recurso valioso para cada rincón de tu jardín, y uno que deberías utilizar como recurso gratuito para ayudarlo a prosperar.

8. MANTÉN LA RESPIRACIÓN

LA TORTURA DEL OLOR

El diseño de tu nariz es un desastre, y, como cualquier tubería, se obstruye, gotea y hay que limpiarla a menudo. También sangra, expulsa chorros explosivos de aire mezclado con gotas, y en su interior crecen mechones de pelo. El cerebro odia tanto la nariz hasta el punto de engañarnos haciéndonos creer que no la tenemos. Es lo que se conoce como ceguera atencional: no percibir algo que está literalmente frente a nuestros ojos. Ahora que lo he mencionado, probablemente no podrás evitar ver tu nariz. ¿Siempre ha estado ahí?

Tanto si te avergüenza el aparato olfativo que sobresale en tu cara como si lo consideras tu rasgo de orgullo, esta herramienta moldea tu memoria, tu aprendizaje, tu vida y tus relaciones como ninguna otra.

La nariz suele quedar relegada a la innoble tarea de sostener las gafas o como conducto para la ingesta de sustancias ilícitas y medicamentos. A pesar de tal falta de respeto, tiene una gran responsabilidad, desde la respiración hasta el olfato y el gusto, pasando por el habla y la producción de vocales y consonantes nasales. Junto con las trompas de Eustaquio, la nariz desempeña un papel vital para mantener en equilibrio la presión a ambos lados de los tímpanos. También tiene una abertura secreta para drenar el exceso de lágrimas, a través de los conductos nasolagrimales, que es la razón por la que tenemos secreción nasal cuando lloramos. Por último, si eres un niño, la nariz también ofrece un espacio adicional para poner cosas; aunque no está diseñada para este fin, por supuesto. Como médico, he perdido la cuenta de las veces que he tenido que extraer pequeños objetos de este orificio de doble tubo.

Como puerta de entrada al reino vital de la respiración, la nariz tiene mucho que hacer. Cuando no está estornudando o manteniendo despiertos a sus seres queridos cuando ronca, te ayuda a inhalar oxígeno en hasta 9 litros de aire por minuto. Al mismo tiempo, purifica cada entrada de aire produciendo abundante mucosidad para filtrar sustancias nocivas y enemigos microscópicos. La nariz es el Amazonas poco conocido de nuestra anatomía y, al igual que con esa preciosa selva tropical, no nos damos cuenta del papel vital que desempeña en nuestra existencia.

Aguileña, ganchuda, puntiaguda, hacia arriba...

Como el rasgo físico más distintivo del rostro, la nariz se cobra su dulce venganza por esta falta de respeto sufrida, condicionando sin piedad la autoestima, la confianza y la imagen personal de millones de personas en todo el mundo. Esta obsesión por la nariz es música para los oídos de los cirujanos plásticos y otorrinolaringólogos, que realizan costosas rinoplastias (operaciones de nariz) a los pacientes con la esperanza de que mejore su calidad de vida.

Quizá te sorprenda saber que las rinoplastias no son una moda nueva y pasajera. Los orígenes de este procedimiento se remontan a la India, en el siglo VI a. C. Allí, cuando el médico ayurvédico Sushruta llevó a cabo un rudimentario intento de cirugía reconstructiva para ayudar a las personas a las que se les había cortado la nariz como castigo por actos criminales.

Su trabajo estaba tan adelantado a su tiempo que el procedimiento permaneció en desuso durante muchos siglos, y fue reemplazado por máscaras especiales para ocultar las «colillas» de la nariz, lo que fue realmente útil en la Europa del siglo XVI, cuando la sífilis atacó y pudrió tales apéndices. No fue hasta finales del siglo XIX cuando el otorrinolaringólogo estadounidense John Roe reintrodujo la rinoplastia como procedimiento estético para mejorar la apariencia de una nariz perfectamente normal.

Nariz versus boca

Aunque la nariz, las fosas nasales y la cavidad nasal son estructuras clave para facilitar nuestras hazañas respiratorias, hay otro contendiente para este puesto: la boca. En la batalla entre los dos agujeros de la cara, sin embargo, solo hay un claro ganador por varias razones.

Cuando no está pluriempleada como aparato respiratorio, la boca tiene otra ocupación: su función principal es comer y beber. Cuando asume la tarea adicional de respirar, puede estallar el caos en forma de asfixia. Además, la nariz tiene la prodigiosa capacidad de humidificar el aire entrante, filtrarlo e incluso calentarlo antes de que llegue a los pulmones. La boca tiene una capacidad limitada en todos estos aspectos, y aunque se podría sobrevivir respirando de esta manera, a los pulmones no les encantaría.

Quizá la consideración más importante, al final del día, es que nadie quiere respirar por la boca. Además del estigma social, es un hábito que desencadena toda una serie de consecuencias que pueden, con el tiempo, alterar la forma del rostro en un sentido peyorativo. En primer lugar, obliga a los músculos de las mejillas a trabajar más, lo que aumenta la presión sobre los maxilares superior e inferior.

Con el tiempo, esto puede estrechar la forma de la cara y las arcadas dentales. Esto significa que hay menos espacio en la boca para la lengua que, en lugar de su posición de apoyo natural contra el paladar, descansa en la parte inferior. Esto puede ser especialmente preocupante en los niños, porque la lengua que descansa en la parte inferior de la boca dificulta el desarrollo de la fascia central de la cara. Esto significa que algunos niños que respiran por la boca de forma crónica pueden terminar teniendo la cara más larga y estrecha, e incluso problemas respiratorios e infecciones.

Tiempo compartido

La nariz y sus estructuras accesorias son los canales de entrada y salida de los pulmones. Así que sí, son más importantes de lo esperado, pero lo que me parece decepcionante es el hecho de que los canales son un solo conducto. Esto significa que no podemos tener un suministro constante de aire. En lugar de eso, nos vemos obligados a usar nuestras fosas nasales como una propiedad compartida en momentos alternos por las fuerzas de inspiración y espiración. ¿No sería más razonable un sistema unidireccional como el sistema digestivo para evitar la acumulación de suciedad? Por otra parte, no sería sensato imaginar la vulgaridad que se produciría si el tubo digestivo compartiera una sola vía de entrada y salida.

También es necesario detenerse un momento en la posición y estructura de la nariz. Una característica particular, que superficialmente parecería ser un resultado mediocre, es el hecho de que sobresale de la cara, lo que la expone a peligros de todo tipo, desde caídas de bruces hasta golpes en la nariz. Por no hablar del frágil sistema de soporte del cartílago que se utiliza para conectarlo al cráneo. Si la nariz es atacada, voluntariamente por los dedos o por objetos extraños que vuelan alrededor, es susceptible de sufrir fugas en forma de hemorragias. Afortunadamente, es posible intervenir en la anatomía para cerrar el grifo, o al menos reducir el flujo.

Cuando era pequeño, nunca me hice amigo de ningún niño al que viera hurgarse la nariz o comerse su horripilante contenido. Después de todo, no me consideraba un monstruo. Mi relación con la nariz se hizo aún más particular durante un viaje familiar a Florencia a la edad de once años.

Era un caluroso día, tenía un helado en la mano, y sin previo aviso, mis fosas nasales empezaron a gotear. Al mirar hacia abajo, descubrí que no era jarabe de fresa lo que manchaba mi bola de vainilla, sino mi propia sangre. Había tenido una fuga, una hemorragia nasal repentina, y el mero hecho de que recuerde este pequeño incidente con tanta claridad dice mucho de lo aterrador que es este apéndice (me doy cuenta que no querría escuchar esto de un cirujano, por eso me especializo en cirugía gastroenterológica).

SÁLVATE A TI MISMO

La forma más sencilla de detener una hemorragia es taparse la nariz pellizcándola con los dedos, sentarse erguido e inclinar la cabeza ligeramente hacia delante para evitar que la sangre corra por la garganta. Esto contrasta totalmente con el mito urbano, tan citado, de que hay que inclinar la cabeza hacia atrás, lo que no ayuda a detener el flujo sanguíneo y, además, puede provocar asfixia al filtrarse la sangre al esófago (la sangre es un excelente laxante, por lo que puede ir acompañada de heces blandas horas después). Al apretar la zona blanda que forma la parte delantera de la nariz, conocida como área de Little o plexo de Kiesselbach, entre nuestros dedos, ejercemos presión sobre las arterias que probablemente están causando el sangrado.

Si sigues goteando a pesar de aplicar esta presión, puedes enrollar un pequeño trozo de tejido e insertarlo entre la encía y el labio superior; esto ejerce más presión sobre los vasos sanguíneos que irrigan la nariz. Si esto tampoco funciona, nunca puedes equivocarte con un poco de hielo; cuando se envuelve en un trapo y se coloca contra las fosas nasales sangrantes, los vasos sanguíneos deberían constreñirse y estrecharse para detener los chorros.

En ocasiones, si la nariz se irrita o se ve invadida por cuerpos extraños, incluso tan aparentemente inofensivos como el polen, la nariz puede entrar en pánico innecesariamente. Produce más mucosidad de lo normal, lo que provoca una «secreción nasal» o, lo que es igual de desconcertante, una «congestión nasal», como si bloquear todas las salidas con el intruso atrapado aún dentro pudiera resolver la situación.

El jardinero nasal

Un dedo en la fosa nasal no solo corre el riesgo de causar daños en la mucosa, sino que también puede atrapar los preciados pelos de la nariz y arrancarlos. Si bien es posible que experimentes cierta satisfacción orgásmica al arrancar una de estas malas hierbas nasales, el problema es que: podría matarte.

El problema de ser tu propio jardinero nasal es que es probable que desconozcas las distintas variedades. Las más pequeñas se llaman cilios y transportan la mucosidad a la parte posterior de la garganta para que te la tragues… Suena apetitoso, ¿no? Las más grandes y valientes, que asoman la cabeza, se llaman vibrisas y sirven como guardianes para disuadir a los invitados no deseados. Si arrancas un pelo de raíz, se abre una pequeña abertura que puede permitir a los microbios entrar en tus entrañas y provocar una infección. Lo mismo ocurre cuando te sale un grano o te haces un *piercing*. Y una infección cerca de la nariz tiene un pequeño porcentaje de riesgo de extenderse desde la cara hasta el cerebro (que no está muy lejos), ya que se encuentra en el llamado «triángulo de peligro». Esta zona se extiende desde el puente de la nariz hasta las comisuras de la boca y tiene una conexión directa con el cerebro gracias al seno cavernoso: una red de venas situada detrás de las cuencas de los ojos que ayuda a drenar la sangre del cerebro.

Ahora, probablemente NO vas a morir por reventarte una espinilla, pero si hablamos de tecnicismos, es posible. En casos extremadamente raros, una infección en esta área puede provocar una «trombosis séptica del seno cavernoso»: un coágulo de sangre infectado en el seno cavernoso, que puede causar problemas de salud, desde un absceso cerebral hasta daños en el nervio facial o incluso un accidente cerebrovascular.

Abajo el descongestionante

Si a veces tienes la nariz taponada, la ciencia tiene algunos trucos para ti. Los descongestionantes nasales contienen una sustancia química vasoconstrictora que estrecha los vasos sanguíneos para reducir el flujo sanguíneo, lo que funciona de forma opuesta al Viagra (que aumenta el flujo sanguíneo al tejido eréctil).

Puede parecer una comparación aleatoria, pero para algunos amantes el acto del coito desencadena una congestión nasal, conocida como rinitis de luna de miel.

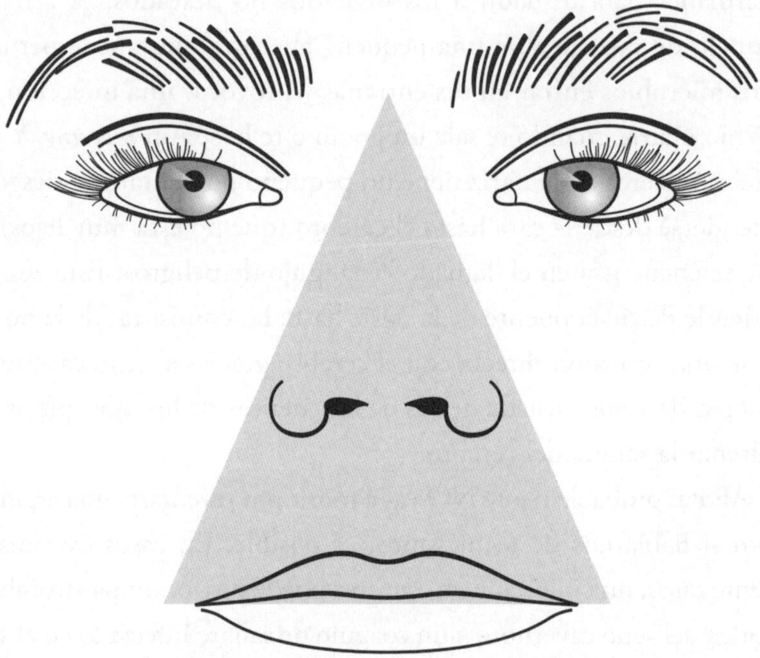

El triángulo del peligro

Si prefieres no utilizar productos químicos para despejar una nariz obstruida, puedes cubrirte la cabeza con una toalla e inhalar suavemente el vapor de un cuenco de agua tibia (pero no hirviendo), o utilizar un irrigador nasal, que a veces se llama *neti pot*. Una advertencia que daré con estas herramientas de irrigación sería evitar el uso de agua fría del grifo para evitar el riesgo de que los patógenos entren en el sistema circulatorio naso-cerebral. Se han dado casos de *naegleria fowleri* (una ameba que se come el cerebro) que ha entrado por la nariz, así que descongestiona con cuidado.

SÁLVATE A TI MISMO

Puede que las farmacias estén repletas de productos descongestionantes, pero siempre puedes optar por una alternativa casera mucho más segura: la menta. Su ingrediente activo es el mentol, que actúa como descongestionante nasal natural.

De lo contrario, para respirar mejor, siempre puedes aprovechar la curiosa anatomía de la nariz. Presiona la lengua contra el paladar mientras presionas con los dedos en el entrecejo durante 20 segundos. La aplicación de una presión suave en ambas áreas al mismo tiempo moviliza el hueso vómer, el hueso que divide las dos cavidades nasales. Este movimiento reduce la congestión y permite que los senos paranasales drenen.

¿Por qué gotea la nariz?

Tu nariz nunca está satisfecha. Como si la nariz taponada no fuera suficiente molestia, le gusta irse al extremo opuesto y gotear; estamos hablando de la diarrea nasal, que formalmente se conoce como rinorrea.

Los torrentes salinos que bajan por los agujeros de la nariz y llegan a mojar el labio superior pueden ser desagradables, pero sucede por una razón válida. En climas fríos, sin esta hidratación adicional producida por la secreción nasal, los conductos se secarían y se convertirían en caldos de cultivo para la irritación y los depredadores hostiles microscópicos. En cierto modo, oler y limpiarse en las mangas constantemente es un pequeño precio que hay que pagar.

El goteo nasal también puede producirse cuando los agentes patógenos se han colado a través de la barrera mucosa, y, en respuesta, en un intento de proteger el organismo, el sistema inmunitario se activa y libera citocinas, que instruyen a las células de la nariz para que produzcan más mucosidad para eliminar a estas pequeñas y peligrosas criaturas. Como resultado, la fábrica de mocos se pone a producir a toda máquina, llenando la cavidad nasal de un exceso de líquido que posteriormente busca una salida.

Dar sentido a la mucosidad

A pesar de toda la prensa negativa que recibe el moco, en realidad es un jugo corporal polivalente. No solo actúa como primera línea de defensa contra un ejército de invasores externos; entre sus muchas funciones, lejos de la nariz (espero), la mucosidad sirve para mantener unidos los espermatozoides y hacer fluir el movimiento de las heces, reduciendo la fricción; en pocas palabras, los mocos son el lubricante de la vida. Cuando nos enfermamos, la producción de mucosidad aumenta, por lo que los invasores quedan atrapados en animación suspendida, así que realmente deberíamos ser más amables con nuestra nariz cuando se tapa o gotea.

Al examinar los mocos de la nariz se pueden descubrir muchas cosas. Para aquellos que tienden a admirar los productos de su cuerpo, deben saber que no son un bicho raro, simplemente, están controlando su salud. Generalmente, la mucosidad de la nariz es transparente, un tinte amarillo es indicio de una infección latente que tu cuerpo está combatiendo, mientras que el verde ofrece una sugerencia de una infección bacteriana que está ganando por el momento la batalla contra tu salud.

El moco es un aliado y, sin embargo, a veces puede transportar pasajeros ilegales malintencionados, las mismas criaturas que el cuerpo intenta destruir. En su afán por propagarse, los virus pueden viajar junto con la mucosidad y propagarse cuando estornudamos sin taparnos la nariz, o cuando empujamos un carrito del supermercado cuyo mango ha sido manipulado previamente por un niño mocoso. Tanto si sirven para protegernos como para matarnos, la mucosidad es parte de la vida, y una buena higiene es la forma más segura de aumentar significativamente las probabilidades a nuestro favor.

Relevo nasal

La obstrucción nasal no solo se produce cuando estamos enfermos o si las mucosas se inflaman. Están parcialmente taponadas todo el tiempo y, sin embargo, esto no nos parece un problema hasta que nos enfermamos. Es natural respirar más por una fosa nasal dominante durante la mayor parte del día. Para hacer el trabajo pesado, las fosas nasales se turnan cada dos horas. Es un sistema llamado ciclo nasal. Para lograr esta alternancia, el cuerpo hincha las membranas mucosas de una de las dos fosas nasales, que contienen el mismo tejido eréctil que las partes inferiores masculinas, con sangre. Esto, una vez inflado, provoca congestión en la fosa nasal durante horas, después de las cuales se invierten. Sí, tenemos erecciones nasales. Pero ¿por qué el cuerpo hace esto? Bueno, el proceso de congestión ayuda a retener agua y humidificar el aire que respiramos. También protege el delicado revestimiento interior de las fosas nasales. Es un sistema eficaz para preservar la buena salud nasal y una alta calidad del aire inhalado, y, sin embargo, es solo cuando no estamos bien, o tenemos una alergia y una fosa nasal está obstruida, que el ciclo de alternancia se vuelve evidente y problemático.

Desagüe de desborde

Para mantener un poco bajo control el sistema de ventilación facial, tenemos una variedad de conductos secretos en el cráneo. Los senos paranasales a menudo no son amigables con los humanos, y su mera descripción por sí sola suena ridícula: ¿cavidades en la cabeza llenas de mocos para atrapar patógenos? ¿Es eso lo mejor que pudo hacer la madre naturaleza? Es evidente que los senos paranasales hacen algún trabajo, pero solo nos damos cuenta de su diabólica existencia cuando de repente muestran una disfunción; lo que sucede a menudo. A veces, los senos paranasales nos hacen la vida tan miserable que necesitamos cirugía para mantenerlos a raya… Y esto implica perforar agujeros en el cráneo con un taladro.

Para ilustrar la idiotez de tales estructuras, cuando nos mantenemos erguidos, el seno maxilar situado detrás de las mejillas drena hacia arriba. Quiero decir que ¿quién diseñaría un sistema en el que el líquido saliera por el extremo superior de los tubos contrarrestando la fuerza de la gravedad universal? Se podría pensar que esto se puede rectificar inclinándose hacia delante como una tetera y vaciando los senos paranasales de mucosidad, pero, por supuesto, aquí es donde el sistema cavernoso de senos paranasales se vuelve complejo: lo que sale de un seno paranasal entra en otro, como por ejemplo sucede con los senos etmoidales y frontales. Así que, sea cual sea la posición que tomes, siempre acabarás llenando de mocos otro pecho. Mi consejo es que la próxima vez que tengas un resfriado, no te compadezcas; en cambio, enfádate. Está bien que te enfades cuando sientes la mucosidad invadiendo cada orificio de tu rostro. Tus senos paranasales están muy atascados, y el orificio de drenaje parece depender de desafiar la gravedad para funcionar. En serio, este sistema nunca ganará ningún premio.

Para compensar, sin embargo, debo reconocer una cosa: el objetivo es que los senos nunca se vacíen por completo. Esto se debe a que el objetivo principal es suministrar a la cavidad nasal un suministro constante de moco rico en antibióticos para proteger al organismo de los microbios, el polvo y los contaminantes del aire. Sigo pensando que el sistema debería replantearse, pero tal vez el hecho de que los orificios de drenaje estén en la parte superior en lugar de en la parte inferior sea en realidad algo bueno.

De lo contrario, toda la mucosidad acabaría en la cavidad bucal, ya que la base del seno maxilar se encuentra justo detrás y debajo de la nariz, por encima del paladar duro en la parte superior de la boca. Sería un desastre constante y una situación socialmente incómoda.

Afortunadamente, para contrarrestar los efectos de la gravedad, el cuerpo cuenta con un pequeño grupo de trabajadores secretos, ingeniosos y muy trabajadores, llamados cilios vibrálicos. Se trata de pequeños pelos que desplazan la mucosidad hacia los canales de drenaje correctos. Es decir, el orificio de la pared superior del seno actúa como un rebosadero, igual que el de las bañeras y lavabos, para evitar inundaciones catastróficas. De hecho, si los orificios de las paredes de los senos paranasales estuvieran situados en el extremo inferior, no solo se produciría un vaciado más rápido, sino que las paredes internas se secarían y tendería a obstruirse por los restos de mucosidad. Desde este punto de vista, incluso se podría decir que el orificio de rebose superior es un signo de inteligencia superfina.

Como estructura, la nariz y el sistema hidráulico conectado son increíbles. Lo que podrían parecer defectos siempre parecen existir por una razón, y contribuyen a hacer de esta parte del cuerpo una de las más curiosas. Hay tantos componentes en el sistema nasal que realizan numerosas funciones que parecen estar en conflicto entre sí. Y así, si bien los senos paranasales son excelentes conductos para la mucosidad, también contribuyen a una actividad de la nariz que es esencial y, sin embargo, a veces nos hace querer vomitar. Es decir, el sentido del olfato.

La prueba del olfato

Al entrar en casa de alguien, sabemos inmediatamente si alguien está horneando un pastel, asando carne o se acaba de tirar un pedo pensando por error que estaba solo. El sentido del olfato es algo más que un efecto secundario de la respiración, es tan preciso como permitirte oler el aroma terroso de la tierra después de una fuerte lluvia, conocido como petricor, así como el aroma de la hierba recién cortada en un día de verano. Pura magia.

Los anatomistas, los filósofos de antaño y los primeros hombres de ciencia no estaban muy entusiasmados con esta protuberancia «portadora de gafas» en el centro de la cara. El sentido del olfato a menudo tenía connotaciones un tanto animales: por un lado, cerdos que hundían la nariz en el suelo en busca de trufas o sabuesos que rastreaban ferozmente una huella, y por otro lado, seres humanos superiores, erguidos y bípedos, con la nariz, literalmente, lejos del suelo. Este desdén por la nariz y el sentido del olfato llegó hasta tal punto que incluso Paul Broca, un neurocientífico del siglo XIX, estaba convencido de que el bulbo olfatorio (es decir, las neuronas receptoras olfativas) era tan pequeño porque el cerebro no dependía de ese sentido. A la luz de esto, eruditos famosos relegaron el sentido del olfato y su órgano parental, la nariz, a rango de apéndice vestigial: una herramienta práctica para nuestros antepasados prehistóricos, pero ahora inútil.

El olor invisible

Nuestros sentidos de la vista y el del oído dependen de receptores que detectan las ondas de luz y sonido, respectivamente. No son cosas tangibles, no se puede tocar la vista ni el oído, y aquí es donde entra en juego el sentido del olfato.

Esencialmente, hay un elemento químico detrás de cada aroma, que es lo que pueden detectar nuestros receptores olfativos. Algunas narices simplemente no están sintonizadas para captar el olor de las rosas o de los kebabs. Muchas criaturas producen olores (aparte de los pedos) que son muy poco conocidos, pero indicadores importantes del estado de ánimo (por ejemplo, miedo o emoción), la condición hormonal e incluso la salud en general: estos olores son las feromonas. La existencia o no de feromonas en los seres humanos es controvertida. Lo que es innegable es que segregamos diversas sustancias químicas en las lágrimas, el sudor e incluso el aliento y estas sustancias pueden influir en la biología de los demás, y no me refiero solo al aliento acre y demoníaco matutino, que viene directamente del noveno círculo del infierno. Es sobre todo un proceso discreto, fuera de nuestro control, pero a veces es agradable pensar en emitir vibraciones fragantes que, inconscientemente, pueden tocar las cuerdas correctas en otras personas. Tal vez, una quimera.

¿Cómo funciona el sentido del olfato?

El ser humano ha intentado por todos los medios vencer al olor y crear una sociedad desodorizada. Nos hemos convertido en animales que no quieren desprender el olor de animal y le declaramos la guerra al mal aliento, al olor corporal, al olor a pies apestosos y al sudor. Antes de la llegada del microscopio, incluso alegábamos las enfermedades y la peste a los olores desagradables, también conocidos como miasmas. De hecho, tenemos todo un léxico dedicado a ridiculizar el olor: hedor, tufo, peste, fétido, pestilencia, apestoso, hediondez y así sucesivamente.

Los olores están arraigados en nuestra neurología y gracias a ello podemos contar con algunos prejuicios que salvan vidas: los malos olores suelen sugerir peligro, por lo que toman un atajo a través del centro de procesamiento del miedo en nuestro cerebro, la amígdala, una sala de control emocional primordial y animal, sin filtro y lleno de miedo. Los olores buenos o neutros se asocian con habilidades de pensamiento superiores y matices más sofisticados, y se procesan en la corteza, la capa más externa del cerebro, donde se pueden apreciar.

Huele la habitación en la que te encuentras, pero sin que sea muy obvio. Fácil, ¿verdad? En realidad, oler es un proceso neurológico sorprendentemente complejo. Tenemos neuronas olfativas en la cavidad nasal, específicas según diferentes olores, que detectan las partículas liberadas en el aire por los objetos. Estas transmiten la información a través de largas fibras nerviosas que atraviesan el cráneo hasta el cerebro, que la procesa y le da sentido.

Lo que es realmente sorprendente es que este sistema flexible se regenera completamente cada seis semanas, desechando las neuronas olfativas viejas, creando otras nuevas desde cero y luego reconectándolas con el tejido cerebral. Sin embargo, a veces este proceso puede fallar, ya sea temporal o permanentemente, y la consecuencia es la incapacidad de oler olores, conocida como anosmia.

Guiados por la nariz

A pesar de las complejidades, nuestro sentido del olfato sigue siendo algo limitado en comparación con otras criaturas. De vez en cuando podemos oler algo a gran distancia, pero como navegante no vale mucho y es víctima con demasiada facilidad de alergias, resfriados e infecciones que lo dejan fuera de combate. Comparado con las virtudes del oído y la vista, el olfato es uno de los sentidos peor valorados. Es el niño al que eligen el último en los juegos del patio del colegio, y del que la gente se olvida. Solo durante la pandemia de COVID-19, cuando la gente sufría la curiosa enfermedad de la anosmia, nos dimos cuenta de que un mundo sin olores no es en absoluto lo mismo. Hablamos de un sentido capaz de influir en nuestro estado de ánimo e influir en las decisiones. Piensa en esos agentes inmobiliarios astutos que saturan las habitaciones y las casas con el aroma de galletas recién horneadas para que sueltes tu dinero; potencialmente, puede ser un error muy caro.

Demasiado de algo no siempre es bueno

Tenemos un olfato capaz de distinguir una gran variedad de olores y, sin embargo, es sorprendentemente fácil de engañarlo. Por ejemplo, en los excrementos humanos hay algunos compuestos con una fragancia deliciosa, como el escatol. El escatol contribuye significativamente al olor de la caca, y sin embargo, en bajas concentraciones se pueden encontrar las mismas notas florales en flores como las rosas. Incluso se utiliza en perfumería, sé que te arrepentirás de haber leído esta frase si ahora quieres echarte un poco de agua de colonia detrás de las orejas.

El indol es otro compuesto que se encuentra en la caca. También evoca el olor de la muerte, la descomposición y el sexo: un olor carnal, primordial, similar al de los genitales. Así que es natural que los perfumistas suelan añadirlo a sus productos. Al igual que el escatol, la clave para asegurarse que el aroma no te haga llorar, sino que sugiera algo místico y sofisticado, está en la concentración. Y es que, en dosis muy pequeñas, el cerebro interpreta estos compuestos como algo deseable. ¿Cómo puede la naturaleza torturar nuestra ya confundida nariz de tal manera? La respuesta sigue siendo un misterio de la ciencia. Puede ser que cuando estas sustancias químicas, cuando entran en la nariz en altas concentraciones, se unen a una amplia gama de receptores olfativos y los abruman. No son solo las altas concentraciones de componentes de la caca las que desencadenan tal reacción, a menudo, cualquier olor intenso puede parecer excesivo, lo que no hace sino reforzar el hecho de que tu delicada nariz es una flor muy especial.

SÁLVATE A TI MISMO

Se puede perder el sentido del olfato por todo tipo de razones. Lo más frecuente es que se trate de una medida temporal causada por una infección viral como el COVID. Los resfriados comunes también pueden hacer que las membranas mucosas de la fosa nasal se irriten o bloqueen, al igual que algunos medicamentos y antihistamínicos. En ocasiones, la pérdida del sentido del olfato puede ser un marcador subyacente de hipertensión arterial o de algunas enfermedades, por lo que siempre vale la pena consultarlo con tu médico de cabecera.

Del mismo modo que vas al gimnasio para mejorar tu fuerza, puedes ejercitar tu nariz. Si has perdido el sentido del olfato y necesitas rehabilitación, puede ser muy beneficioso, pero ten en cuenta que no es divertido. De hecho, es tedioso, pero es el precio que hay que pagar si quieres recuperar el olfato. Básicamente, consiste en aspirar aromas y esencias potentes varias veces al día. Es posible que tengas que persistir en ello durante semanas e incluso meses para reconectar, reentrenar e incluso restaurar el sistema olfativo dañado.

Empieza con algunas fragancias potentes que evoquen un estado de ánimo o recuerdos concretos. Puede ser tu perfume favorito, un champú o el aroma de los granos de café. La clave está en oler cada fragancia durante un máximo de 30 segundos, con inhalaciones que no sean profundas sino cortas y decisivas, a la vez que te concentras en una imagen mental de la última vez que la oliste. El objetivo es ayudar a reconectar o reforzar las líneas de comunicación entre el cerebro y el sistema olfativo. Efectivamente, el sentido del olfato, de hecho, ayuda a estimular y también a mejorar la renovación de las células nerviosas especializadas que pueden restaurar el sentido del olfato.

Olores y recuerdos

La estructura sensorial clave de la nariz es el bulbo olfatorio. Situado un par de centímetros por encima del paladar, es un conjunto de neuronas que se extienden desde el cerebro hasta el revestimiento mucoso de la nariz. Físicamente, las neuronas tienen «pelos» o pequeños sensores denominados extensiones dendríticas que procesan el olor dentro de la mucosa y reaccionan a diferentes aromas.

Lo extrañamente maravilloso (aunque a veces no tanto) es la asociación entre olfato y memoria. Estas neuronas olfativas penetran en el cerebro como las malas hierbas y, de hecho, se ramifican siguiendo diferentes caminos. Una de las vías ayuda a producir una reacción instintiva al olor, que está bien fundamentada por razones de supervivencia. Quizá ayudó a nuestros predecesores a recordar dónde estaba una fuente de alimento o una zona de peligro. Un ejemplo serían las neuronas que responden al olor del humo; se trata de una función adaptativa para ayudarnos a detectar algo que se está quemando, porque obviamente eso implica un peligro.

Algunos olores se asocian con el apetito y el hambre. En la mayoría de los casos, y sobre todo si tenemos hambre, el aroma de un bizcocho recién horneado evocará deseo y nos empujará a dejar lo que estamos haciendo para ir a por un trozo. Una vez más, se trata de una vía innata que no requiere aprendizaje, es algo que ya está inscrito en nuestro *software* para ayudarnos a sobrevivir de alguna manera.

SÁLVATE A TI MISMO

Si se hace correctamente, el simple acto de oler puede mejorar la función cognitiva y, por tanto, también la memoria y el aprendizaje. Todo se reduce a inhalar y respirar por la nariz en lugar de por la boca, lo que tiene consecuencias en el cerebro, así como en la estructura de la cara y la mandíbula. A diferencia de cuando exhalamos, cada vez que inhalamos el aumento de la frecuencia cardiaca mejora la atención y el estado de alerta, y enviamos bocanadas de sustancias químicas a nuestros receptores para que detecten su entorno. Por lo tanto, el acto de inspirar se convierte en la señal para hacer que el resto del cuerpo esté en alerta. En resumen, el cerebro se despierta. No hay instrucciones precisas para la inhalación, pero tal vez variar la intensidad y la duración (por ejemplo, una pequeña serie de inhalaciones más cortas e intensas) puede proporcionar una mejora modesta en los períodos de aprendizaje o concentración.

Más allá del olfato

Lo más probable es que no sepas que tenemos cuatro orificios nasales en lugar de dos. Supongo que nadie (excepto yo) te ha hablado nunca de las dos fosas nasales internas, que se encuentran en el fondo de la cavidad nasal, cerca de la garganta. Una vez que hayas superado la sensación de ser un bicho raro, la buena noticia es que estas fosas nasales secretas se pueden usar para aumentar tu sentido del gusto. Así es, del gusto, porque lo cierto es que el gusto no se reduce a la lengua. Incluso sin ella, seríamos capaces de saborear lo que comemos, porque el sentido del olfato es responsable del 80 % de la percepción de los sabores.

Al masticar los alimentos, las moléculas transportadas por el aire circulan en la boca, y algunas de ellas pasan a través de lo que es básicamente la puerta trasera de la nariz. A partir de ahí, el cerebro procesa los olores de lo que estamos comiendo. Puedes acentuar el sabor, manteniendo la comida en la boca un poco más de tiempo y respirando por la nariz para que los aromas se filtren por estas fosas nasales internas. De hecho, podríamos convertirnos en sumiller.

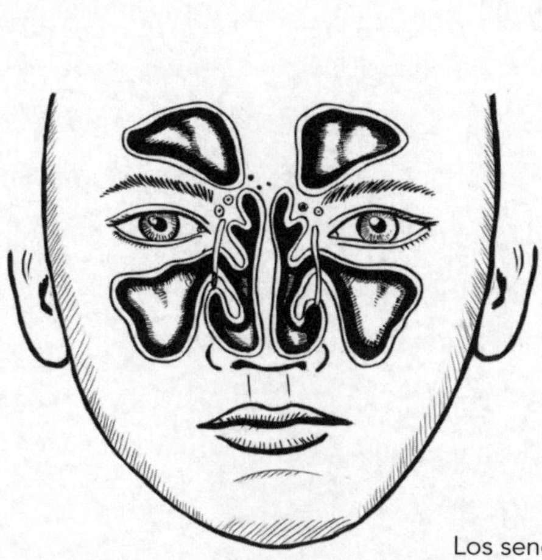

Los senos paranasales

CONSEJO DE SALUD

Una forma sencilla de comprobar que estás correctamente hidratado es comprobar que la orina es de color amarillo pajizo o incluso transparente. Otra, aún más rápida, y que no implica ir al baño, es pellizcar la piel sobre una de las articulaciones de los dedos durante aproximadamente un segundo.

Es lo que se denomina el test de la turgencia cutánea: cuanto más hidratados estemos, más elástica será la piel, es decir, recuperará rápidamente su forma anterior.

Si tarda un poco, sería prudente beber un vaso de agua para reponer los líquidos.

9. UN BOCADO AMARGO

TODO ES CUESTIÓN DE GUSTOS

Después del subestimado poder de la nariz, pasemos al injustamente elogiado sentido del gusto. Por supuesto, enriquece nuestras vidas, pero para funcionar se apoya en las muletas del olfato, la contribución visual de los ojos y a veces incluso se ve influenciado por los sonidos. Pretende ser un crítico gastronómico culto cuando en realidad comprueba en secreto lo que piensan los demás.

El gusto ha hecho un gran trabajo al hacernos ver que es un sentido invaluable, pero no hace mucho para protegernos, a diferencia de la vista, el olfato y el oído. Sabemos que debemos huir de un león si lo oímos o lo vemos, pero si se trata de un veneno, que representa un tipo de amenaza diferente, el gusto exige que nos lo llevemos a la boca para detectar si nos va a matar. Como herramienta de supervivencia, tal defecto debería señalizarse con una de esas pegatinas amarillas con el siguiente texto en mayúsculas: todas las cosas son comestibles, pero algunas solo lo son una vez.

Zonas gustativas

A medida que amplié mis conocimientos de medicina, primero como estudiante y luego como médico, me di cuenta de que una gran parte de los conocimientos de biología que aprendí en la escuela eran, en el mejor de los casos, incompletos; en resumen, era una maldita mentira.

Uno de los mitos apócrifos que me hicieron creer era que la lengua tiene diferentes zonas gustativas. Recuerdo perfectamente que en mi libro antiguo de biología había un dibujo de una lengua dividida en varias zonas: el dulce por delante, el amargo por detrás, el ácido por los lados y el salado siempre por los lados pero hacia la punta. Este mito se vio reforzado por un experimento simplista en el que colocamos alimentos ricos en estos diferentes sabores en esas zonas específicas de la lengua. Sin embargo, a mí no me confirmó la exactitud del mapa y suspendí esa lección.

Por suerte, la ciencia moderna ha venido a rescatarme, aportando pruebas convincentes de que la lengua cuenta con unas 8.000 papilas gustativas, y cada una de ellas contiene receptores que le permiten distinguir lo dulce, lo ácido, lo salado y lo amargo, e incluso el recientemente descubierto umami, que a menudo se describe como «sabroso». La venganza es dulce.

El talento de las papilas gustativas para distinguir sabores es innegable, pero también parecen ser demasiado buenas en su trabajo. Todos sabemos que las verduras son buenas para la salud, pero ¿por qué el diseño no se aseguró de que supieran tan bien como todos los azúcares, grasas y sales que tanto nos gustan? De todos modos, come verduras.

¿Podemos tomar algo aquí?

Si no sintonizan con los otros sentidos, los receptores del gusto están un poco limitados. Como aparato autónomo, la lengua puede ser quisquillosa y exigente. En primer lugar, las sustancias químicas de los alimentos que comemos deben disolverse para unirse a los quimiorreceptores de las papilas gustativas. Esto significa que se requiere un solvente líquido. Antes de que saques una cerveza, me refiero a la saliva.

Las papilas gustativas son sin duda responsables de la percepción del gusto, pero sin saliva que descomponga las moléculas que componen el chicle que te acabas de meter en la boca no lo detectarás. Puedes probarlo tú mismo: sécate la lengua con una toallita de papel y luego ponte algo con un sabor intenso en la lengua. Hasta que tus glándulas salivales lubriquen el laboratorio bucal, esa muestra carecerá de sabor. La clave está en las enzimas que nadan en la saliva, que descomponen el alimento y liberan moléculas que finalmente son analizadas por las papilas gustativas.

En la piña hay una enzima particular llamada bromelina que, con una inversión de roles, descompone las proteínas presentes en la lengua, los labios y el revestimiento interno de las mejillas. Por eso tienes esa sensación de confusión cuando la comes, y es que en realidad es la piña la que nos digiere.

Ilusiones de la lengua

La lengua se deja llevar por muchas falacias, ilusiones y engaños. Si alguna vez te has bebido un zumo de naranja después de lavarte los dientes con dentífrico, es probable que un sabor extraño te haya tomado desprevenido. El entorno bucal está en constante cambio y engaña a la lengua: los alimentos que comiste anteriormente dejan sus manchas en el lienzo de la lengua y esto afecta al sabor de lo que comemos después.

Para entender por qué la lengua es tan ingenua, conviene saber qué ocurre exactamente cuando una molécula alimentaria se presenta ante un receptor del gusto. El receptor está formado por células diminutas y extremadamente sensibles cuya superficie contiene proteínas; es similar a un timbre. Así, cuando una molécula alimentaria presiona el timbre, la campana suena en el cerebro para proporcionar una de las cinco grandes sensaciones gustativas.

Es un proceso sencillo, y, sin embargo, debido a la limitación de la lengua hace que no sea infalible. La alcachofa, por ejemplo, es capaz de dar vueltas alrededor de nuestro apéndice bucal. En el interior de esta ingeniosa hortaliza reside la sustancia química cinarina, que se adhiere a los receptores del sabor dulce cuando la consumes, pero no los estimula. Sin embargo, tan pronto como bebemos agua, las moléculas de cinarina se eliminan y, por lo tanto, salen de los receptores, que finalmente, libres para funcionar, envían al cerebro el mensaje de generar un sabor dulce, aunque a estas alturas es muy probable que el bocado de alcachofa ya esté serpenteando por el esófago hacia su viaje digestivo. Así que, en efecto, nos quedamos con un sabor que llegó tarde a la fiesta de la boca.

La incapacidad de la lengua para defenderse por sí sola no acaba ahí. Sabemos que el cerebro, el astuto productor entre bastidores, integra diversos datos de los cinco sentidos principales para producir una versión parcialmente fiel de la realidad. A menudo, cuando estos sentidos emergen en nuestra corriente de conciencia, la forma en que se afectan mutuamente tiene superposiciones significativas. Se nos cae la baba cuando vemos u olemos nuestra comida favorita, pero quizá la influencia que el sonido también puede tener en el gusto es menos conocida.

SÁLVATE A TI MISMO

La lengua no es solo cuestión de sabor; en muchos casos, también es un indicador de salud. Al igual que otras partes del cuerpo, la lengua puede verse afectada por enfermedades sistémicas que se manifiestan en cambios físicos. Este trozo de carne blanda en nuestra boca no nos permite diagnosticarlo todo, pero puede ser una señal de alerta temprana de dolencias, enfermedades e infecciones.

Abre la boca, saca la lengua y mírate en el espejo.

* Una lengua normal y sana es rosada y está cubierta de pequeñas protuberancias llamadas papilas.
* Una lengua negra y afelpada puede ser, además de impresionante a la vista, el signo de una mala higiene bucal, diabetes o ser consecuencia de un tratamiento contra el cáncer. Ocasionalmente, puede deberse a una acumulación de células muertas de la piel, que se eliminan frotando suavemente la lengua con un cepillo de dientes.
* Una lengua de color rojizo y más grande de lo habitual podría indicar una deficiencia de hierro, vitamina B12 o ácido fólico. En algunos niños puede ser un signo de infección estreptocócica.
* Una lengua cubierta de manchas blancas suele ser un signo revelador de candidiasis oral, una infección por hongos, que se trata fácilmente consultando a tu médico de cabecera.

El experimento de Pringles

Para confirmar sus sospechas sobre la influencia del sonido en el gusto, Charles Spence, profesor de Psicología Experimental en la Universidad de Oxford, llevó a cabo un extraño experimento utilizando ese tentador *snack* paraboloide que no puedes dejar de masticar, más conocido como Pringles.

Spence invitó a veinte participantes a ponerse unos auriculares y colocarse frente a un micrófono en una cabina insonorizada. A continuación, cada participante debía morder 200 patatas fritas Pringles (o galletas Pingles, según una sentencia británica en 2008, que luego fue anulada en apelación, que buscaba dar una definición al producto). A cada bocado, los sujetos otorgaban una puntuación de crujiente y fresco según lo que oían en el bucle de sonido del micrófono en sus auriculares.

Sin que los participantes lo supieran, Spence alteró los ruidos originales de masticación mediante el uso de un amplificador y un ecualizador que atenuaba o acentuaba las diferentes frecuencias. Al final de este extraño experimento, se les preguntó a los participantes si todas las patatas fritas eran iguales.

A pesar de que eran Pringles idénticas, los sujetos informaron de diferencias subjetivas; algunas estaban menos frescas y otras eran más crujientes. Tras el análisis, Spence correlacionó que los sonidos crujientes de las Pringles asociados a un ruido más fuerte y agudo llevaron a los participantes a percibir un aumento de frescura del 15 % más que las patatas fritas sin amplificar. Fue el primer experimento (documentado) de este tipo en demostrar que el sonido por sí solo podía alterar el gusto. La prueba, aparentemente extraña, destacó elegantemente la curiosa forma en que dos estímulos sensoriales, la sensación táctil oral de las Pringles y un ruido particular de masticación, pueden transformarse en una sola percepción multisensorial, que hasta cierto punto es algo en lo que todos los sentidos están involucrados.

Siempre nos inclinamos a pensar que cada sentido tiene un único papel. De hecho, la inmensa mayoría de las investigaciones sobre el tema se han centrado en cómo funciona cada sentido de forma independiente. La teoría parece adecuada hasta que llegamos al gusto, que puede funcionar por sí solo pero no muy bien. De hecho, el sentido del gusto solo adquiere sentido cuando recurre a estímulos multisensoriales.

Así, entonces, lo que percibimos como sabor no es más que una ilusión tangible de la lengua. En muchos sentidos, es un proceso olfativo filtrado en el que las papilas gustativas juegan un papel secundario. Podríamos ir más lejos y afirmar que la mayoría de tus experiencias gastronómicas están determinadas por los órganos olvidados del gusto como los ojos, los oídos, el cerebro y las sensaciones táctiles.

Charles Spence no se detuvo con su experimento de las Pringles. Ha llevado a cabo muchas pruebas que han cambiado el mundo, demostrando, entre otras cosas, que la *mousse* de fresa sabe más dulce si se come en un recipiente blanco que en uno negro; que el café sabe menos dulce si se bebe en una taza blanca en lugar de una transparente y que la sopa servida en recipientes azules parece mucho más salada.

Los experimentos de Spence han inspirado incluso toda una industria gastronómica. En 2006, el célebre chef Heston Blumenthal realizó un experimento con él para demostrar que el sabor del tocino ahumado frito era más «atocinado» cuando se acompañaba de la acústica del tocino chisporroteando. De hecho, Blumenthal creó un «sonido de plato de mariscos» en su restaurante The Fat Duck, galardonado con una estrella Michelin, que se servía con sonidos de playa para potenciar el sabor de la comida. Quizá algún día todo esto nos lleve a utilizar el sonido para contribuir a la mejora de la vida de las personas mayores, ya que el sentido del gusto disminuye con la edad.

No confíes en nada

La naturaleza ilusoria del sabor queda perfectamente personificada por el *Synsepalum dulcificum*, una planta que produce un pequeño fruto rojo apodado la «baya milagrosa».

Esta fruta sin pretensiones tiene un agradable sabor picante, pero la parte divertida es darle un mordisco a un limón o una lima inmediatamente después: en lugar de fruncir el ceño, te encuentras con la boca llena de una sensación paradójica de dulzura. Esto se debe a que tus papilas gustativas son engañadas por la miraculina. Es el compuesto activo de la baya que se une a los receptores del dulce y los bloquea. Luego, cuando la saliva se vuelve ácida gracias a los cítricos, la miraculina cambia su estructura y activa los mismos receptores dulces que antes bloqueaba.

La misma ilusión gustativa se reproduce de forma similar en el cuerpo cuando se tienen problemas sinusales y nasales. Pueden distorsionar el sentido del gusto y hacer que ciertos alimentos comunes, como el café o la vainilla, te sepan a putrefacción, muerte y descomposición. A esto se le llama disgeusia. Repulsivo.

Masoquismo benigno

Si hablamos de sabor, necesariamente debemos comenzar la discusión de las especias picantes. Hablamos del picante, como los chiles y el tipo de salsa que solo los «hombres de verdad» pueden poner en sus salchichas. Al menos ese es el mito cultural machista que rodea a este alimento tan incomprendido.

Para empezar, déjame decirte que, si te gusta el picante, puede que seas un poco pervertido, voy a explicarte tu oscuro secreto...

«Picante» no es un sabor. La lengua solo puede determinar los sabores dulce, salado, amargo, ácido y umami cuando se trata de informar al cerebro de lo que hay en la boca. Sin embargo, la lengua también puede determinar el dolor y la temperatura, que es la forma en que se manifiesta la comida picante. Esto se debe a la capsaicina química, un componente activo de los chiles, que se une a los receptores del gusto y desencadena esa sensación de calor.

Se podría decir que es una extraña forma de masoquismo benigno, en el sentido de que te gusta el dolor, pero no en exceso. De hecho, comer mucho picante tiene el efecto de desensibilizar los receptores del dolor. Como resultado, te encuentras deseando comida más picante en un intento infructuoso de experimentar el ardor, razón por la cual la capsaicina se utiliza a veces para tratar el dolor crónico.

Cuando comemos picante, la lengua es engañada para que piense que tu boca se ha incendiado de forma espontánea. El cuerpo no es consciente de que no se trata de una amenaza real, por lo que responde sudando en un intento de enfriarse. Al mismo tiempo, se producen una serie de cambios fisiológicos que liberan sustancias vasodilatadoras para ensanchar los vasos sanguíneos. El cuerpo está equipado con receptores TRPV1, que pueden unirse a la capsaicina, incluso en la zona que rodea el ano. Por lo tanto, cualquier molécula de capsaicina que encuentre su camino por el tracto gastrointestinal acabará provocando el temido escozor anal. Estás advertido.

SÁLVATE A TI MISMO

El agua no te ayudará a desterrar los demonios de un chile; ten en cuenta que, si la combustión es excesiva y necesitas apagar el fuego de tu boca, el agua podría empeorar las cosas.

El agua está formada por lo que se denominan moléculas polares, con extremos positivos y negativos, mientras que la capsaicina tiene una estructura no polar. Esto significa que cuando se mezcla capsaicina y agua, la sustancia química no se descompone. Para ello se necesita otra sustancia no polar, como la leche y otros productos lácteos.

Si buscas una forma sencilla de reducir el consumo de tentempiés, evita picar entre horas cuando tengas la nariz tapada. Nuestro sentido del olfato es crucial para la capacidad general de nuestro cerebro de lograr una sensación de satisfacción y saciedad, por lo que las personas con la nariz tapada tienden a consumir más alimentos de los necesarios porque no les satisfacen lo suficiente.

Para quienes suelen añadir azúcar al té o al café, lo mejor es utilizar una taza de color rojo. Nuestro cerebro está programado para asociar los colores con los sabores: el verde con lo amargo, el amarillo con lo ácido, el marrón con lo salado y el rojo con lo dulce. Una taza roja te permitirá añadir menos azúcar y, sin embargo, tener la sensación de que la bebida es lo suficientemente dulce. Del mismo modo, añadir vainilla a los postres permite a los pasteleros utilizar menos azúcar porque asociamos el aroma de la vainilla con la dulzura.

Para reducir el azúcar en el café, puedes añadir sal. Lo que ocurre a continuación es una ilusión: la sal en realidad no le hace nada al café, sino que lo que hace es engañar al cerebro para que ignore el sabor amargo. En la lengua hay miles de papilas gustativas encargadas de reconocer los cinco sabores básicos: dulce, salado, amargo, ácido y umami. La sal los realza a todos excepto al amargo. Cuando se percibe el sabor amargo, las papilas gustativas liberan iones de calcio. La sal prevalece sobre esta reacción biología, ayudando a enmascarar el amargor del café y al mismo tiempo amplifica el dulzor. Esto funciona de manera extremadamente efectiva en alimentos como el caramelo salado. Si eres sensible al amargor o te parece que el café negro es demasiado amargo, agrega sal al café molido o incluso directamente en la taza.

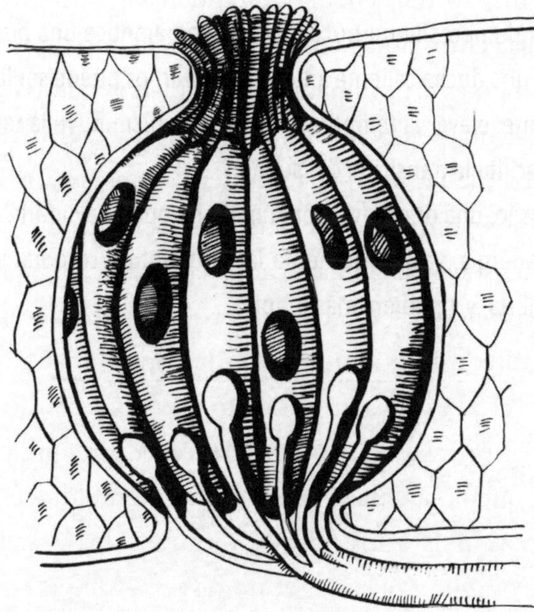

Una papila gustativa

CONSEJO DE SALUD

Todo el mundo necesita un truco rápido que garantice una buena noche de sueño, y una ducha caliente antes de acostarnos puede ser la clave. Paradójicamente, elevar la temperatura del agua disminuye la temperatura corporal y facilita la transición del sueño.

Por el contrario, una ducha fría por la mañana puede ayudarte a empezar el día con energía, ya que aumenta la temperatura corporal y nos hace estar más alerta, y, también, más limpios.

10. QUÉ SENSACIÓN

CÓMO EL TACTO PUEDE ACABAR CONTIGO

Los sentidos de la vista, el oído, el olfato y el gusto comparten el mismo esquema básico. Ocupan una zona pequeña y concentrada del cuerpo, que contiene una alta densidad de receptores. Son sentidos refinados y ligados entre sí, y, sin embargo, deben inclinarse ante otro sentido muy poderoso que los eclipsa a todos, y este sentido es el tacto.

Al igual que los parásitos, los receptores del tacto han invadido todas las partes del cuerpo, desde la yema de los dedos hasta las partes inferiores. Dependiendo de la zona y de la forma en que se activen los receptores, el tacto puede producir un deslumbrante abanico de emociones. Es muy diferente de los demás sentidos y tal vez en eso radique su defecto. ¿Cuál? Bueno, depende demasiado de la presión mecánica y no puede detectar la luz, el sonido o incluso los productos químicos hasta que es demasiado tarde. Si no le va bien con el entorno externo, sigue siendo, de todos los sentidos, el mejor en la investigación de nuestro cuerpo.

No puedo tocar esto

El tacto es probablemente el sentido más importante, en la vanguardia de nuestras interacciones con el mundo físico, y sin embargo no es más que una ilusión. No pretendo ser místico ni filosófico: es un hecho y la explicación se reduce a la física: los electrones están presentes en cualquier átomo, y, por lo tanto, cuando «tocamos» algo, los electrones de nuestros dedos básicamente repelen los del objeto que estamos tocando. La sensación que sentimos cuando tocamos es, en realidad, nuestro cerebro registrando una interrupción en el campo electromagnético. Y así resulta que en realidad no estás sentado en esa silla, sino levitando a un nivel microscópico.

ARRIESGAR LA PIEL

El sentido del tacto se confía principalmente a uno de los defensores más masivos de nuestro cuerpo. La piel es el órgano más grande en términos de superficie, y literalmente nos envuelve de la cabeza a los pies. Estamos hablando de la primera línea de defensa del cuerpo contra el mundo exterior, un guardia fronterizo, pero que no siempre hace bien su trabajo.

La piel también es un poco víctima de calumnia, basta con pensar en las estrictas normas de cuidado diario para considerarlo una molestia que requiere demasiado mantenimiento, pero que también trabaja duro para nosotros. Sin la piel, una especie de envoltorio biológico, perderíamos la preciada agua de nuestro cuerpo y sucumbiríamos a la muerte, y el láser letal que está en el cielo, más conocido como sol, nos freiría hasta las entrañas. Las células más superficiales de la piel que nos protegen estoicamente se exponen a peligrosas radiaciones para protegernos. Se sacrifican por el bien de las otras células que están debajo de ellas.

Armadura humana

En términos numéricos, la piel pesa unos 10 kg y suele representar el 15 % del peso corporal total. La capa externa, conocida como epidermis, es una fina barrera que damos por sentada, arañándola, rozándola, pellizcándola, tirando de ella y estirándola miles de veces al día sin que se desgaste, y esto se debe a que la piel está viva (más o menos). Las células de la superficie de la piel se renuevan constantemente con nuevos bloques de construcción conocidos como queratinocitos. Son, literalmente, tan resistentes como las uñas. De hecho, la misma sustancia se encuentra en los cuernos y garras de los animales.

Los queratinocitos se forman a partir de células madre que viven en las capas inferiores de la epidermis, suben por los distintos niveles, para luego, una vez que llegan a la superficie, formar una capa impermeable que protege la piel del medio ambiente y de los intrusos. Finalmente, exhalan su último aliento y se desprenden, dispersándose en el aire. Sin embargo, si ejercemos demasiada presión sobre nuestra piel, por ejemplo con un roce o abrasión excesivos, la epidermis sobrecarga la producción de piel nueva, lo que da lugar a los antiestéticos callos.

Por desgracia para ti, la piel es algo más que el envoltorio de tus órganos internos. La capa más profunda que hay debajo, la dermis, alberga una densa red de vasos sanguíneos, razón por la que puedes sangrar abundantemente por cortes superficiales en la piel. También contiene un vasto ejército de células inmunitarias, que esperan pacientemente para atacar a cualquier intruso y son responsables de la inflamación en el caso de heridas superficiales.

Las sorpresas de la piel no acaban ahí; una de las razones por las que tienes una piel elástica y que se reafirma se debe a unas proteínas importantes conocidas como colágeno y elastina. Estas mismas proteínas que dan forma y textura a la piel también pueden traicionarnos. Si somos fumadores, o sufrimos estrés o deficiencias de sueño, estas proteínas pueden degradarse y dejarnos la piel arrugada, con líneas de expresión y bolsas debajo de los ojos.

Por último, y espero que no estés leyendo este libro antes de dormir, dentro de nuestra piel no estamos solos. De hecho, es un microbioma repleto de miles de millones de bichos, y es el hogar de más de mil variedades diferentes de bacterias. Algunas aportan beneficios para la salud de la piel, mientras que otras son nefastas y contribuyen a la aparición de enfermedades. ¿Pudiste apagar las luces?

Desgarrado vivo

Al igual que el microbioma intestinal, la investigación sugiere que los tratamientos probióticos dirigidos a la piel podrían ayudar a influir positivamente en su salud y hacer frente a afecciones como el acné, la psoriasis y el eccema. No te preocupes, los trasplantes fecales para la salud de la piel no estarán disponibles pronto (o nunca, esperemos). Aun así, la idea del trasplante de microbiota, que consiste en trasladar poblaciones bacterianas de una persona a otra, podría ser una vía a tener en cuenta con cuidado. Un estudio de caso de gemelos de 2017, uno con mal olor corporal y el otro sin ninguno, mostró cómo los microbios de la axila tomados del que no olía podían ser trasplantados como medio para «curar» al otro. ¡Qué alivio!

Repitiendo otra similitud con el microbioma intestinal, estos bichos son los intermediarios entre el mundo exterior y el sistema inmunitario, al que ayudan a modular para reducir la reacción exagerada ante amenazas inofensivas y mejorar su eficacia en caso de agresión grave. Del mismo modo que la biodiversidad microbiana es muy apreciada en el intestino, hay que buscarla en la piel. Una amplia gama de exposiciones ayuda a entrenar el sistema inmunitario a través de su interfaz con los microbios.

Por mucho que me gustaría hablar mal de la piel, la verdad es que no le damos el debido respeto. La piel es nuestra primera línea de defensa contra las enfermedades y, sin embargo, a menudo evitamos que los diversos organismos y bacterias de su superficie realicen su importante labor lavándolos con excesivo celo. Al fin y al cabo, los inquilinos de la piel son en su mayoría parásitos inofensivos que van en busca de alimentos entre el sudor, la grasa y las células muertas, sin interferir en nuestra vida diaria. Si nos lavamos a conciencia, lo único que conseguimos es eliminar los aceites naturales que lubrican nuestra piel (sebo), lo que alimenta a los microbios. Esta «disbiosis» resultante del microbioma cutáneo podría desempeñar un papel en la causa de afecciones cutáneas alérgicas como el eccema.

Uno de los demonios benignos que se esconden en la piel es el demodex. Solo miden medio milímetro, pero pueden extenderse mucho más. A pesar de parecerse un poco a los piojos, en realidad son un tipo de arácnido incoloro, que solo tiene cuatro pares de patas y se entierra en la piel de la cara y las pestañas. Aunque suene horrible, estos bichos de pesadilla actúan en realidad como exfoliantes naturales, ya que se dan un festín con el sebo y las células muertas de la piel. Solo si albergas demasiados pueden provocar enfermedades cutáneas y noches de insomnio.

Probablemente no debería mencionar que estos diminutos ácaros que viven en tu piel tampoco tienen ano. Como resultado, mueren de indigestión debido a todo el sebo y los desechos de piel que han consumido. También tienen sexo en nuestra cara por la noche, como si fuéramos el lugar ideal para una orgía de ácaros.

Con el tiempo, estas criaturas con aspecto de araña y gusano se hinchan cada vez más y más, se alimentan de nuestras caras y disfrutan de buenos momentos juntos. Luego explotan y mueren.

Sobre el olor corporal

Es posible que te asuste el penetrante aroma del olor corporal de alguien y que, de vez en cuando, te sorprenda tu propio hedor.

A pesar de poseer propiedades aparentemente letales, en realidad es un subproducto de una característica protectora de la piel. Es cortesía de una bacteria conocida como *bacillus subtilis*, sutil solo de nombre. Esta bacteria produce sustancias químicas antifúngicas por excreción, tras haber ingerido residuos de la piel como sudor y aceites.

Por desgracia, llegó el turno de los pies. En este caso, las brevibacterias causan el mal olor de pies al ingerir células muertas de la piel y producir un gas que desprende un olor agrio y a queso. Esto puede dejar un sabor desagradable en la boca y, sin embargo, los queseros añaden esta bacteria a algunos quesos para ayudar a desarrollar el aroma y el sabor. (Sí. Lo sé).

El equilibrio del poder

La piel es sobre todo un páramo inhóspito. Es una extensión desprovista de nutrientes, seca y ácida, pero, sin embargo, los folículos pilosos, densos en lípidos, constituyen un oasis en el desierto de la piel. A pesar de estas condiciones áridas, el microbioma de la piel se las arregla para sobrevivir en este ecosistema. Ante la escasez de recursos, algunos de los bichos que habitan en este vecindario se enzarzan en una guerra territorial. Por ejemplo, la bacteria *Staphylococcus epidermidis*, que ayuda a proteger contra el malicioso *Staphylococcus aureus*. Dependiendo del estilo de vida y de los factores ambientales, se puede alterar el equilibrio de fuerzas de forma desfavorable, haciéndose más susceptible a las erupciones cutáneas o a afecciones como la dermatitis atópica, un tipo de eczema. Incluso especies de bacterias supuestamente beneficiosas, como la *Cutibacterium acnes*, que suelen producir sustancias químicas que disuaden a los patógenos, tienen ciertas cepas que se encuentran entre los culpables de ese acné que nadie quiere tener. Las alianzas siempre están cambiando, así que no confíes en nadie.

Aún estamos en una fase incipiente de comprensión del microbioma cutáneo y de los factores que ayudan a determinar si una cepa bacteriana concreta es amiga o enemiga. Cuando conozcamos mejor el microbioma de la piel, podremos crear nuevos tratamientos en los que la administración de bacterias de la piel de una persona a otra podría ayudar a combatir enfermedades como el acné y la dermatitis atópica.

Impecablemente limpio

El concepto de higiene y limpieza es tan antiguo como la propia civilización. De hecho, toda la teoría del miasma sobre las enfermedades se basaba en gran medida en la idea de que la falta de higiene era consecuencia del agua contaminada. Aunque esta teoría obsoleta fue sustituida por nuestra comprensión de los gérmenes, quizá nuestra obsesión por los rituales de higiene y cuidado de la piel ha ido demasiado lejos en la dirección opuesta. Aunque no queramos aguantar semanas, meses o años sin lavarnos, lo cierto es que nuestras costosas y elaboradas rutinas podrían causar más daño que ayuda.

No te voy a mentir, durante mucho tiempo no tuve una rutina de cuidado de la piel. Cuando tenía veintiún años, experimenté con varias cremas y limpiadores, sin tener realmente ni idea de lo que estaba haciendo. Aunque nunca sufrí mucho de acné o imperfecciones, me rendí en la búsqueda de una piel radiante. De hecho, entre los veinte y los treinta años, mi cuidado de la piel se limitaba a lavarme la cara en la ducha y aplicarme protección solar solo si iba a la playa.

Cuando terminé la carrera de Medicina, consciente del papel que desempeña la piel para mantenerme vivo y sano, decidí que valía la pena convertirla en una de mis prioridades.

SÁLVATE A TI MISMO

Es fácil sentirse abrumado por toda la oferta de productos para el cuidado de la piel, pero se puede simplificar. Una rutina buena y saludable no requiere de ningún truco de magia y tampoco tiene por qué costar una fortuna ni quitarte horas de tu tiempo cada día. En pocas palabras, todo se reduce a lavarse la cara con regularidad, hidratarse y ponerse un protector solar todos los días, lo que a la larga podría salvarte la vida. Al mismo tiempo, si tienes problemas específicos, como acné grave, eczema o rosácea, consulta a tu médico de cabecera. Es posible que te remita a un dermatólogo para que te ayude a determinar qué productos son los más adecuados para tu afección, lo que probablemente incluirá la prescripción de medicamentos.

Ya que estamos aquí, añadamos también algunas nociones básicas de higiene de la piel. Sé que a algunos de vosotros esta idea puede parecer aterradora, pero quizá deberías plantearte no llevarte el móvil al baño cuando vayas a defecar: ya sea que te guste visualizarlo o no, el baño se llenará de partículas fecales microscópicas, que se esparcen por todas partes en el aire y aterrizan donde les da la gana. Es más que probable que estos copos de caca aterricen en la pantalla de tu teléfono, donde pasarán rápidamente de las yemas de tus dedos a tu cara en cuanto la toques; puedes ver a dónde va esto.

Cabe señalar que, en término medio, nos tocamos la cara más de veintitrés veces cada hora. Aunque esto es en gran medida subconsciente e inevitable, reducir la frecuencia con la que te tocas la cara te ayudará a reducir la transmisión de bacterias del entorno a tu cara. Las manos no son niños desobedientes, así que enséñales a comportarse como corresponde a su edad.

Lo que recetó el médico

En el estante de mi baño hay relativamente pocas cosas. El principal producto que uso es un limpiador facial. Los ingredientes activos que contienen los productos de limpieza ayudan a que se combinen con la grasa, por un lado, y al agua, por otro, y envuelven a las primeras en pequeñas burbujas llamadas micelas, que luego se pueden lavar. El jabón también hace lo mismo, pero el problema es que puede hacerlo demasiado bien y eliminar demasiado aceite natural de la piel. En lo personal, evito los exfoliantes limpiadores que contienen pequeñas perlas o «trocitos» de plástico. No solo pueden ser demasiado abrasivos para la mayoría de las pieles, sino que también son problemáticos para el medio ambiente.

Lo siguiente en mi estante es una crema hidratante. Mantener o aumentar el contenido de agua de la piel es, sin duda, algo positivo.

Los productos hidratantes mantienen el agua en la piel, por lo que esta se ve y probablemente también se siente más llena y gruesa. Pero lo más importante es que la piel podrá actuar mejor como barrera frente a los daños del medio externo. Esto se refleja en afecciones cutáneas como el eczema, que aparecen cuando la piel está seca y desaparecen cuando está bien hidratada.

Podría decirse que uno de los defectos de diseño de la piel es que, cada vez que se toca algo, se pierden unas cuantas células. Sin embargo, esta pérdida se ve mitigada por un continuo reemplazo de células frescas que ocupan su lugar. La capa superior de la piel que se ve y se toca se denomina estrato córneo. Se trata esencialmente de células muertas de la piel unidas entre sí por puentes llamados desmosomas. El espacio entre una célula y otra está lleno de lípidos.

Cuando la piel no está hidratada, las enzimas que descomponen los puentes desmosómicos pierden su eficacia. Esto hace que se desprendan grupos de células de la piel en lugar de una a una, lo que da lugar a la aparición de escamas en la piel. Las cremas hidratantes rodean de agua estas enzimas para mejorar su eficacia. También puede ser útil prestar atención a un par de ingredientes específicos en nuestra crema hidratante: los oclusivos evitan que el agua salga de la piel, mientras que los humectantes ayudan a que fluya hacia la superficie desde las capas más profundas, y una buena crema hidratante contiene ambos.

No puedo mencionar el cuidado de la piel sin hablar de la protección solar. Sí, también necesitas protección solar aunque no haya sol y tengas la piel más oscura. Hay que usarlo todo el año, todos los días, tanto si piensas freírte en la playa como si no. Además de reducir el riesgo de cáncer de piel y prevenir las quemaduras solares, la protección solar es uno de los pocos productos auténticamente «antienvejecimiento» que existen. Previene el engrosamiento y las arrugas que aparecen con el envejecimiento de la piel. El factor de protección solar (SPF) indica durante cuánto tiempo puede proteger la piel de los rayos UVB. Cuanto más alto sea el índice, mayor será el porcentaje de rayos UVB bloqueados. El SPF 30 bloquea alrededor del 97 % de los rayos UVB.

Mis hábitos de cuidado de la piel son muy simples, porque me gusta lo simple, pero ¿qué pasa con los productos caros, como las mascarillas y los sueros? En realidad, los supuestos beneficios de la mayoría de estos productos o bien están completamente envueltos en pseudociencia o bien se destacan en un intento cuestionable de sugerir lo esenciales que son para mejorar la salud de tu piel. No quiero impedir que pruebes nuevos productos o que disfrutes con rutinas demasiado complicadas. Siempre y cuando no dañen tu piel y seas consciente de que una rutina sencilla suele ser la más eficaz.

SÁLVATE A TI MISMO

En cualquier producto de cuidado de la piel, hay algunos ingredientes activos comunes que pueden ser buenos para ella. No pierdas de vista los siguientes:

* El ácido salicílico ayuda a exfoliar las células muertas de la piel. También funciona bien en pieles grasas, por lo que es un ingrediente popular en productos antiacné.
* Los alfahidroxiácidos y el peróxido de benzoilo también son agentes antiacné clásicos que atacan a las bacterias con radicales libres.
* Los retinoides están relacionados químicamente con la vitamina A. Contribuyen a aumentar la tasa de renovación de la piel y ayudan a eliminar las células muertas. Los retinoides son eficaces contra el acné

y, por derecho propio, son «antienvejecimiento». Sin embargo, si los utilizas, ten en cuenta que se venden con receta médica y que nunca deben aplicarse antes de tomar el sol, ya que pueden causar hipersensibilidad.

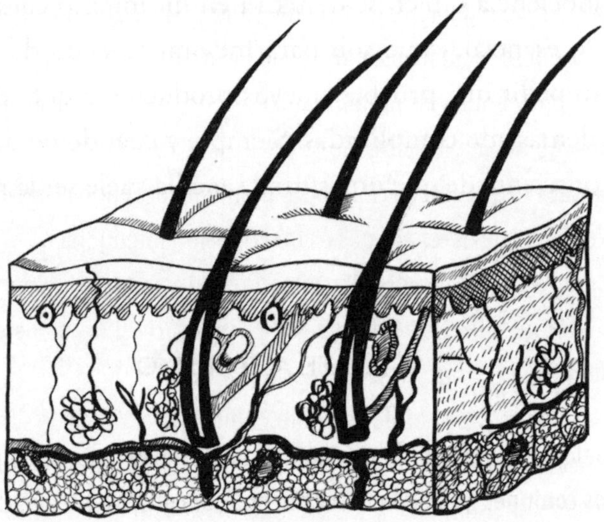

El músculo arrector pili

CONSEJO DE SALUD

He aquí una forma rápida y sencilla de ralentizar la neurodegeneración, término utilizado para describir cómo el cerebro y el sistema nervioso central pierden rendimiento con la edad.

* El ejercicio regular mejora el flujo sanguíneo al cerebro, manteniendo la agudeza mental hasta una edad avanzada.
* El sueño elimina las proteínas tóxicas que se acumulan en el cerebro a lo largo de un día ajetreado.
* Se sabe que la interacción social mantiene ocupado al cerebro, lo que significa que hacer amigos es una decisión inteligente.
* Nunca es tarde para ponerse retos. Prueba a aprender un nuevo idioma o a tocar un instrumento musical para reducir el riesgo de desarrollar demencia.
* Haz algo que te llene de asombro y admiración. Ya sea un simple paseo rodeado de naturaleza o contemplar las estrellas y reflexionar sobre el sentido de la existencia, los estudios demuestran que el asombro puede ayudar a mantener el cerebro en movimiento a plena capacidad hasta una edad muy avanzada.

11. EL DESFILE DE LAS PARTES PRIVADAS

EL GENIO INFERNAL DE LOS GENITALES

El contacto, el placer, el deseo, el amor y los orgasmos. Mientras que otras criaturas existen simplemente para reproducirse, parece que el ser humano es una de las pocas especies, junto con los delfines, los bonobos y los murciélagos frugívoros de hocico corto, que también se entregan a la diabólica danza del placer. Presumimos de cerebros peligrosamente complejos, capaces de genialidades y pensamientos abstractos increíbles, y sin embargo parece que utilizamos este don para participar en lo que es un acto animal y primario, sobre todo porque es divertido. Es más, lo hacemos con un amplio desprecio por la seguridad personal; de hecho, apenas pensamos en lo que estamos haciendo.

Vale la pena señalar que el deseo de utilizar las herramientas reproductivas suele ir acompañado de una disminución de las funciones cerebrales. En cierto sentido, los seres humanos se convierten en esclavos de estos orificios naturales del placer. Tanto para el hombre como para la mujer, los orificios y todos los anexos y conexiones sexuales que componen el cuerpo ofrecen posibilidades extraordinarias y, sin embargo, tienen límites ineludibles. Pueden causar molestias, y también estar sujetos a problemas dolorosos, que en algunos casos pueden ser fatales.

Así que, entonces, considera este capítulo no tanto como una celebración de los genitales humanos sino como un estudio en profundidad y una advertencia para hombres y mujeres sobre cómo evitar que nuestras partes privadas nos maten.

ABORDAR PROBLEMAS DE LAS ARMAS LETALES

¿Esperma o copo de nieve?

Una de las características más llamativas y difíciles de explicar del cuerpo masculino es que los testículos son externos. Desde el punto de vista del diseño, cuelgan precariamente en el precipicio de la pelvis: vulnerables, expuestos, ondeando al viento. Naturalmente, hay una explicación. Los espermatozoides humanos requieren un estricto rango de regulación de la temperatura para una actividad y maduración óptimas. En cierto modo, los testículos son el equivalente biológico de Ricitos de Oro del cuento. Necesitan un entorno que no sea ni demasiado caliente ni demasiado frío, sino justo el adecuado. Toda esta precisión es necesaria para la producción de esperma que tiene lugar en su interior, que se optimiza unos 3-4 grados menos que la temperatura corporal ideal de 37 °C. Un aumento de la temperatura escrotal de tan solo 2 grados puede afectar negativamente a la formación de esperma, reducir el recuento de espermatozoides y aumentar el número de espermatozoides anormales. Teniendo esto en cuenta, es razonable hacer de los testículos una estructura externa, del mismo modo que podríamos considerar el patio como una extensión exterior de la vivienda.

Para evitar que queden completamente expuestos, los testículos están contenidos en una hamaca ajustable que es termosensible, lo que permite que los espermatozoides crezcan y se multipliquen justo en el borde de la cavidad abdominal; esta bolsa humana se conoce como escroto. Los músculos del escroto se dilatan y se contraen adaptándose a la temperatura, y actuando como una especie de regulador de calidad para la fábrica de producción de esperma que hay en su interior.

Los testículos son una excepción a la regla de que las células humanas pueden vivir muy bien en el ambiente caliente del cuerpo. Las células sanguíneas crecen en la médula ósea, los ovarios se generan dentro de la pelvis, entonces, ¿por qué los espermatozoides tienen una ley aparte? Tienen mucho que explicar.

Mientras que todos los demás órganos humanos permanecen resguardados en su interior, los testículos tienen la osadía de colgar fuera, como delincuentes en la horca. ¿Quieres encontrar los testículos de una rana? Pues no podrás, a no ser que tengas un bisturí a mano, porque la creación de esperma de tus parientes de sangre fría está a buen resguardo en el interior. Mientras tanto, muchos mamíferos han habilitado la opción de actualización de «testículos convertibles»: los ratones y los conejos pueden colgar sus gónadas para que estén bien frescas por fuera cuando quieren aparearse, y luego plegarlas adentro para guardarlas a buen recaudo cuando no las necesitan. Este control no permanente de la fertilidad sería muy útil para los humanos. No solo evitaría las terribles consecuencias de una patada en la ingle, sino que también evitaría embarazos no deseados y eliminaría la necesidad de ese falso método anticonceptivo del «retiro a tiempo».

Quizá podamos argumentar que, a los efectos del crecimiento de la población, los testículos no son solo un conducto químico, sino también un símbolo de ello. Después de todo es razonable creer que dos apéndices de carne claramente visibles y bien publicitados constituyen una cierta ventaja selectiva en la elección de pareja para el apareamiento.

Un descenso traicionero

Antes de ser expuestos a las fuerzas de la naturaleza, los testículos comienzan su vida dentro del cuerpo. Cuando se desarrolla un feto masculino y el cuerpo se calienta demasiado para su preciada carga, los testículos emprenden una peregrinación a los soleados países bajos del escroto. Para empezar, nuestro par de vagabundos esféricos parten de un punto del abdomen en algún lugar cerca de los riñones, y durante la gestación migran hacia abajo, en dirección a la pelvis, dejando tras de sí un túnel abierto conocido como canal inguinal. Sin embargo, este descenso causa problemas, y deja un canal posterior abierto a través del cual pueden sobresalir estructuras del interior del abdomen, como tractos de intestino o grasa corporal, y esto puede dar lugar a hernias inguinales. Se produce mucho más frecuentemente en los hombres porque las mujeres no han externalizado todo su sistema reproductivo. Como resultado, los hombres se encuentran enormemente dependientes de un delicado sistema de tuberías que va desde el interior hacia el exterior del cuerpo y que puede hacer que otras partes inesperadas hagan lo mismo. Afortunadamente, la cirugía ha hecho de las hernias una enfermedad en gran medida tratable. Sin intervención, pueden causar dolor crónico e incluso cortar el riego sanguíneo a los intestinos.

A medida que los testículos descienden, un conducto conocido como conducto deferente puede causar problemas. Conecta los testículos con la uretra (el tubo de orina) y puede enredarse con el uréter (conducto que transporta la orina desde los riñones hasta la vejiga). En el mejor de los casos, el resultado es una configuración estructural desordenada. En el peor, es un problema complicado que puede requerir atención quirúrgica urgente.

A veces, el descenso testicular no se produce por completo, esto se conoce como criptorquidia y es relativamente fácil de solucionar quirúrgicamente. Aun así, los niños con criptorquidia tienen más riesgo de padecer cáncer de testículo en las últimas etapas de la vida. No se cree que esto se deba a que los testículos no hayan descendido, sino que es un indicio de una anomalía en el testículo asociada al cáncer.

SÁLVATE A TI MISMO

Nunca me enseñaron a jugar con mis pelotas. Es una frase que nunca pensé que escribiría en un libro, pero aquí estamos. Sin embargo, no soy el único. A los hombres rara vez se les enseña a examinar correctamente sus testículos para detectar bultos, a pesar de que el cáncer testicular es uno de los tipos de cáncer más curables. Realmente es algo que vale la pena hacer semanalmente, si no más a menudo.

El momento ideal para comprobarlo es durante o después de una ducha caliente. Cuando hace frío, el músculo dartos en el escroto se contrae, lo que dificulta la palpación eficaz de nuestras joyas colgantes, pero durante una ducha caliente, este músculo se relaja, lo que permite palpar mejor a los muchachos. Asegúrate de palpar cada testículo tanto por arriba como por detrás. Puede que notes un bulto, pero lo más probable es que se trate del epidídimo, que es el conducto que transporta el esperma. No existe una regla estricta, pero debes saber que, por lo general, un testículo cuelga más abajo y es más grande que el otro. Si notas una hinchazón o un bulto que aumenta de tamaño o de forma, aunque sea indoloro, acude a que te lo examinen.

Un giro en la historia

La mayoría de las historias de terror en el hospital comienzan con un turno de noche. Esta empieza de camino a casa, cuando los primeros rayos de sol competían con las últimas luces de la calle. Mientras me arrastraba hasta la puerta de mi casa, el bat-teléfono (como se conoce al teléfono de guardia de urgencias) empezó a sonar. Con un suspiro, porque aún estaba de guardia, respondí. Al otro lado de la línea, el médico de urgencias soltó frenéticamente un monólogo sobre un niño de nueve años con un testículo retorcido. Dios mío. No creo que la naturaleza haya querido nunca, ni siquiera esperado nunca, que los testículos masculinos pudieran verse afectados por un dolor insoportable como el que causa la torsión testicular. No es un fenómeno raro, generalmente ocurre debido a un trauma físico en la zona. A veces, sin embargo, puede ocurrir por un movimiento extraño o por pura mala suerte. Cualquiera que sea la causa, la torsión puede estrangular el cordón espermático al bloquear el suministro de sangre al testículo y el resultado no es solo un dolor implacable, sino también un alto riesgo de perder una de tus preciadas bolsitas de carne. Si no se trata, también existe la posibilidad de que el desafortunado varón muera.

Cuando un tejido del cuerpo se ve privado de oxígeno durante un tiempo determinado, se produce una isquemia. Este es, sin duda, el proceso biológico más doloroso del cuerpo humano y conlleva algunas de las situaciones más desgarradoras en las que se encuentran los seres humanos: el parto, los infartos, la torsión testicular e incluso los dolores menstruales. La isquemia y la mala perfusión tisular, si se prolongan, pueden provocar la muerte del tejido, lo que se conoce como necrosis. Cuando la torsión testicular entra juego, el temporizador se pone en marcha, y hay aproximadamente seis horas disponibles para darle la vuelta a los testículos y restablecer el riego sanguíneo, de lo contrario un testículo acabará en el cesto (después de la cirugía, por supuesto).

Volví corriendo al hospital y examiné al paciente. El pobre chico estaba en la sala de pediatría revolcándose de dolor y su testículo izquierdo parecía tener una posición anormal. Realicé una prueba que consiste en acariciar la cara interna del muslo para provocar una respuesta involuntaria conocida como reflejo cremastérico. En un testículo que funciona correctamente, se produce una contracción del músculo cremáster que lo rodea, pero, si este reflejo está ausente, se trata invariablemente de una torsión. Habiendo confirmado la patología, llevé rápidamente al chico al quirófano; allí, bajo anestesia general, mi equipo y yo lo operamos desenroscando el testículo para restablecer el flujo sanguíneo y luego suturándolo a la pared interior de la bolsa escrotal para fijarlo en su sitio. Se trata de una operación conocida como orquidopexia (*orchi-* significa testículo y *-pexy* proviene de una palabra griega que significa «unión, fijación»). Se trata de una intervención sencilla, pero es fundamental realizarla rápidamente porque (literalmente) todo depende del tiempo, como quedó patente en el alivio que sintieron sus padres cuando les confirmé un resultado satisfactorio.

SÁLVATE A TI MISMO

Cuando se trata de optimizar la temperatura para que los espermatozoides se desarrollen de la mejor manera, no es necesario hacer que los testículos hagan todo el trabajo pesado. Como hombre, si tu trabajo implica estar en un ambiente cálido o caluroso, y esperas convertirte en padre, considera la posibilidad de hacer descansos regulares para refrescarte (incluso ahí abajo). Además, si eres sedentario (es decir, te quedas en el escritorio) durante periodos prolongados, asegúrate de levantarte y moverte con frecuencia. Evita también la ropa interior ajustada, ya que se cree que eleva ligeramente la temperatura testicular (en algunos casos hasta un grado). Más allá de la temperatura, proteger el propio equipo es crucial. Puedes hacerlo limitando la ingesta de diversas toxinas que acaban filtrándose a tu esperma y afectan a su calidad y concentración. Entre ellas se incluyen drogas recreativas como el cannabis, la cocaína y el alcohol. El estrés es otro de los culpables, que no solo puede disminuir la libido (deseo sexual), sino que en última instancia repercute en la testosterona.

Sobre fugas y obstrucciones

El tracto urinario posee un cableado incómodo e inusual que, si eres hombre, puede hacerte la vida imposible. El tracto urinario masculino atraviesa directamente la próstata, una glándula propensa a agrandarse con la edad o inflamarse debido al cáncer o a una infección. Aunque no sea intencional, la próstata es una de las principales causas de obstrucción del flujo de orina.

Introducir un tubo plegable a través de un aparato muy propenso a dilatarse y obstruir el paso del líquido por él es una idea terrible; en términos de fontanería, nunca se aprobaría. Si alguien descubre la razón de ser de esta disposición, me permitirá desplazar la próstata al último peldaño de los órganos que importan.

En algún momento, una proporción significativa de hombres mayores de cincuenta años tendrá problemas de próstata. Algunos acabarán necesitando intervenciones, que pueden implicar sondar la uretra con objetos metálicos y láseres, e incluso cirugía. Ya hemos hablado de la vesícula biliar y el páncreas por su peligrosidad. Sin embargo, en comparación con la próstata, estos órganos parecen santos. Este órgano del tamaño de una nuez produce líquido prostático, que parece esencial, pero, francamente, a nadie le importa el efecto marginal que tiene sobre la supervivencia de los espermatozoides. El líquido prostático también hace que la vagina sea ligeramente menos hostil para los espermatozoides, pero a cambio de este magro beneficio los hombres pierden literalmente la capacidad de orinar. En el curso de la vida un hombre puede tener unos cuantos hijos, pero orinará quizás 200.000 veces, así que me desconcierta por qué este acto tan frecuente se considere menos importante.

Luego tenemos que hablar del cáncer de próstata, que es un factor de riesgo para casi todos los hombres a partir de cierta edad. La única razón por la que no nos deshacemos de ese bulto sin sentido es, literalmente, porque está envuelto de tuberías vitales. Mi última palabra sobre la próstata es que se trata de una estructura un tanto desesperada que intenta seguir siendo el centro de atención como un hongo narcisista. Por lo tanto, si algún hombre se encuentra con algún tipo de preocupación sobre lo que está sucediendo ahí abajo, un chequeo oportuno con el médico puede marcar la diferencia entre la vida y la muerte.

Mala jugada

Al cuerpo le encanta combinar múltiples funciones en un solo adaptador biológico múltiple, como en el caso del pene, un conducto que sirve tanto para la orina como para el semen. Aunque puede ser divertido jugar, la delicada estructura del pene lo convierte en una víctima fácil de las catástrofes. El sexo es un buen ejemplo, ya que el acto requiere que el miembro masculino esté erecto, y, aunque el pene no tiene hueso, puede fracturarse.

Los dos componentes principales del tejido esponjoso del interior del pene se denominan cuerpos cavernosos. Están envueltos por un tejido fibroso denominado túnica albugínea, y se trata de una membrana que mantiene la sangre en su interior para que el pene no se convierta simplemente en un «fideo blando» lleno de sangre.

Sin embargo, cuando el pene se pone erecto, la túnica también se vuelve rígida, muy fina y, lo que es más preocupante, bastante frágil. El hecho es que un pene erecto solo puede soportar ser doblado hasta cierto punto, luego la estructura cede, y esto puede ocurrir durante una gimnasia vigorosa y desincronizada en el dormitorio. Una vez traspasado este umbral, la túnica albugínea puede desgarrarse, dejando al descubierto el cuerpo cavernoso y permitiendo la salida de la sangre; se trata tanto de una urgencia quirúrgica como de una pesadilla.

La fractura del pene suele asociarse a un ruido como un chasquido y da lugar a lo que se conoce como «deformidad de berenjena». Esto se debe a que el pene adquiere rápidamente un color púrpura negruzco e hinchado, como la verdura en cuestión. Como era de esperarse, también viene acompañado por la detumescencia, y la sólida espada del amor se convierte en una salchicha floja. Por favor, no busques en Google la «deformidad de berenjena».

LAS ATREVIDAS AVENTURAS DE UNA VAGINA

El patio de recreo y tuberías de alcantarillado

Si se construyera un parque infantil al lado de un centro de eliminación de residuos, estaríamos bastante desconcertados. Del mismo modo, la extrema proximidad de los genitales femeninos al recto debe haber llamado la atención del departamento de Salud y Seguridad durante el proyecto, por no hablar del departamento de Marketing y Ventas. Dadas las consideraciones higiénicas involucradas, esta ubicación está en la raíz de varias dolencias, desde infecciones de las vías urinarias hasta picores en el trasero.

Debo admitir que el cuerpo no ofrece muchas ubicaciones alternativas, al menos no sin desencadenar protestas locales. Francamente, si el ano estuviera situado cerca de la boca lo más probable es que prefiriéramos morirnos de hambre. Así pues, tener el trasero cerca de los genitales, tanto para hombres como para mujeres, es quizá la opción menos mala. En cualquier caso, uno pensaría que, al menos, una distancia mayor habría sido más apropiada.

Los genitales femeninos complican aún más las cosas al desempeñar múltiples funciones. La entrada de los conductos vaginales y uretrales se encuentra en el interior de la vulva, más próximos entre sí que al ano, pero combinándose para formar una especie de triángulo de desplazamiento potencial de bacterias y el duelo de las IVU (infecciones de la vía urinaria) y las ETS (enfermedades de transmisión sexual).

Además de las relaciones sexuales y la micción, las mujeres utilizan esta zona para expulsar a los recién nacidos. Este problema se agrava aún más por el hecho de que la uretra femenina es significativamente más corta que la masculina, lo que aumenta considerablemente el riesgo de infección. La longitud de la uretra femenina es de aproximadamente 4 cm en comparación con los generosos 20 cm de la uretra masculina, lo que hace que cualquier tipo de infección llegue rápidamente a la vejiga. El *E. coli (Escherichia coli)* es un bicho especialmente molesto, responsable de la gran mayoría de las IVU. También es una causa común de diarreas violentas y exorcizantes.

Las bacterias pueden invadir y entrar en el tracto urinario femenino de varias formas ingeniosas: una es a través del acto sexual, pero también pueden entrar limpiándose de atrás hacia delante después de orinar y defecar. Sostengo que una de las cosas más importantes que no enseñamos a las niñas en materia de higiene sexual es el arte de limpiarse de delante hacia atrás después de ir al baño.

En ambos sexos, las IVU no solo afectan a la vejiga, pueden progresar de forma retrógrada y afectar también a los riñones. Por lo general, los signos reveladores son una sensación de quemazón al orinar; esto se debe a la activación de los receptores TRPV1 por las bacterias invasoras, que también son activados por la capsaicina de los alimentos picantes. Por tanto, ¡el ardor que sientes es realmente un ardor! Otros síntomas incluyen una especie de presión leve debajo del ombligo, que es donde se encuentra la vejiga, un aumento de la frecuencia de las micciones y, a menudo, sangre en la orina, así como un olor desagradable. Si el organismo no consigue controlar las bacterias y estas llegan a los riñones, los síntomas pueden ser mucho más graves y sistémicos. Hablamos de escalofríos, fiebre, vómitos y, en general, la sensación de haber sido atropellado por un autobús cargado de microbios.

SÁLVATE A TI MISMO

Los hombres y las mujeres no siempre pueden prevenir las infecciones urinarias, pero existen medidas que pueden adoptar para reducir el riesgo de padecer esta molesta afección. Una nota básica e importante es no ignorar los síntomas suponiendo que desaparecerán. Es muy probable que una infección de orina bacteriana siga empeorando sin antibióticos. Si no se trata, puede llevarte incluso a una poco cómoda cama de hospital, posiblemente con un tubo de plástico introducido en el conducto que causó el problema en primer lugar.

Me gusta pensar en la uretra como una escalera que las bacterias pueden utilizar para asaltar nuestro sistema de suministro de agua e incluso más allá. Para intentar ganar la batalla antes de que se produzca, existen pruebas anecdóticas que sugieren que mantenerse hidratado ayuda, porque te anima a orinar con regularidad y a eliminar cualquier bacteria que intente colarse inadvertidamente. Este lavado para irrigar las tuberías también puede hacer maravillas antes y después de las relaciones sexuales. En efecto, reduce la carga bacteriana y las posibilidades de que alguna de ellas se encuentre en un lugar inapropiado.

Lo último que quiero decir puede ser controvertido, sobre todo porque existe toda una industria pseudocientífica orientada a esto, pero yo recomiendo a las mujeres que eviten las duchas vaginales y la inserción de los llamados «productos de higiene femenina» en su interior. Al igual que el oído, la vagina es un órgano autosuficiente y un aparato de autolimpieza con su propio ecosistema único de microbios, bacterias y un equilibrio del pH delicadamente conservado. Cualquier sustancia extraña, incluida una cantidad excesiva de agua y de irrigación, altera la flora y la fauna alojadas en el interior de la vagina, lo que provoca infecciones por hongos y otros trastornos.

Oda al útero

Quiero rendir homenaje al útero; una impresora 3D que nadie encargó. Sin embargo, como no propietario de una, debo confesar que estoy maravillado con esta función. El útero ha producido a todos los seres humanos que han existido, pero creo que sería justo decir que el ciclo mensual de mantenimiento deja un poco que desear.

Como una agente especial que duerme sola, el útero permanece quieto el 95 % del tiempo. En raras ocasiones, junto con otro órgano absolutamente maravilloso, la placenta, hace crecer a un nuevo ser humano. Sé que a vosotros, chicos, os gusta pensar que sois los únicos con un órgano que se agranda cuando es necesario, pero el útero pasa del tamaño de una pera al de un balón de fútbol. Está hecho de puro músculo y es tan fuerte que empuja al pequeño cabezón por el estrecho canal del parto. Al servir de cámara de incubación para todos los seres humanos, el útero es digno de varios elogios, aunque tiende a descontrolarse cada mes.

¿Para qué sirve el periodo?

Es habitual que la gente se conforme con el hecho de que el ciclo menstrual es el medio por el que el cuerpo femenino se prepara para el embarazo, pero es mucho más complicado que eso; así que tomad asiento y escuchemos la extraordinaria historia del ciclo.

La mayoría de los mamíferos no menstrúan, es una prerrogativa de los primates superiores. Es más, la hembra humana menstrúa más que cualquier otra criatura. Desde un punto de vista evolutivo, es difícil ignorar las consideraciones que conlleva el propósito central. Podría decirse que es un desperdicio de nutrientes importantes, a menudo muy doloroso y deja rastros evidentes para los depredadores cercanos. Además, ¿por qué otros mamíferos que menstrúan logran pasar por el embarazo con relativa facilidad mientras tienen camadas de docenas o más? ¿Por qué las hembras humanas son las que sufren?

Todo se reduce a ese extraño órgano llamado placenta.

Las hembras humanas, junto con los monos, conejos, simios, ratas y ratones, tienen algo que no tienen la mayoría de los mamíferos: una placenta hemocorial. Durante el embarazo, se forma y penetra profundamente en la gruesa capa de tejido endometrial para conectarse con el torrente sanguíneo de la madre. Allí, este intransigente representante del feto desvía suficiente sangre para abastecer al codicioso embrión en crecimiento. Al mismo tiempo, mantiene las arterias maternas llenas de sustancias químicas y hormonas que impiden que se contraigan y reduzcan el flujo sanguíneo. De este modo, la placenta tiene un acceso casi ilimitado al torrente sanguíneo de la madre. ¿Qué tiene que ver todo esto con la menstruación? Paciencia, *padawan.*

Está claro que el embarazo impone enormes exigencias al organismo, y la placenta hemocorial lleva la voz cantante. Una vez establecida, la madre pierde mucho control sobre sus hormonas. Además, corre el riesgo de sufrir una hemorragia si se desprende tras el parto. Desde este punto de vista, tiene sentido que el organismo investigue cuidadosamente los embriones antes de que se implanten, porque no vale la pena correr el riesgo de perder la vida con un feto enfermo.

Y llegamos al endometrio, que no es un entorno cálido y acogedor en el que un embrión delicado pueda acurrucarse: es un lugar duro y hostil, un campo de pruebas al que solo sobreviven los embriones más resistentes. El resultado es un juego del gato y el ratón entre el útero y el embrión, que sirve para proteger a la madre, porque cuanto más tiempo pueda retrasar el acceso de la placenta al sistema central (el torrente sanguíneo), más tiempo habrá para determinar si el embrión está sano. Mientras tanto, el embrión quiere desenrollar su placenta lo antes posible para aprovechar el rico suministro de sangre y aumentar la participación de la madre en su supervivencia. Como consecuencia, el endometrio se vuelve cada vez más grueso; en respuesta, la placenta fetal se vuelve más invasiva y agresiva.

Como solución mensual, cuando el cuerpo determina que no hay posibilidades de un embarazo saludable en camino, se despoja de todo el revestimiento superficial del endometrio. En la práctica, es un tipo de selección natural que de alguna manera funciona, pero no sin inconvenientes importantes, como el riesgo de menorragia (menstruaciones abundantes) y endometriosis (cuando un tejido similar al que se encuentra en las paredes del útero crece en órganos como los ovarios, la vejiga e incluso los pulmones). Estas enfermedades pueden ser muy debilitantes para quienes las padecen, ya que alteran considerablemente sus rutinas diarias y sus vidas.

Incluso sin afecciones ginecológicas asociadas, el útero sufre durante la menstruación uno de los procesos biológicos más dolorosos que conoce el ser humano: se trata de la isquemia. Cuando la capa muscular del útero se tensa, se produce una compresión de los vasos uterinos, y esto provoca un cese temporal del flujo sanguíneo a estos tejidos, y es solo una de las razones por las que los periodos pueden ser tan dolorosos.

El gran salto del huevo

¿Recuerdas cuando en las clases de biología te enseñaban un diagrama del útero, las trompas de Falopio y los ovarios, todos perfectamente unidos como si fueran una construcción de Lego? Bueno, lamento decírtelo, pero hay un espacio entre los ovarios y las trompas de Falopio y esto ocurre porque derivan de distintos tipos de tejido, lo que significa que se desarrollan por separado. En cualquier caso, los óvulos producidos en los ovarios deben pasar a través de un pequeño pero traicionero espacio entre los ovarios y las trompas de Falopio. Para maximizar las probabilidades de éxito, los óvulos suelen conectar con los tentáculos en forma de dedo situados en el extremo de las trompas de Falopio, denominados fimbrias, que los arrastran hacia las trompas en dirección al útero.

Si un óvulo fecundado se pierde y no llega al útero, el lugar más habitual donde se queda atascado o se pierde es en la trompa de Falopio, donde se implanta y provoca lo que se conoce como embarazo ectópico. Evidentemente, este no es el lugar adecuado, y puede dar lugar a una angustiosa urgencia ginecológica en la que haya que extirpar la trompa de Falopio.

En el caso muy raro de que un óvulo fecundado caiga en la cavidad abdominal, puede ser aún más catastrófico. Se han documentado casos extremadamente limitados pero aterradores de embriones fecundados que se han introducido en el hígado, un órgano muy vascular y rico en sangre. Basta decir que el hígado no está hecho para soportar un embarazo, y puede provocar la muerte de la madre.

Bebés de piedra

Las historias de embarazos ectópicos, y más concretamente de embarazos ectópicos abdominales, son comprensiblemente trágicas e inquietantes, pero la cosa no acaba ahí. En raras ocasiones, puede dar lugar a la creación de un bebé de piedra o litopedión.

Cuando un feto muere durante un embarazo abdominal, y se vuelve demasiado grande para que los tejidos lo reabsorban, el cuerpo lo trata como una sustancia extraña potencialmente dañina. En un intento de protegerse, el organismo se dedica a calcificar el feto. El «bebé de piedra» resultante suele confundirse con un bulto que no presenta problemas. En algunos casos, han permanecido encerrados en el cuerpo de la madre durante años, y a veces incluso décadas.

TODO SOBRE EL SISTEMA URINARIO

No te lo aguantes

Lo has hecho en innumerables ocasiones, de hecho, el personal sanitario de todo el mundo es tan culpable de ello como yo, pero no es bueno por varias razones. Afortunadamente, resistir las ganas de orinar es muy fácil, pero es mucho mejor para el cuerpo responder a esa llamada cuando se produce.

Contrariamente a la creencia popular, la vejiga y la orina no son estériles. La vejiga es una caverna oscura llena de todo tipo de hongos, bacterias, virus de todo tipo, células muertas, fragmentos de tejidos; si se permite que estas sustancias se pudran, proporcionan un terreno fértil para que las bacterias se multipliquen y causen desgracias más adelante.

Así que, la próxima vez que estés en el cine y sientas ganas, no caigas en la tentación de esperar a que salgan los créditos: orinar es una tarea vital. Los riñones filtran el exceso de sal, agua y residuos de la sangre, para luego destilarlos en orina, que acaba en la vejiga a través del uréter. La vejiga, el ingenioso matraz en el que se guardan todas las gotas doradas que acabarás esparciendo, tiene una capacidad de almacenamiento de entre 500 y 700 ml (unos dos vasos de agua). Normalmente, sentirás ganas de hacer tus necesidades cuando alcances el umbral de los 300 ml.

Al igual que el arte de evacuar los intestinos, la expulsión del oro líquido es (en su mayor parte) un ejercicio preciso y voluntario de armoniosa coordinación. Es una colaboración entre el centro cerebral que regula la micción, el músculo detrusor de la vejiga, los esfínteres uretrales interno y externo y, finalmente, algo de ayuda de los músculos del suelo pélvico. Cuando la vejiga se llena de líquido, su dilatación envía señales al cerebro para decirle que es hora de orinar. En respuesta, el cerebro se comunica con la vejiga para darle luz verde y abrir las compuertas o aguantar. Este es un paso fundamental, ya que de lo contrario las cosas podrían complicarse.

En el caso de los mamíferos de más de 1 kg, la duración de la micción en la mayoría de las especies es relativamente constante, con una media de 21 segundos. A pesar de las considerables diferencias en el tamaño de la vejiga en criaturas más grandes, parece que la duración es estándar en la industria. Se cree que esto se debe a la mayor longitud de la uretra de los animales más grandes y, por tanto, a un mayor caudal debido a la gravedad.

Si tienes el hábito de contener la orina con regularidad mientras ignoras los signos de contracción reflejos, es posible que tu vejiga se dilate más de lo normal para que retenga aún más la orina. En cuanto a superpoderes, este es uno de los míos; sin embargo, aunque retener la vejiga de vez en cuando es inofensivo, hacerlo con regularidad no siempre es bueno. En algunos casos, puede debilitar los músculos de la vejiga y amortiguar los signos de dilatación. Al final, todo esto genera cierta pérdida de elasticidad de la vejiga cuando tiene que volver a su tamaño inicial, así como una reducción en la intensidad de la dilatación, lo cual es necesario para que estés informado de la cantidad de pis presente. Como resultado, será más difícil orinar con normalidad. En algunos casos, esta vejiga hiperdilatada puede llegar a requerir un catéter para ayudar a orinar.

Existe un destino mucho más visceral por aguantar demasiado el pis, y es el de la explosión de la vejiga; por suerte, esta eventualidad es muy poco frecuente. Las probabilidades de sufrir una explosión de vejiga son muy bajas, pero nunca nulas. Cuando una vejiga estalla, la cavidad abdominal se llena rápidamente de orina, lo que requiere una intervención quirúrgica de urgencia inmediata.

Cuando se trata de retrasar el hacer pis, es más probable que te orines encima que sufras una ruptura de la vejiga. Solo ten en cuenta que, si logras resistir lo que es en gran medida una apertura involuntaria, siempre existe la posibilidad de que la estructura falle, lo cual conlleva un riesgo significativo de muerte. Estás advertido.

Si bien la vejiga puede resistir la obstinación a la hora de orinar, aguantarse repetidamente tiene más probabilidades de provocar incontinencia. Esto se debe al debilitamiento de los músculos del suelo pélvico, que forman un tirachinas alrededor de los órganos pélvicos y forman parte de los músculos centrales. La incontinencia urinaria también es frecuente en mujeres que han dado a luz o en personas que se han sometido a una cirugía pélvica importante y que pierden orina después de estornudar, toser o incluso reírse.

Por desgracia, la edad nos alcanza a todos, lo que significa que esos músculos del suelo pélvico tan enseñados pueden aflojarse y volvemos a correr el riesgo de mojarnos los pantalones como cuando éramos pequeños.

Además de comprometer posiblemente los músculos del suelo pélvico, también podrías estirar y debilitar los esfínteres uretrales externos. Estos guardianes musculares controlan el flujo de orina; si los aprietas, mantienes los grifos cerrados; si los relajas, se abren.

Si los estiras demasiado, puedes perder el control. Suele ocurrir solo con la retención crónica de orina, pero puede dar lugar a experiencias socialmente incómodas en las que se producen pérdidas inesperadas.

SÁLVATE A TI MISMO

Afortunadamente, puedes combatir los estragos del tiempo incluyendo ejercicios para los músculos del suelo pélvico en tu rutina diaria. Estamos hablando de los músculos centrales, que pueden activarse imaginando que intentas aguantar el pis o la caca durante unos segundos. Recuerda que se trata de una simulación para fortalecer los músculos, que responderán positivamente repitiendo el ejercicio entre diez y quince veces en una sesión diaria. Así que, si realmente necesitas ir al baño, no te resistas a la llamada de la naturaleza.

Pis de seguridad

Probablemente empezarás a despreciarme después de lo siguiente. Tras haber ensalzado las virtudes de no aguantarse las ganas de hacer pis, incluso aprovechando el miedo, ahora voy a explicarte por qué deberías dejar de hacer «pis de seguridad».

Permíteme describirte la escena: estás tumbado en la cama, disfrutando de la máxima comodidad. De repente, te convences de que tienes que verter líquidos en el banco de porcelana. Ignoras el pensamiento e intentas volver a dormir, pero te invade la angustia de mojar la cama. Te rindes y te diriges al baño para hacer el «pis de de seguridad», sabiendo perfectamente que no será la única vez de la noche.

Tu vejiga es una criatura que ama la comodidad; un niño caprichoso al que consientes ante las mínimas ganas de ir al baño: y, como todos los buenos padres, a veces hay que recordarle quién pone las reglas.

Por supuesto, es prudente hacer un «pis de seguridad» antes de un viaje largo, y de vez en cuando no pasa nada. Pero el hábito de ir al baño cuando realmente no lo necesitamos significa que la vejiga no se llena al máximo cuando la utilizamos. De hecho, estamos bajando el umbral más allá del cual se desencadenan las ganas de orinar, por lo que acabas sintiendo las ganas con más frecuencia. En algunos casos la consecuencia es un estrechamiento de la vejiga, no anatómica sino funcionalmente, para acomodarse a los menores volúmenes de llenado, limitando así su capacidad cuando realmente no había necesidad de hacerlo. El resultado final es un desagradable efecto de bola de nieve que puede dejarte con la sensación de que tu vejiga está llena cuando en realidad hay espacio de sobra en el depósito.

SÁLVATE A TI MISMO

Si tienes ganas frecuentes de orinar o algún indicio de incontinencia urinaria, tu vejiga podría ser candidata a una reeducación. No se trata de una rigurosa sesión de ejercicios abdominales, sino de una forma de terapia conductual que te ayuda a recuperar el control de tu órgano rebelde. Se tarda hasta tres meses o más, y básicamente te anima a aumentar gradualmente la capacidad de tu vejiga hasta niveles normales y luego se entrena para retener la orina durante periodos más largos.

Quizá pienses que sería mucho más fácil beber menos para no tener que ir al baño con tanta frecuencia. Es un plan poco aconsejable. Además de correr el riesgo de sufrir cálculos renales, si restringes la ingesta de líquidos acabas teniendo una orina muy concentrada en la vejiga. Esto puede actuar como irritante, lo que provoca aún más urgencia.

Presión hidráulica

Orinar es un arte, y, cuando se domina, se manifestará cuando la naturaleza nos llame y sin pensarlo dos veces. Sin embargo, el problema es que a veces los músculos del suelo pélvico y la vejiga no funcionan bien, especialmente cuando no se usan correctamente. Como resultado, orinar se convierte no tanto en un arte como en una tarea.

¿Alguna vez has expulsado la salida de la orina con fuerza? ¿Te has agachado para expulsar el pis? No deberías. La vejiga funciona y se vacía mejor cuando los músculos del suelo pélvico y los abdominales están ligeramente relajados. Cuando tensas los abdominales y aprietas los músculos del suelo pélvico durante el acto de orinar, estás confundiendo el orden natural de las cosas y condicionando a tu cerebro a tensar los músculos del suelo pélvico cuando en realidad deberían estar relajados. Cuando se contraen, se eleva la presión alrededor del cuello de la vejiga y la uretra. Esto limita el vaciado completo de tu vejiga, lo que ya he expresado que es malo.

Si sigues expulsando orina de forma sistemática, es posible que desarrolles un patrón de flujo entrecortado, con paradas y arranques, debido a la confusión de los músculos del suelo pélvico. Además, si eres hombre, lamento decirte que puedes tener un problema de próstata. La dificultad para orinar o tener que exprimir la orina puede ser un síntoma de hiperplasia prostática benigna, un agrandamiento no canceroso de la próstata. Los problemas de flujo también pueden deberse a problemas nerviosos, un efecto de la medicación o una infección de orina. En definitiva, si tienes problemas de flujo y dificultad para orinar, consulta a un médico.

SÁLVATE A TI MISMO

Aquí es donde te explicaré la forma de orinar más «saludable». Contrariamente a la creencia popular, sentarse para orinar proporciona una dinámica de flujo óptima tanto para las mujeres como para los hombres. Hay menos presión sobre el torso, lo que significa que el suelo pélvico está relajado.

Sentarse es una práctica que hay que fomentar, yo evitaría ponerme en cuclillas o agacharme sobre los retretes. Es muy difícil contraer una ETS en un baño público, pero si te cuesta acomodarte sobre un asiento de inodoro destartalado y aún caliente, cúbrelo primero con papel. Colocarse encima sin sentarse solo aumenta el riesgo de vaciado incompleto de la vejiga debido a la tensión de los músculos del suelo pélvico.

Si tienes prisa y necesitas presionar para hacerlo rápido, asegúrate de esperar a que haya empezado el chorro antes de realizar presión. Si lo haces antes de empezar, corres el riesgo de cerrar las válvulas que permiten que la orina salga del cuerpo. La paciencia al orinar siempre da sus frutos.

¿Tienes las piedras?

Tu cuerpo tiene predilección por los cálculos, desde los biliares a los salivales, e incluso los del ombligo (concreciones umbilicales creadas de forma atractiva por una masa de grasa cutánea, pelo y piel muerta, y que pueden resultar difíciles de eliminar de los pliegues del ombligo). La mayoría de las veces, este capricho del cuerpo no aporta ningún beneficio material, sino simplemente desesperación, dolor y desesperanza.

Los cálculos renales, esas gemas sin valor del abdomen, se forman cuando, con el tiempo, se cristalizan los productos de desecho transportados por la sangre. Si los riñones no están adecuadamente «estresados» con un suministro regular de líquidos, el fosfato, el oxalato, el calcio y la cistina pueden combinarse y endurecerse formando un bulto. Posteriormente, puede quedar atrapado en las crenulaciones y grietas de tus conductos de agua, desde los riñones hasta los uréteres y la vejiga. La mayoría de las veces, los cálculos renales tienen el nombre equivocado. La variedad más dolorosa que los pacientes presentan en el hospital se encuentra en los uréteres, los conductos que llevan la orina del riñón a la vejiga. Estos conductos tan finos son excelentes para retener rencores y, como se ve, también piedras cuando no te hidratas lo suficiente.

La razón por la que los cálculos renales que se atascan en el uréter son tan dolorosos es obvia: ¿por qué iba a doler un poco una piedra afilada y puntiaguda atascada en un tubo blando y apretado? Un cálculo en el uréter bloquea el flujo de orina desde el riñón. Esto hace que las paredes del uréter se estiren como un globo, lo cual es insoportable.

Si has tenido uno de estos maliciosos cristales acechando en tu vientre, lo recordarás hasta el día en que abandones tu forma corpórea. Lamentablemente, para la mayoría de la gente, un cálculo renal no es solo una aventura fugaz y sin romance, es un exnovio problemático que puede reaparecer en tu vida en el momento más inoportuno. Puede que no haya mucho que hacer para eliminar por completo el riesgo de cálculos renales, pero sí hay algunas medidas para reducirlo.

SÁLVATE A TI MISMO

No es ciencia exacta, ni siquiera neurociencia, pero la forma más sencilla de evitar la formación de cálculos renales en la mayoría de los casos es mantenerse hidratado. No te recomiendo que bebas una cantidad determinada de agua, pero sí asegúrate de que tu orina sea de color amarillo pajizo y no amarillo oscuro, que tus labios y boca no estén secos, que tu piel esté gruesa y tersa, y también que no tengas sed (y si haces ejercicio o es un día excesivamente caluroso, bebe un poco más para estar seguro). El agua diluye la orina, lo que puede impedir que cristalicen las sustancias químicas urinarias. También hay que tener en cuenta que el citrato de las bebidas con limón puede contribuir a prevenir la formación de cálculos renales. Mencioné anteriormente que el oxalato está involucrado en la formación de cálculos renales: la solución es consumir alimentos ricos en calcio, como los lácteos, el pan y las verduras. Esto permite que el calcio se una al oxalato en el intestino, lo que reduce la cantidad que es procesada y excretada por los riñones. En la práctica, esto ayuda a disminuir los niveles de oxalato en la orina y reduce las probabilidades de que se una al calcio urinario, lo que lleva a la formación de piedras dolorosas. De la misma manera, mantener la ingesta de sal al mínimo también puede ayudar a evitar que el problema se forme desde el principio.

Si consumes cantidades excesivas de proteína animal y has tenido cálculos en el pasado, quizá debas reducir tu consumo de carne roja. Consumir mucha carne de cerdo y ternera eleva los niveles de ácido úrico, lo que puede aumentar el riesgo de cálculos. Además, una dieta excesivamente rica en proteínas puede reducir los importantes niveles de citrato. No es necesario que te abstengas por completo de la carne roja y el consumo elevado de proteínas, pero si eres propenso a los cálculos, intenta limitarte a no más de 70 g de carne roja al día.

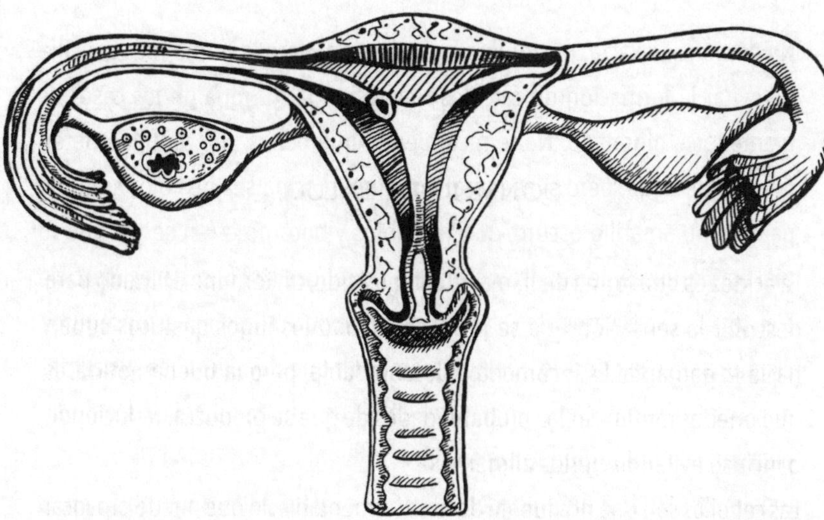

Los órganos reproductores femeninos

CONSEJO DE SALUD

La acidez es otra forma de llamar al reflujo ácido, un término utilizado para describir la sensación que se produce cuando los jugos gástricos suben hacia la garganta. Es incómoda y desagradable, pero la buena noticia es que puedes minimizar las probabilidades de que se produzca, reduciendo o incluso evitando ciertos alimentos.

Las cebollas son una rica fuente de fibra fermentable, lo que puede provocar un aumento de los eructos. Esto puede agitar los ácidos del estómago y hacer que se dirija contra el tránsito.

Limita los alimentos ricos en grasas, ya que estimulan la liberación de la hormona colecistoquinina. Esto puede hacer que el esfínter esofágico inferior se relaje, aumentando el riesgo de reflujo ácido.

Desconfía de la comida picante, a menudo contiene capsaicina, una sustancia química que ralentiza la digestión, por lo que los alimentos permanecen más tiempo en el estómago y aumenta el riesgo de acidez.

12. OJOS BIEN CERRADOS

CÓMO EL SUEÑO PUEDE MATARTE

Hacia el final de mi primer año como médico, la fatiga acumulada de turnos estresantes, combinada con la ansiedad inminente de los exámenes quirúrgicos de posgrado, me convirtieron en una persona que se levantaba accidentalmente a las tres de la mañana. Mi «sueño», si se puede llamar así, era una siesta larga salpicada de despertares. Durante semanas lo negué, era imposible que tuviera insomnio, me dije a mí mismo: ese no era yo.

Podía quejarme de los terribles turnos y de los compromisos laborales que se extendían a mi vida familiar, pero, francamente, no me tomaba el sueño en serio. Lo veía como una tarea que había que tachar al final del día. Mi mentalidad era «podré dormir cuando esté muerto». Era uno de esos mantras de médico invencible sin base científica, porque lo cierto es que dormir mal te lleva a una muerte prematura. Lo pensé, y luego me llevó meses de «trabajo» de sueño para descubrir qué estaba haciendo mal y, finalmente, corregir mi letanía de errores.

LAS DEFICIENCIAS DEL SUEÑO

El sueño es la base de todos los aspectos de la salud, tanto mental como física, y, apoya todo tipo de rendimiento cognitivo y físico.

Él sueño va incluso más allá de las tareas asignadas y controla aspectos como el sistema inmunitario, la cicatrización de heridas, la salud de la piel y el aspecto físico. Por desgracia, la autonomía de las baterías de nuestro cuerpo es tan limitada como la de la mayoría de las baterías de los teléfonos inteligentes. Debe recargarse regularmente, lo que sucede durante el sueño, porque si dejamos que se agote por completo, las consecuencias pueden ser catastróficas.

Esclavo del ritmo

Tal vez pienses que comes cuando tienes hambre, bebes cuando tienes sed y duermes cuando te sientes cansado. Sabes que tienes el control sobre estas cosas, ¿verdad? En cambio, incluso si sientes que puedes decidir, es solo una ilusión. Si estuvieras privado de todos los objetos materiales y vivieras en un mundo sin luces artificiales, despertadores, ni horarios de trabajo rígidamente estructurados, entonces el sueño, la sed, el hambre y varias otras llamadas biológicas no serían determinados por ti mismo, sino por el señor tiránico del tiempo, el reloj biológico interno, también conocido como núcleo supraquiasmático.

Esta pequeña pero densa colección de 20.000 neuronas en lo más profundo de tu cerebro es el «marcapasos» de nuestras vidas. Determina a diario no solo nuestro comportamiento físico, sino también los cambios en nuestro estado de ánimo y las emociones. Este metrónomo interno es muy sensible a la temperatura, la oscuridad y la luz, y, sin embargo, el verdadero monitor de control se encuentra en lo más profundo del cerebro. Es el dispositivo que nos ordena dormir y despertarnos. De hecho, entre otras muchas funciones, también le dice al cuerpo cuándo debe liberar hormonas e incluso cómo regular la temperatura corporal.

Todo, desde los latidos del corazón hasta la movilidad intestinal, se ve afectado por la hora del día. La rotación de la Tierra sobre su eje crea estos ciclos diarios de luz, temperatura y otras cosas a las que están esclavizados nuestros procesos biológicos. De hecho, todas las células del cuerpo contienen pequeños cronógrafos gobernados por el gran reloj del péndulo del cerebro, que funciona sobre la base de un ciclo de veinticuatro horas llamado ritmo circadiano. Cualquier alteración significativa del mismo puede incluso tener consecuencias en nuestra esperanza de vida. Solo trata de pasar una semana sin dormir para darte cuenta de que ignorar el reloj interno no es nada bueno.

La evolución y la vida nos han esclavizado al ritmo circadiano por una buena razón, y, en cambio, nosotros y nuestros cuerpos aprovechamos cualquier oportunidad para rebelarnos. Devoramos café para combatir la somnolencia, ponemos la radio a todo volumen y luego bajamos las ventanillas mientras conducimos cuando en realidad deberíamos estar durmiendo. Gracias a la corteza prefrontal, que nos convence de que sabemos lo que estamos haciendo, recurrimos a cualquier truco para escapar de Morfeo. Sin embargo, por mucho que luchemos, es una victoria pírrica; bien podemos ganar, pero el precio es muy alto. La alteración del ritmo circadiano afecta no solo al sueño, sino también al funcionamiento del metabolismo y el estado de ánimo, la reacción del cuerpo al estrés y varias hormonas que regulan el apetito, la energía, la función tiroidea, y mucho más.

El ciclo de la luz

Cada vez buscamos más los espacios oscuros. Por elección propia, nos encerramos en casa, en las oficinas y en los centros comerciales, manteniéndonos alejados de los espacios abiertos como trogloditas. Al hacerlo, nos privamos de lo que nos ayuda a sincronizar nuestro ritmo diario: la luz del sol.

Desde hace más de un siglo conocemos los dos principales receptores de luz de la retina: los bastones y los conos. Sin embargo, solo recientemente hemos descubierto que el ojo contiene un tercer sensor de luz. No es visual, pero es vital para mantener el ciclo sueño-vigilia. Sin él, se perdería cada vez más la sincronía con el tiempo y la vida se convertiría en un caos, esto significa que podemos ser visualmente ciegos y, sin embargo, nuestros ojos siguen teniendo la capacidad de ajustar nuestro reloj interno. Desgraciadamente, algunas personas a las que los oftalmólogos extirpan los ojos de forma profiláctica también pueden verse inmersas, sin saberlo, en un mundo de desfase horario perpetuo.

La gloria de la mañana

Durante milenios, el sueño y la vigilia de los seres humanos han estado armoniosamente en sintonía con los ciclos naturales de luz y oscuridad. Nuestro reloj biológico de 24 horas evolucionó en una época en la que no había teléfonos inteligentes ni pantallas de televisión, lámparas de noche y farolas. Era un dispositivo diseñado para mantenernos sincronizados con la salida y la puesta del sol, pero ahora, vivimos en una era tecnológica, y eso trae muchas ventajas, pero también una alteración no deseada y abundante de la luz.

Como resultado, nuestra salud del sueño se ve afectada.

Para volver a poner las cosas en su sitio, quiero hablarte de lo primero que tienes que hacer por la mañana. Esto puede parecer extraño para un capítulo sobre el sueño, pero déjame hacerlo. Uno de los principales desencadenantes del despertar es el aumento de la temperatura corporal y de la producción de una hormona llamada cortisol. Como a menudo se describe como una hormona del estrés, en general demonizamos erróneamente el cortisol y tratamos de evitarlo. El hecho es que, cuando se libera en cantidades específicas en momentos determinados, como cuando nos despertamos, el cortisol nos permite concentrarnos mentalmente, aumentar nuestro metabolismo y sacudir por completo los restos de polvo del sueño. Por esta razón, la luz tiene el efecto de aumentar la atención, como si fuera un café expreso orgánico. Es perfecto por la mañana, pero malo por la noche si estás tratando de dormir un poco.

SÁLVATE A TI MISMO

Una forma segura de hacer que el cortisol actúe en el momento adecuado es exponerse al sol o a la luz brillante una hora después de despertarse. Incluso si el cielo está nublado, los rayos UVI se filtran a través de ellos, y esto estimula las neuronas en el ojo que envían señales al reloj interno del cuerpo (el núcleo supraquiasmático), lo que hace que el cortisol aumente. No solo despierta el cerebro y el cuerpo, sino que también activa un temporizador que, cuando llegue la noche, nos permitirá conciliar el sueño. Además, suprimirá la hormona melatonina, limpiando el sistema de adenosina, todo lo cual nos haría sentir cansados en una etapa en la que tenemos que enfrentar el día. En última instancia, contemplar el amanecer no solo nos proporciona el estímulo biológico más poderoso para despertarnos por la mañana, sino que también afecta enormemente a nuestra capacidad para conciliar el sueño por la noche y dormir sin interrupciones.

DORMIR ES UN NÚMERO MÁGICO

Al igual que con la batería recargable que se agota rápidamente, el cuerpo humano necesita estar conectado a la red del sueño para reponer la reserva de energía. ¿Son necesarias siete horas de sueño? ¿Ocho? ¿Se puede argumentar que incluso se necesitan nueve? Desafortunadamente, no hay una respuesta precisa. En pocas palabras, necesitamos dormir lo suficiente para despertarnos descansados y alerta. Hay muchos factores en juego como la edad, la genética y el medio ambiente. De hecho, un sueño «normal» puede ser de cuatro a once horas, pero en promedio, la mayoría de las personas permanecen entre siete y ocho.

Algunos incluso tienen una variante genética, la mutación del gen DEC-2, gracias a lo cual se las arreglan muy bien durmiendo solo cuatro o cinco horas por la noche, mientras mantienen el rendimiento cognitivo de los que duermen mucho más.

Dormir en segmentos

Para calcular cuánto tiempo de inactividad necesitamos, es útil comprender los conceptos básicos de lo que sucede durante el sueño. Empecemos por darnos cuenta de que el cerebro no se apaga por completo mientras roncamos, sino que está extremadamente activo durante este proceso. Debemos considerar cuatro etapas del sueño, y es en el delicado equilibrio entre ellas donde se encuentra la clave para lograr una regeneración del cuerpo y la mente. En cada etapa, se pasa por una de las dos fases esenciales del sueño REM (movimiento ocular rápido), en las que el cerebro está relativamente activo y puede soñar, y la fase más profunda y regenerativa del sueño, llamada sueño no REM (NREM).

La etapa 1 es NREM y dura hasta diez minutos, mientras el cuerpo comienza a relajarse. En esta fase es fácil despertar.

La etapa 2 es NREM y dura un poco más, hasta veinticinco minutos. La frecuencia cardiaca disminuye progresivamente, pero el sueño todavía se considera «ligero».

La etapa 3 es NREM y dura cuarenta minutos. Es una fase esencial del sueño profundo (sueño de ondas lentas) que es necesaria para reparar el cuerpo, y determina qué tan descansados y alerta nos sentiremos cuando nos despertemos.

La etapa 4 comienza con la primera fase REM. Esta también es una etapa del sueño profundo, pero el cerebro sigue siendo extremadamente activo, al igual que en las horas de vigilia. Es en la fase REM cuando podemos tener ataques de sonambulismo, hablar en sueños y tener sueños y pesadillas muy vívidos.

Estas cuatro etapas forman un ciclo que termina en unos 90 minutos, y durante una noche de sueño se pasan por hasta cuatro o cinco ciclos completos. A medida que avanzas, la proporción entre NREM y REM cambia: la primera parte de la noche está dominada por el sueño NREM, que es más profundo y regenerador, mientras que a medida que te acercas a la mañana es el sueño REM el que se vuelve predominante. Independientemente de la hora a la que decidas irte a la cama, siempre cambias entre el sueño NREM y el REM, y esto ocurre en momentos específicos de la noche en función de tu ritmo circadiano. Por lo tanto, si te acuestas mucho más tarde de lo habitual, tus sueños serán un porcentaje más REM, y al haber tenido un sueño NREM menos profundo, es probable que te despiertes aturdido. La culpa es solo tuya, por supuesto. A menos que trabajes por turnos.

SÁLVATE A TI MISMO

Si notas que tu alarma te despierta de repente, vale la pena revisar tu rutina de sueño. O no estás durmiendo lo suficiente, o estás ignorando un momento, antes de que suene la alarma, en el que tu cuerpo ya está listo para levantarse. Como resultado, te sumerges en otro ciclo de sueño que está destinado a ser interrumpido. Esto puede ser especialmente irritante si ocurre mientras estás en una fase NREM en ese momento, ya que normalmente no despertarías de esta fase de sueño profundo. Sin embargo, el despertador no tiene piedad y puede interrumpir esta etapa crucial del sueño profundo en la que el cerebro descansa y organiza sus «tareas domésticas». Si te despiertas en esta fase, te sentirás aturdido y pesado, como si tuvieras resaca; esto es inercia del sueño, ya que las hormonas que estimulan la atención aún no han alcanzado su punto máximo. Es como si tu cerebro hubiera sido arrancado abruptamente a un estado de vigilia en lugar de un despertar gradual. Este choque al sistema desencadena una respuesta de estrés, lo que puede hacer que comiences el día con un ritmo cardiaco elevado y presión arterial alta.

La forma más sencilla de determinar cuánto sueño necesita tu cuerpo es establecer la hora a la que deseas despertarte y luego trabajar hacia atrás. El objetivo es despertarte de manera natural justo antes de que suene la alarma, y puedes lograr esto experimentando con tu hora de dormir, yendo a la cama más temprano o más tarde. Sin embargo, una vez que hayas establecido un patrón de sueño saludable, trata de no socavarlo con horas de sueño excesivas los fines de semana. Tu ritmo circadiano no reconoce que los domingos son un día de descanso, lo que significa que dormir hasta media mañana causará interrupciones más adelante. Esencialmente, tu cuerpo anticipa sus acciones diarias basándose en la rutina. Intenta mantener cierta eficiencia a través de un horario estricto, tanto en el metabolismo como en la función de los órganos e incluso en la expresión genética.

Al final, si has establecido un buen hábito de sueño, ya ni siquiera necesitarás despertador. Por un lado, el cuerpo odia esa herramienta infernal, es estresante a nivel biológico y extremadamente irritante. En un intento de no ser sistemáticamente expulsado de la cama por un tono de llamada, el cuerpo aumenta la proteína que regula el ciclo de sueño-vigilia para darnos una ventaja en el proceso de despertar. Esto puede ser tan preciso que podrías encontrarte abriendo los ojos unos minutos, o incluso segundos, antes de que suene la alarma. Si es así, tómalo como una señal de que tu rutina de sueño va por buen camino.

¿Qué ocurre durante el sueño?

Durante el sueño profundo, el subconsciente consolida una serie de pensamientos fugaces y los convierte en recuerdos a largo plazo. Junto a esta acción de archivado, tiene lugar un proceso de limpieza cerebral para eliminar la suciedad, tanto literal como metafísicamente. Durante el día, tu cerebro ha acumulado un surtido de proteínas basura y defectuosas, y luego durante el sueño, una ola oscilante de líquido cefalorraquídeo lo limpia todo en la unidad de eliminación de residuos incorporada, el sistema glinfático. Si permitimos que se acumulen, estos desechos pueden contribuir a enfermedades neurodegenerativas como la demencia.

El sueño ha evolucionado porque ofrece múltiples beneficios para la mente y el cuerpo. Es el momento del día en el que la producción de hormonas del crecimiento alcanza y estimula la regeneración de los tejidos dañados. Además, desempeña un papel esencial en el fortalecimiento del sistema inmunitario, la consolidación de la memoria y la regulación emocional.

Dormir menos significa más cortisol, la hormona del estrés, esto aumenta el flujo de sangre a la superficie de la piel, y genera círculos oscuros e hinchados alrededor de los ojos. El metabolismo de la glucosa en sangre también se ve afectado por el cortisol, lo que aumenta el riesgo de sufrir problemas metabólicos, resistencia a la insulina y cardiopatías crónicas.

El problema con el sueño es que tu cuerpo te obliga a sumergirte en un estado de animación suspendida sin ningún sistema de detección de vigilancia, convirtiéndonos así en una comida preparada para un tigre al acecho. Al mismo tiempo, no podemos comer, ni beber ni reproducirnos, es decir, todas esas cosas tan humanas que nos gusta hacer y que también son imprescindibles para la supervivencia. Si no fuera por el hecho de que el sueño cumple una función vital, sería el mayor error de la evolución. Está claro que la multitud de beneficios que ofrece hacen que valga la pena el riesgo de permanecer inmóvil en la oscuridad de la noche.

¿Qué ocurre si no dormimos lo suficiente?

En 1963, dos adolescentes intentaron permanecer despiertos el mayor tiempo posible. En un intento por ganar un concurso local de ciencias, Randy Gardner y Bruce McAllister se propusieron experimentar los efectos de la privación de sueño en el rendimiento cognitivo y físico. Los dos muchachos lanzaron una moneda al aire para determinar quién haría de conejillo de indias y quién de observador. Randy perdió.

Solo hay una razón por la que esta historia pasó a los anales de las extrañas historias médicas, y es porque fue cubierta por los medios locales, y la noticia del experimento de Randy llamó la atención del Dr. William Dement, investigador del sueño de la Universidad de Stanford.

Hasta entonces, los experimentos científicos sobre la privación del sueño habían provocado paranoia, labilidad emocional (cambios rápidos de humor) y otros problemas diversos. La muerte también era un efecto secundario que no debía pasarse por alto, por lo que supuso un cierto alivio para los chicos cuando Dement se ofreció a supervisar el experimento, junto con un oficial de la Unidad de Investigación Neuropsiquiátrica de la Marina estadounidense.

Para mantener a Randy estimulado, el equipo jugaba con él al pinball y al baloncesto, le impedían tumbarse e incluso lo hacían hablar cuando estaba en el baño para evitar alguna siesta furtiva. Las primeras 24 horas transcurrieron sin problemas. Sin embargo, el segundo día Randy tuvo dificultades para identificar objetos con el tacto. El tercer día se volvió irritable y le costaba enunciar ciertas palabras. El cuarto día tuvo lapsus de memoria y alguna alucinación ocasional, que luego aumentaron en intensidad y frecuencia el quinto día.

Durante los seis días siguientes, el estado de ánimo de Randy decayó. Empezó a hablar más despacio y a arrastrar las palabras. Sin embargo, seguía siendo capaz de jugar al tenis de mesa. Al final del experimento, y con un total de 264,4 horas que pasó despierto, Randy estaba inexpresivo y hablaba monótonamente, y, sin embargo, no parecía haber sufrido consecuencias graves. Había establecido un nuevo récord mundial.

El experimento sugirió que, durante la vigilia maratoniana, partes del cerebro de Randy esencialmente se habían dormido. Desde entonces, otros han batido este récord mundial, aunque cabe señalar que el Libro Guinness de los Récords ha dejado de aceptar intentos para esta actividad altamente peligrosa.

Programación del sueño

A menudo es difícil determinar si un reloj interno alterado provoca problemas de salud o viceversa. En cualquier caso, asegurarse de que el ciclo diario del cuerpo esté siempre equilibrado es probablemente lo mejor para nuestra salud en general, y lo es sin coste alguno. La idea de tener un reloj biológico puede parecer una metáfora graciosa más, pero lo cierto es que el cuerpo realmente necesita funcionar como un reloj suizo.

Si nos despertamos cada mañana a las seis y nos acostamos a las diez de la noche, tu cuerpo se acostumbra a este patrón de sueño. Esto significa que sabe exactamente cuándo liberar determinadas hormonas, como la melatonina, que nos hace sentir somnolientos. Si alteramos ese patrón de sueño y salimos hasta la una de la madrugada, el cuerpo interpreta el retraso como una amenaza. Así que, en lugar de desconectarse, el cerebro libera hormonas del estrés para ayudarnos a mantenernos alerta. El cuerpo solo intenta sobrevivir, pero acaba arruinando la calidad y la cantidad del sueño. Al respetar el ritmo circadiano tanto como sea posible de manera realista, dormir se convertirá en una certeza y no en una sorpresa.

Trabajar de nueve a cinco

Como una gran parte del mundo, si trabajas en un empleo diario regular, luchas por levantarte por la mañana y sientes que tus niveles de energía se desploman por la tarde, puedes agradecérselo a Henry Ford, el fundador de la Ford Motor Company. En la década de 1920, Ford inculcó la práctica de nueve a cinco para conseguir líneas de producción ultraeficientes en sus fábricas. Más de cien años después, gracias a una pandemia sorpresa que hizo necesario trabajar desde casa, cada vez nos cuestionamos más la cordura de los horarios rígidos.

Esto se pone especialmente de relieve cuando se tienen en cuenta las inclinaciones específicas del cuerpo a ser lento o enérgico en determinados momentos del día. Desde el punto de vista biológico, cada persona tiene hormonas diferentes con horarios de liberación distintos. Las fluctuaciones de temperatura también ocurren en diferentes momentos de un individuo a otro. La mayor parte de mi vida odié levantarme temprano. Mi padre tenía que sacarme de la cama los domingos por la mañana a las siete para tomar clases de natación con mi entusiasta instructor, y así todas las mañanas de lunes a viernes para ir a la escuela. Todos los días me vestía a la tenue luz del amanecer con la cabeza palpitando y el estómago retorciéndose de náuseas. Esta inclinación a estar dormido (o totalmente despierto) en cualquier momento del día se conoce como cronotipo. Está determinado en gran medida por la genética y nuestro reloj biológico, y rige muchos aspectos de nuestra fisiología.

Pero la sociedad no se divide en alondras matutinas y búhos nocturnos. Hay todo un espectro de preferencias, y la mayoría de las personas están en el centro, más o menos tendiendo a un lado o a otro.

La hora de la noche en la que estamos a mitad del sueño indica nuestro cronotipo. Es un factor importante, que determina cómo nuestro reloj biológico específico puede influir en nuestros comportamientos diarios. Por ejemplo, los madrugadores (alondras matutinas) pueden sentirse más enérgicos y activos por la mañana, pero cansados por la tarde y a primera hora de la noche. También hay cronotipos tardíos (búhos nocturnos) que se sienten cansados por la mañana, pero llenos de energía por la noche; también existen otras versiones de estos cronotipos que se sitúan en algún punto intermedio.

El cronotipo determina cuándo se libera melatonina en el organismo, lo que determina los niveles de sueño y la vigilia del ciclo. Esto es importante porque la sociedad moderna suele considerar perezosos a los «noctámbulos», ya que no vemos con buenos ojos a los que se levantan tarde. Estas pobres almas luchan por conciliar el sueño desafiando las fuerzas de la naturaleza de su biología para mantener un trabajo de nueve a cinco. No es de extrañar que los «búhos nocturnos» tengan un mayor riesgo de padecer problemas de salud si se enfrentan a este dilema.

Hay que tener en cuenta que la respuesta biológica al paso del tiempo no es inmutable. La mayoría de las personas tienen un cronotipo matutino en la infancia, y luego van adquiriendo gradualmente la apariencia de «búhos» durante la adolescencia. Incluso pueden pasar por una fase vampírica en la que siempre se quedan despiertos hasta tarde, y finalmente vuelven a levantarse más temprano en la vejez. Para entonces, madrugar es un bendito alivio.

Para halagarte aún más en lo que se refiere a ser único, tu reloj corporal está hecho a medida. No hay ningún dormitorio que pueda albergar a personas que compartan exactamente el mismo ritmo circadiano. Cada reloj biológico está siempre ligeramente desfasado con respecto a todos los demás. ¿Por qué? Una hipótesis centinela sugiere que podría servir a algún propósito evolutivo ancestral. Es posible que para las primeras tribus humanas, tal vez fue una ventaja que algunos miembros tomaran diferentes turnos de sueño para tener siempre a alguien a mano que vigilara a los depredadores que acechaban. Con el tiempo, el auge de la agricultura y la necesidad de aprovechar las horas de la mañana para la productividad relegaron a los noctámbulos a los rangos inferiores de la sociedad, por lo que se vieron obligados a adaptarse, y por lo tanto a soportar las consecuencias para la salud.

SÁLVATE A TI MISMO

Después de una buena noche de sueño, puedes despertarte deshidratado como un higo seco. ¡Qué cosa más bonita! El cuerpo ha tomado algunas precauciones para evitar los riesgos de pérdida excesiva de líquidos. Durante el sueño, el metabolismo se ralentiza, bajan los niveles de la hormona antidiurética para que retengamos la mayor cantidad de agua posible e incluso la temperatura corporal desciende; sin embargo, es inevitable una deshidratación leve después de una noche en posición supina (o acurrucado). Y aunque leve, es suficiente para influir en nuestro grado de alerta, concentración y estado de ánimo cuando nos despertamos. Para contrarrestar esta «zombificación» mental, bebe un gran vaso de agua por la mañana para recomponerte.

Lo ideal sería tomar el vaso antes que tu teléfono, ya que lo más probable es que lo revises en cuanto abres los ojos. Desde correos electrónicos a redes sociales y noticias de última hora, te ves abrumado por las distracciones, el estrés y las notificaciones antes de ponerte en marcha.

Antes de despertar, el cerebro pasa del patrón de ondas delta del sueño profundo a las ondas theta del sueño ligero. Al resurgir, luego pasa a las ondas alfa que lo acompañarán a lo largo del día, pero lo que realmente no necesita saber en esta fase de delicada transición es cuántos «me gusta» ha tenido tu último post sobre gatitos. Esto puede esperar, y el cerebro te lo agradecerá. Exponerse inmediatamente al microestrés que sin duda hará estragos durante el día solo desencadena reacciones indeseables del cuerpo. Siendo realistas, por el bien de tu bienestar, hay muy pocas cosas que no puedan posponerse al menos treinta minutos después de despertarte. En ese tiempo, por ejemplo, podrías disfrutar de un vaso refrescante de agua. Además de la baja lubricación, tu batería de glucosa estará funcionando en vacío. El ayuno involuntario autoinfligido que emprendes durante la noche agota los niveles de azúcar en sangre, dejándote irritable y cansado. Esto puede corregirse con una pequeña ración de fruta, incluso si no eres de los que desayunan, para recuperar la energía y promover el estado de alerta. Por último, para contrarrestar la rigidez de las extremidades y el óxido nocturno acumulado en las articulaciones, un poco de actividad enérgica, como un paseo a ritmo rápido o incluso estiramientos dinámicos, te ayudarán a liberarte de los demonios del sueño y a prepararte para el día.

El turno noche

Un reloj biológico alterado puede tener consecuencias más amplias y significativas que simplemente tener problemas para conciliar el sueño o despertarse por la mañana. Los efectos más extremos se observan en los trabajadores del turno de noche, donde el día y la noche se invierten. Las investigaciones han encontrado que los trabajadores por turnos, como los profesionales de la medicina, los trabajadores de fábricas y los auxiliares de vuelo que cambian de zona horaria, tienen un riesgo significativamente mayor de padecer diversos tipos de cáncer, trastornos metabólicos, problemas de salud mental e incluso enfermedades cardiovasculares. De hecho, incluso pequeñas alteraciones de una hora en los ritmos circadianos han demostrado ser perjudiciales para la salud, otra razón por la que hay que suprimir el horario de verano.

Como trabajador habitual del turno de noche, puedo dar fe de la sombría sensación que se apodera de mi cuerpo cuando, a las tres de la madrugada de un jueves, habiendo llegado al tercero de los cuatro turnos programados, me asomo al abismo de los ritmos del sueño no regulado. El turno de noche en el trabajo comprende una fase del ciclo de 24 horas en el que la función cognitiva y el estado de ánimo están en su punto más bajo, esto ocurre entre las tres y las cinco de la madrugada. Después del turno, obligamos a nuestro cuerpo a descansar en una fase menos propicia para el sueño, lo que no hace sino empeorar la fatiga y los trastornos del sueño. Es un reto para cualquiera, y una cuestión de establecer estrategias y rutinas que funcionen mejor cada uno de nosotros.

SÁLVATE A TI MISMO

Si tienes que trabajar cuando todo el mundo está en la cama, la primera solución es minimizar tu deuda de sueño antes de que comience la serie de turnos nocturnos. ¿Por qué? Porque la primera noche de trabajo es muy probable que experimentes un deseo insaciable de dormir y la capacidad de practicar tus habilidades lo mejor que puedas se reducirá. En la práctica, esto se puede conseguir durmiendo sin restricciones ni interrupciones la mañana anterior al turno de noche. Es decir, sin hora fija de despertarse y sin alarmas. ¡Qué felicidad! Incluso puedes echarte una siesta por la tarde, lo que ayuda a evitar el «bajón circadiano» natural de energía que experimentarás entre las dos y las seis de la tarde.

Un pilar clave en el arsenal de muchos trabajadores por turnos es la cafeína, un estimulante que se encuentra en el café. Sin embargo,por mi parte, no lo recomiendo. ¿Por qué? Principalmente, porque si te lo tomas demasiado tarde durante tu turno, podrías acabar comprometiendo el sueño al día siguiente, que ya se ve penalizado por la luz incesante, el ruido y la lucha contra nuestro reloj biológico.

Todos los procesos biológicos están sujetos al ritmo circadiano, incluida la digestión. Los tiempos de secreción de insulina y glucosa, la función hepática, la motilidad intestinal, la función intestinal y el vaciado gástrico se ralentizan durante la fase de sueño, y eso es exactamente lo que harán mientras luchas durante un turno de noche.

En última instancia, no puedes esperar que tu cuerpo se «acostumbre» a trabajar de noche a corto plazo. Los pasajeros de vuelos de larga distancia te dirán que tardan unos días en adaptarse. Por lo tanto, la prioridad es optimizar el sueño entre turnos para reducir la deuda de sueño y mitigar la fatiga. Las estrategias clave incluyen evitar la luz del día en el viaje de vuelta a casa con gafas de sol y crear un ambiente oscuro en el dormitorio para simular la noche durante el día. Minimizar el ruido diurno utilizando tapones para los oídos también te ayudará a reducir las interrupciones del sueño.

Al terminar un turno de noche en el trabajo, o al intentar reajustar el reloj corporal después de un viaje largo, es aconsejable volver a un patrón de sueño normalizado lo antes posible. Esto se puede conseguir de dos maneras: en primer lugar, utiliza la luz natural para avisar a tu cuerpo de que la rebelión ha terminado, esto puede significar salir al amanecer y al atardecer. Y luego, en el medio, considera la posibilidad de echarte una siesta de unos noventa minutos (un ciclo de sueño completo), lo que te ayudará a suavizar el tramo final antes de acostarte a una hora civilizada.

PROBLEMAS DEL SUEÑO

Parasomnia

Mientras dormimos, a menudo sucede que nuestro cuerpo da un golpe de Estado obligándonos a hacer cosas extrañas y peligrosas. Las parasomnias se consideran trastornos del sueño y no está tan claro si las personas que las padecen deben ser responsables de las acciones que no son conscientes de realizar.

En el extremo inofensivo del espectro de la parasomnia se encuentran actos como hablar mientras se duerme. El sonambulismo puede parecer inofensivo, pero conlleva un riesgo importante de lesiones. Contrariamente a los mitos urbanos que puedes haber oído, es muy aconsejable despertar a un sonámbulo para evitar que se caiga por las escaleras o cualquier otro peligro que se encuentre en su camino. En la sexsomnia, las personas que la padecen realizan actos sexuales mientras duermen, y en casos muy raros se han despertado para descubrir que el mal sueño en el que mataban a alguien era cierto. Aunque la mayoría de las parasomnias comunes son inofensivas y, por lo general, nos hacen murmurar tonterías, demuestran la delgada línea que separa el sueño de la vigilia.

En general, las parasomnias se producen durante la fase REM del sueño. Durante esta fase, el cerebro envía señales a los músculos que les permiten realizar los movimientos de los sueños. Afortunadamente, el cerebro suele enviar una señal de seguridad a los músculos para evitar que se lleven a cabo acciones reales, paralizando la mayoría de los músculos del cuerpo. Los únicos que pueden moverse libremente de este bloqueo son el diafragma, los pequeños músculos del oído y los que mueven tus ojos. Sin embargo, en algunos de estos trastornos del comportamiento denominados REM, la parálisis normal de los músculos durante la fase REM no se activa. Como resultado, con un movimiento sin restricciones de todos los músculos, el durmiente puede convertirse en un peligro para sí mismo y para los demás.

Parálisis del sueño

Cada noche, nuestro cuerpo es sometido a una anestesia natural autoadministrada. Su objetivo es mantenernos sanos y salvos, a menos que nos demos cuenta de lo que ha ocurrido. La primera vez que experimenté una parálisis del sueño fue en la semana previa a los exámenes finales de medicina. A las dos de la madrugada, tenía los ojos abiertos pero el cuerpo bloqueado. Ya fuera por el terror que me invadía o por los efectos de la película de terror que había visto unas horas antes, juraba que podía ver una figura amorfa acechando en la esquina de mi habitación. No hace falta decir que fue un momento profundamente perturbador y, afortunadamente, el sueño se apoderó de mí nuevamente durante el resto de la noche.

A lo largo de la historia, la parálisis del sueño siempre se ha descrito como una experiencia aterradora, con referencias a una figura, masas, extraterrestres o presencias demoníacas sentadas sobre el pecho del durmiente.

Es muy posible que hayas experimentado este pequeño problema cerebral. Se cree que una estructura del tronco encefálico llamada puente de Varolio controla el ciclo sueño-vigilia y se encarga de enviar sustancias químicas y señales a tu médula espinal para paralizar temporalmente tus músculos y evitar que escenifiquemos nuestras pesadillas más extravagantes huyendo de las bolas gigantes de queso.

Por desgracia, si intentas despertarte, el puente de Varolio no siempre deja enviar las sustancias químicas que mantienen los músculos paralizados, por lo que nos deja en parte despiertos, pero en parte todavía en un estado onírico, con visiones fantásticas de la mente. Es solo que el cuerpo no puede moverse... lo más parecido posible a una pesadilla hecha realidad.

Apnea del sueño

Durante el sueño, un conflicto entre el cuello y la garganta puede provocar ronquidos. Aunque no todo el mundo sufre este bloqueo anatómico, conocido como apnea obstructiva del sueño, afecta a millones de personas en todo el mundo, que literalmente dejan de respirar en múltiples momentos durante la noche.

Imagina tu garganta y las vías respiratorias superiores como una tubería que debe permanecer libre de obstrucciones para cumplir su función. Cuando estás despierto, la tubería está abierta para respirar y tragar. Cuando te acuestas para dormir, los músculos que rodean la tubería se relajan. Por extensión, todos los accesorios circundantes, como la lengua y el paladar blando, también pueden presionar aún más la tubería e interferir en el flujo de aire, y, como resultado, la tubería puede obstruirse.

Este error de diseño afecta a la persona que lo padece, que puede experimentar una noche de sueño no reparador y ahogado, seguido de fatiga diurna y niebla mental. También es probable que ronque, que es el sonido del aire tratando de superar la obstrucción por la noche. La guinda del pastel: cualquier persona que esté al alcance de su oído probablemente se verá privada de sueño a su vez, lo que también puede dar lugar a síntomas de irritabilidad y falta de raciocinio.

Entre los culpables evidentes de los ronquidos están las adenoides o amígdalas inflamadas, que pueden remediarse eficazmente con una operación quirúrgica. Otras causas son el aumento excesivo de peso, que puede dar lugar a un exceso de grasa alrededor de la garganta y el pecho, lo que restringe la respiración, y la solución pasa por un programa sensato de pérdida de peso. Inevitablemente, el envejecimiento influye en forma de degeneración, y, cuando afecta a la garganta, comienza la sinfonía del sueño.

Estructuralmente, el cuello es una construcción mal concebida. Es una habitación con un revoltijo de accesorios y equipos apretados unos contra otros. En cierto modo, es el precio que hay que pagar por ese gran cerebro y esa sofisticada capacidad de habla. Con poco espacio libre, hay que soportar, entre otras cosas, una cavidad bucal pequeña y un ángulo recto de la lengua. La apnea obstructiva del sueño es, literal y figuradamente, un dolor de cabeza, pero quizá también el precio que haya que pagar por ser humano.

SÁLVATE TI MISMO

Dormir es una parte obligatoria de la vida. En cualquier caso, no se puede resistir mucho tiempo y lo más probable es que te alegres de irte a la cama al final de cada jornada, pero ¿cómo puedes garantizar un sueño de calidad sin el riesgo del drama nocturno? Puede parecer que te estás poniendo en manos del destino, pero en realidad hay mucho que puedes hacer para asegurarte una buena noche de descanso.

*** Cuidado con la cafeína**

El principal ingrediente activo del café, la cafeína, es la droga psicoactiva preferida de muchas personas que buscan aumentar sus niveles de energía; al menos así es cómo se nos vende la cafeína. El hecho es que debe considerarse como un agente contra el sueño y no como un medio para aumentar el estado de alerta: solo parece dar energía.

Desde el momento en que nos despertamos, el cuerpo empieza a acumular sueño. Esta es la fuerza invisible que hace que estemos cada vez más cansados a lo largo del día. Tus células y tejidos queman energía en forma de una sustancia química llamada trifosfato de adenosina (ATP). Al quemar este tipo de madera biológica, las células generan adenosina difosfato (ADP) como subproducto, que se une a los receptores del cerebro para producir sueño.

La cafeína es estructuralmente similar a la adenosina, esto significa que puede engañar al cuerpo para que se cuele en los lugares donde se une a los receptores. En efecto, la cafeína interfiere con la adenosina cuando esta prepara al organismo para el descanso y, por tanto, evita que tengamos sueño. En un acto de venganza, la adenosina sigue aumentando y acumulándose en la parte trasera. Así, cuando la cafeína acaba metabolizándose, las moléculas de adenosina inundan los receptores que les corresponden y nos sentimos abrumados por un ataque de fatiga. Desde este punto de vista, hay que considerar la cafeína como un medio para retrasar el sueño, pero al final es una deuda que tendrás que pagar, y con intereses. Si necesitas tomar cafeína para funcionar, limita tu última taza de café a las dos de la tarde como máximo. Todo lo que se tome después de esa hora aumenta el riesgo de que la presión del sueño no se acumule adecuadamente para que el cuerpo sienta la necesidad de dormir. Esto culmina en un círculo vicioso de privación de sueño y falta de atención por la mañana, lo que fomenta aún más la necesidad de tomar más café a lo largo del día y así sucesivamente.

La inquietante verdad sobre la cafeína es que es a la vez una herramienta para remediar la consecuencia de dormir mal y también para compensar el horrible sueño que provoca la cafeína. Es una sustancia que esconde el mismo problema que ayuda a crear.

*** Dormir la siesta**

En el calor sofocante de Bombay, la siesta era una característica de los veranos de mi infancia a media tarde. Más tarde supe que mi afición a la siesta no se debía a la humedad y el calor, sino a la biología. El cuerpo humano está diseñado para la siesta, que actúa como una válvula de presión para liberar el estrés de la vida cotidiana: se reduce la presión arterial y la frecuencia cardiaca, y se fortalece el sistema inmunológico. Las investigaciones sugieren incluso que las siestas ayudan a potenciar la memoria y el rendimiento cognitivo.

Pero ¿cuál es la duración perfecta de una siesta? ¿Existe una duración biológicamente ventajosa y socialmente aceptable cuando se trata de echarse una cabezada durante el día? Una siesta de veinte minutos aporta algunos beneficios apreciables: basta con poner el cerebro en modo reinicio y sentirse vigorizado. Además, es menos probable que caigas en fases de sueño más profundas y de ondas lentas, lo que reduce el riesgo de despertarnos con la sensación de estar atontados.

Las siestas más largas, por ejemplo, de noventa minutos (que es lo que yo prefiero) se asocian a mejoras en el rendimiento y a una menor somnolencia residual que las siestas más cortas. Al cubrir un ciclo de sueño completo, tanto REM como NREM, se obtienen mejoras tanto en la memoria procedimental como en la emocional. La siesta de noventa minutos cubre técnicamente un ciclo de sueño completo, por lo que te despertarás en una fase más ligera y evitarás por completo los problemas de inercia del sueño. Como regla general, suponiendo que te acuestes sobre las diez u once de la noche, limita las siestas después de las cuatro de la tarde para minimizar el impacto en tu capacidad de conciliar el sueño.

*** Alerta de comida**

El tipo y el horario de las comidas pueden influir en la calidad del sueño. Las comidas copiosas y ricas en grasas (como el queso), o las raciones grandes ingeridas cerca de la hora de acostarse, pueden aumentar las probabilidades de indigestión y reflujo gastroesofásico. La combinación de estos factores puede alterar el ciclo del sueño y provocar pesadillas. Según mi investigación personal sobre el tema, esta es la ciencia que hay detrás de la extraña asociación entre el queso y las pesadillas.

El estómago suele tardar unos noventa minutos en vaciar el 50 % de su contenido en el intestino delgado. Acostarse antes de que transcurra esta hora y media puede significar que toda la actividad gastrointestinal dificulte el sueño.

*** Evitar los somníferos y el alcohol**

Los somníferos estimulan la producción de un neurotransmisor llamado GABA, y esto puede ayudar a calmar la actividad de las neuronas del cerebro. El alcohol tiene un efecto similar. El problema es que ambos son sedantes, y, aunque pueden favorecer el sueño, hay pruebas de que pueden restringir las ondas cerebrales más profundas que se observan en la fase de regeneración, lo que puede contribuir a sentirse aturdido a la mañana siguiente. También cabe mencionar que el alcohol interrumpe específicamente el sueño REM, lo que puede añadirse a la lista de riesgos para la salud asociados a la bebida.

Sin embargo, he recetado somníferos a pacientes en hospitales. Como era de esperar, con todos los pitidos estridentes y las luces parpadeantes a todas horas de la noche, los patrones de sueño de los pacientes son horribles. Sin embargo, se trata de una solución a corto plazo para un problema temporal en la mayoría de los casos. El sueño del paciente suele mejorar una vez que se le da el alta y está en casa. En resumen, los somníferos no son una solución a largo plazo; simplemente sirven para tapar las grietas.

*** Desconectar**

Durante el día, tu cuerpo es un coche que se precipita por la autopista. Naturalmente, cuando termina su trayecto, desacelera suavemente antes de aparcar. No se llega a toda velocidad sin correr el riesgo de crear el caos, y lo mismo puede decirse del sueño.

Antes de acostarse, hay que relajar el pulso, la tensión arterial, la respiración y la actividad mental. Así que, además de evitar hacer ejercicio a altas horas de la noche, evita ver películas cargadas de adrenalina, ruidos fuertes e imágenes estimulantes. Un estado de ansiedad, mucha energía o pensamientos acelerados no es lo que necesitas antes de acostarte porque retrasa la inducción del sueño (el tiempo que tardas en dormirte). Básicamente, el cerebro y el cuerpo necesitan mucho más tiempo para «frenar» antes de aparcar por la noche.

Comienza el proceso de relajación un par de horas antes de acostarte. Reduce la intensidad de las luces de la casa y minimiza el tiempo de pantalla y televisión. Considera la posibilidad de añadir algunos ejercicios de respiración ligeros, ralentizar conscientemente el corazón y la respiración. Leer un libro es otra forma eficaz de relajarse antes de entrar en el garaje del sueño nocturno.

*** Modo de reposo**

No toda la luz es beneficiosa para el reloj biológico. Si eres de los que se acuestan por la noche con el teléfono en la mano, la luz de la pantalla puede ser perjudicial y esto se debe a una asimetría particular entre la biología del ojo y la del cerebro. Sí, necesitas muchos fotones de luz para despertarte por la mañana, pero por la noche incluso un poco de luz artificial puede alterar tu ritmo circadiano.

No hay una regla establecida sobre cuándo debes dejar el teléfono antes de acostarte. No eres un niño y no quiero prescribirte una hora que pueda parecer poco realista o poco razonable, pero ten en cuenta que los juegos al anochecer sirven para estimular el cerebro y, posiblemente, también para aumentar los niveles de ansiedad. Si a eso le añadimos la luz artificial que estimula los globos oculares, tenemos una receta para el insomnio.

Al final del día, si te aterra apagar tu teléfono una hora antes de acostarte, es posible que debas considerar tu relación con la tecnología antes de dedicarte a mejorar tu salud del sueño.

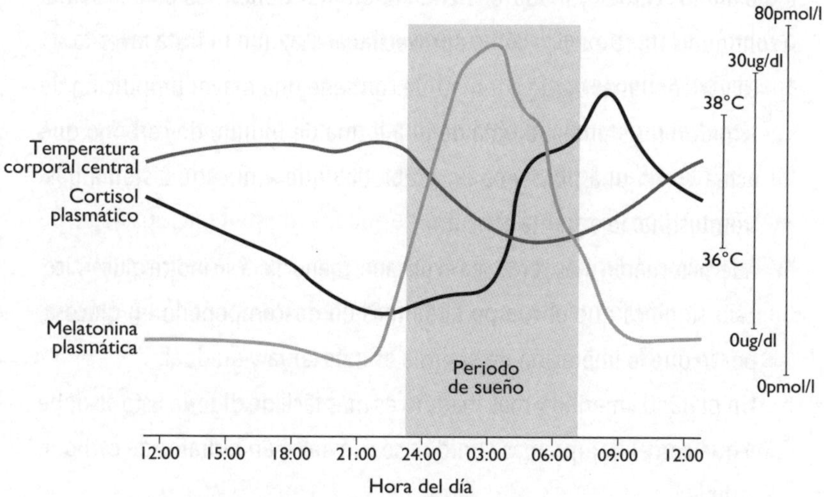

Las relaciones sincrónicas normales entre el sueño y el cortisol, la melatonina y la temperatura corporal.

CONSEJO DE SALUD

Los plátanos verdes y maduros tienen diferentes beneficios para la salud. A continuación, te explico cómo aprovechar al máximo tu fruta favorita:

* La variedad más verde e inmadura contiene una mayor proporción de almidón resistente. Se trata de una forma de hidrato de carbono que actúa como una fibra y es un prebiótico que a nuestro sistema gastrointestinal le encanta consumir.
* Además, cuanto más verde sea el plátano, menor será su índice glucémico. Esto significa que el cuerpo tarda más en descomponerlo en glucosa, por lo que la liberación de energía es más lenta y gradual.
* Un plátano amarillo y más maduro es más fácil de digerir. Esto se debe a que con el tiempo más almidón se convierte en hidratos de carbono simples.
* Un plátano marrón, o demasiado maduro, puede no parecer tan atractivo para algunos, pero contiene un mayor contenido de antioxidantes debido a la descomposición del pigmento clorofila.

13. LA GUERRA CONTRA LAS BACTERIAS

EXPLORANDO EL SISTEMA INMUNOLÓGICO

Lo que tenemos aquí es la versión humana de un antivirus. De manera biológica, el sistema inmunológico se actualiza con frecuencia, aprende de las interacciones y se renueva de forma automática a lo largo de tu vida. Es un código fundamental, diseñado para protegernos de todo tipo de amenazas. Sin embargo, para nuestra frustración, también falla con bastante frecuencia.

Pertenecemos a una especie enfermiza. Los humanos contraemos catarros, resfriados y gripes con mucha más regularidad que otras criaturas, y eso es solo lo más leve. Estamos atormentados por una miríada de otras enfermedades e infecciones, desde violentas diarreas que salen furiosas por tu tubo de escape hasta alergias potencialmente mortales que pueden convertir un cacahuete en una sentencia de muerte.

Muchas de estas patologías que nos acechan pueden atribuirse de forma directa a accidentes de nuestro sistema inmunitario. En general, hace un buen trabajo, el problema es que a menudo asume más de lo que puede. Entonces, de la nada, a veces puede volverse loco y mostrar tendencias autodestructivas.

Para ser justos, los humanos no hemos ayudado a nuestro sistema inmunitario en absoluto. Nos sumergimos en entornos urbanos densamente poblados y sucios. Durante siglos, no entendimos ni nos preocupamos por la higiene y, sin darnos cuenta, creamos un cóctel malévolo de bacterias patógenas, virus viciosos y parásitos debilitantes. Fue gracias a unos pocos pioneros en el campo de la higiene, la invención del microscopio y la fontanería moderna que la civilización ha sobrevivido hasta nuestros días.

La guerra oculta

En este mismo momento se está librando un conflicto, y tiene lugar dentro de tu cuerpo. Un ejército de supersoldados microscópicos espera vigilante; algunos patrullando cada grieta de tu cuerpo en busca de peligro, otros corriendo de cabeza a la batalla. Estos son los buenos y están de tu lado, se amparan bajo la bandera del sistema inmunitario. Está a tu servicio desde que naces: siempre ahí, vigilándote. La verdadera pregunta es: ¿quién vigila a los vigilantes?

A pesar de su gran esfuerzo, el sistema inmunitario ha recibido órdenes ingratas. Con un ejército de células, se esfuerza por mantenernos a salvo de un bombardeo de bacterias y virus. Sin él, estaríamos muertos, y, sin embargo, cuando comete el más mínimo desliz y te carga con un pequeño resfriado o una alergia al polen, ahí vamos quejándonos de que estamos agotados como si de alguna manera nuestro guardián interno contra estas dolencias no fuera de fiar.

Salvo raras excepciones, el sistema inmunitario nunca abandona su puesto, pero, sin embargo, es propenso a los colapsos y comportamientos autodestructivos, y nosotros somos el daño colateral. A menudo falla su objetivo y ataca a sus propias células, lo que provoca enfermedades autoinmunes. Incluso reacciona de forma exagerada ante partículas inofensivas, como el pelo de gato, dando lugar a emergencias potencialmente mortales. A veces ni siquiera detecta células anormales que podrían convertirse en cancerosas.

Campo de entrenamiento

Nuestro cuerpo está expuesto cada día a una gran variedad de materiales extraños. Aun así, todavía no sabemos cómo determina la diferencia entre los agentes externos nocivos y los inofensivos. Lo que sí sabemos es que el sistema inmunitario se somete a una especie de entrenamiento inicial en el útero y luego en la primera infancia.

Hay algo de ciencia ficción y ligeramente distópico que ocurre cuando eres una forma de vida embrionaria en ciernes y es un proceso conocido como eliminación clonal. A tus células inmunitarias embrionarias nacientes se les presentan trozos de tus propias proteínas fetales. Las células inmunitarias que reaccionan de modo innecesario a estas sustancias suspenden la prueba. Sin piedad, son eliminadas para siempre de un sistema inmunitario destinado a atacar solo a invasores extraños.

Cuando, en el momento del nacimiento, somos proyectados a este mundo séptico, el sistema inmunitario debe entender cuáles son sus verdaderos enemigos, y curiosamente, la única manera de hacerlo es a través de la experiencia en el campo, y es por eso que los niños enferman de manera constante, porque aún están acumulando inmunidad y datos sobre virus y otros microbios.

Listo y preparado

El sistema inmunitario consta de dos divisiones militares. La primera se denomina respuesta inmunitaria innata y se trata de un método de barrera que abarca la piel y el revestimiento del tubo digestivo. Ambas son líneas divisorias físicas que pueden impedir la entrada de agentes infecciosos en el organismo.

Para respaldar a estos soldados de infantería, el cuerpo recurre a un armamento de última generación que opera bajo el nombre en clave de fagocitosis. Se trata de un término utilizado para describir la ingestión de bacterias por parte de células capaces de producir interferones, un nombre de ciencia ficción para una proteína de vital importancia que puede limitar la replicación de células infectadas por virus. Sin embargo, a pesar de su sofisticación, la respuesta inmunitaria innata emplea un método de defensa disperso. Es un instrumento tosco y contundente para hacer frente a una amenaza percibida, lo que provoca la activación de una respuesta inflamatoria rápida sin un objetivo específico en mente. Así que, aunque los patógenos perezcan, hay muchas posibilidades de sufrir daños colaterales, como inflamación generalizada cuando se contrae una infección simple o se sufre una erupción alérgica. Sin embargo, el sistema inmunitario innato no siempre detiene estos ataques, por lo que necesita apoyo.

La respuesta inmunitaria adaptativa consiste principalmente en un pequeño grupo de glóbulos blancos altamente entrenados para operaciones especiales, denominados linfocitos. Estos proceden de dos campos de entrenamiento o «linajes»: los linfocitos B y los linfocitos T. Los veteranos de las células B producen de forma exclusiva inmunoglobulinas específicas, que en resumen son anticuerpos para detectar patógenos invasores y anular la amenaza. Los anticuerpos pueden hacerlo uniéndose de modo directo a los invasores y atajándolos o uniéndose a las toxinas que puedan producir los patógenos. En algunas ocasiones, también pueden señalar cualquier microbio para que la unidad de patrulla del sistema innato pueda destruirlo.

En cuanto a las células T, estos tipos son unos psicópatas. Estamos hablando de un grupo de temerarios soldados kamikazes que pueden destruir células cancerosas o incluso células infectadas por virus, y no tienen piedad. Además, existen células T auxiliares que pueden ayudar tanto a las células B como a las células T asesinas a realizar su trabajo.

Los anticuerpos producidos por los linfocitos B permanecen en el torrente sanguíneo durante años por si el enemigo repelido vuelve a atacar. Aunque la mayoría de los linfocitos T asesinos mueren una vez finalizada su misión, algunos se quedan como mercenarios a sueldo, ya que pueden recordar cómo atacar a patógenos específicos. Estos tipos están listos para ser llamados a primera línea en cualquier momento reactivando su función de exterminio. Si fueran seres humanos, sin duda protagonizarían programas de supervivencia en televisión.

Las armas a prueba

El sistema inmunitario es adaptativo y rara vez olvida. Esto significa que la exposición posterior a patógenos culmina en una respuesta inmunitaria más fuerte y rápida. Por suerte, también significa que algunas infecciones, como el sarampión, solo se contraen una vez. Este sistema inmunitario adaptativo es el que intentamos manipular cuando nos vacunamos.

Al exponer el cuerpo a componentes de agentes patógenos para que ni estemos infectados ni enfermos, empujamos al sistema inmunitario a participar en una batalla simulada. De este modo, se familiariza con el rostro del enemigo y se prepara para la guerra real que se avecina.

Aunque este sistema inteligente y adaptativo nos protege de infecciones graves, y, sobre todo, de la muerte, tiene tendencia a reaccionar de forma exagerada. Esto puede dar lugar a docenas de enfermedades autoinmunes, desde la diabetes tipo 1 hasta la celiaquía.

En las últimas décadas se ha producido un aumento desmesurado de estos problemas de salud, que se ha relacionado con el mayor uso de antibióticos y una dieta menos diversa y rica en alimentos procesados.

SÁLVATE A TI MISMO

La idea de «reforzar» el sistema inmunitario es engañosa. Suena bien, pero un sistema inmunitario hiperactivo puede provocar problemas como alergias o enfermedades autoinmunes como la esclerosis múltiple. Lo que realmente hay que hacer es optimizar el sistema existente. Pero ¿qué se puede hacer para cambiar las cosas?

En primer lugar, exponerse un poco a lo malo puede ser bueno. Cada vez que entrelazas tu lengua con la de otro ser humano durante un beso, también intercambias unos 80 millones de bacterias. Sumergir dos veces los chips de maíz en una salsa compartida permite que se produzca el proceso de intercambio bacteriano, al igual que si te pones cerca de alguien y le hablas. Esto debería tranquilizarte, y de todos modos no puedes tomar una de mis chips…

No voy a detallar todos los beneficios de una dieta sana y equilibrada para tu sistema inmunitario. Ya lo habrás oído todo y, sin duda, querrás que te dejen comer tranquilamente, pero hay un grupo de alimentos que puede marcar una gran diferencia, y la mayoría de los occidentales no los consumen lo suficiente. La fibra no solo estimula los microbios intestinales que ayudan a descomponer los alimentos, sino que también entrena al sistema inmunitario para combatir las infecciones. Estos microbios intestinales actúan como barrera de defensa primaria contra las enfermedades y producen micronutrientes importantes como la vitamina K, que contribuye al funcionamiento eficaz del sistema inmunitario. La avena, los cereales integrales, las alubias cocidas, las manzanas y los plátanos están repletos de esta sustancia, por lo que no hay nada mejor que comerlos. No es necesario gastarse un dineral en bayas de goji y semillas de chía para alcanzar los 30 g de fibra diarios recomendados.

Además, los alimentos de colores vivos, como los cítricos, la col lombarda, los pimientos y las bayas, contienen un elevado número de flavonoides. Estos son compuestos químicos de origen vegetal que pueden ayudarte a combatir enfermedades e inflamaciones.

Complementar la dieta con una rutina de ejercicio razonable y dormir bien beneficiará a tu sistema inmunitario. Por último, tendrás que dejar de beber. Lo sentimos, pero el alcohol puede suprimir las defensas y reducir el número de microbios beneficiosos en el intestino.

En general, de hecho, todos estos cambios en el estilo de vida son bastante desafiantes. ¿Estamos seguros de que no hay atajos?

Pensemos en la vitamina C, que interviene en muchas funciones corporales importantes, como la producción y la actividad de los glóbulos blancos. Por eso, no consumirla en cantidad suficiente merma gravemente nuestra capacidad para combatir infecciones. Pero, y es un gran «pero», la mayoría de la gente de los países ricos obtiene toda la vitamina C que necesita de su dieta. Incluso un solo kiwi contiene más del 100 % de la ingesta diaria recomendada por los médicos. Como nuestro cuerpo no puede almacenar vitamina C, cualquier exceso acabará tirado por el retrete (igual que todo el dinero que te has gastado en suplementos). Aunque hay muy pocas pruebas de que tomar suplementos de vitamina C evite que enfermes, si ya estás resfriado, tomarlos con regularidad puede reducir su duración, aunque solo sea en un 8 %. En otras palabras, un resfriado de cinco días puede durar unas diez horas menos. Piensa en cuántos pañuelos te ahorrarías.

Pero antes de lanzarte a tomar un tubo entero de pastillas de vitamina C, ten en cuenta que puede provocar algunos problemas de salud graves, como diarrea, náuseas y cálculos renales, por eso se recomienda no tomar más de 2000 mg al día.

Algunos de estos suplementos de vitamina C se han asociado con otro micronutriente. El zinc es un mineral que ayuda a nuestros soldados celulares a unirse a las células infectadas y atacarlas. Si se toman en las primeras veinticuatro horas tras la aparición de los síntomas del resfriado, los suplementos de zinc pueden marcar una gran diferencia en la duración y gravedad de la infección. Se ha demostrado que una dosis diaria de zinc hace que la recuperación de los resfriados sea tres veces más rápida, con un 22 % menos de estornudos y la mitad de tos. Pero tomarlo con vitamina C en uno de esos comprimidos efervescentes de naranja no funcionará: los suplementos de zinc solo son realmente eficaces si se toman en forma de pastillas que se chupan en la parte posterior de la garganta. El inconveniente es que hay que tomar una cantidad bastante elevada de zinc para que sea eficaz (unos 80 mg al día), una cantidad considerablemente superior a la de la mayoría de los suplementos (y 10 veces superior a la ingesta diaria recomendada). Además, ingerir más de 80 mg puede causar problemas digestivos y deficiencia de cobre (que provoca anemia y reduce el recuento de glóbulos blancos, justo lo contrario de lo que se quiere conseguir).

La vitamina C y el zinc se han comercializado durante décadas como remedios contra el resfriado, pero también hay un nuevo competidor: la vitamina D. En realidad, no es una vitamina, sino una hormona que favorece la absorción del calcio en el organismo. También interviene en el equilibrio de nuestro sistema inmunitario, ayudando a nuestros soldados celulares a luchar contra las infecciones y reduciendo las infecciones e inflamación, y nuestra probabilidad de desarrollar enfermedades autoinmunes. A pesar de ello, casi mil millones de personas en todo el mundo no la consumen en cantidad suficiente. A diferencia de la mayoría de las vitaminas, solo obtenemos alrededor del 10 % de nuestras necesidades diarias de vitamina D a través de la dieta y alimentos enriquecidos como los pescados grasos, la carne roja, los huevos y los alimentos fortificados como los cereales, aunque la mayor fuente de vitamina D viene del sol.

Cualquiera que haya pasado el invierno en un país alejado del ecuador entenderá por qué esto es un problema. Durante el invierno en el Reino Unido, por ejemplo, no recibimos suficiente radiación UV del sol para producir toda la vitamina D que nuestro cuerpo necesita. Por ello, el Servicio Nacional de Salud recomienda tomar 10µg de suplementos de vitamina D al día entre octubre y marzo. Esto es especialmente importante si tienes la piel oscura porque el pigmento melanina impide que la poca luz ultravioleta que hay llegue a donde tiene que llegar.

Como ocurre con otras vitaminas, también es posible consumir en exceso algo bueno: una sobredosis de vitamina D provoca peligrosas acumulaciones de calcio en el organismo, que pueden debilitar los huesos, y dañar los riñones y el corazón. La buena noticia es que si te limitas a menos de 100µg (10 veces la cantidad diaria recomendada) es poco probable que tengas problemas.

Apocalipsis de los antibióticos

Uno de los mayores logros de la medicina moderna es, sin duda, la creación de la penicilina por Alexander Fleming a finales de los años veinte y la avalancha de antibióticos que le siguió en las décadas posteriores. Sin embargo, es un arma de doble filo. Sin duda, los antibióticos salvan vidas cuando se utilizan adecuadamente, pero su uso excesivo favorece la evolución de superbacterias.

También puede perturbar la armonía natural de tu ecología interna y contribuir a la evolución de problemas autoinmunes. Entonces,

¿podría ser este milagro de la medicina el responsable de nuestra perdición? El reloj sigue avanzando hacia el apocalipsis posantibióticos. Un mundo en el que, una vez más, incluso un simple corte puede ser letal. En un mundo moderno tan sofisticado, ¿cómo hemos llegado hasta aquí y qué podemos hacer al respecto?

La respuesta, para ser francos, tiene su origen en la ignorancia. No sabíamos que los antibióticos eran un recurso valioso y los repartimos como si fueran caramelos y, sin darnos cuenta, dimos a las bacterias la oportunidad de evolucionar y hacerse resistentes. Y es que cuando las bacterias se exponen a los antibióticos, las que presentan mutaciones tienden a escapar a un ataque tan selectivo. Potencialmente, estos microbios mutantes pueden reproducirse y crear una población de bacterias superresistentes, y no solo los humanos pueden albergar este movimiento de resistencia. Usamos antibióticos en el alimento y el agua del ganado para prevenir brotes de enfermedades... Ya puedes imaginar hacia dónde va esto. En esta línea temporal alternativa posterior a los antibióticos —llamémosla un escenario peor de lo esperado que tal vez valga la pena considerar—, las infecciones resistentes a los medicamentos matan a 10 millones de personas al año. En un mundo en el que la quimioterapia es insegura y las cirugías simples son demasiado arriesgadas, algo como la neumonía podría volverse imparable.

Durante mucho tiempo hemos tenido esta relación de odio con las bacterias, pero en realidad estas antiguas criaturas existen desde hace mucho más tiempo que nosotros. Desde el punto de vista de la salud intestinal, podría decirse que nos permiten funcionar como lo hacemos hoy. Disfrutamos de una simbiosis pacífica con ellas la mayor parte del tiempo, pero los antibióticos comerciales que utilizamos son indiscriminados. Puede que hayan acabado con las bacterias malas, pero también destruyen muchos de los otros microbios beneficiosos en el microbioma del intestino que ayudan a desplazar a microbios más malévolos como *Salmonella, Campylobacter* y *Clostridium difficile*.

Por suerte, tenemos algunas soluciones para la inminente crisis de los antibióticos que se avecina. Gracias a los avances científicos, podemos centrarnos en combatir la resistencia a los antibióticos, pero también hay esperanza en el mundo natural. Un posible salvador es un tipo de virus llamado bacteriófago. Estas antiguas criaturas son los organismos más abundantes del mundo, son inofensivos para los humanos y existen para invadir otras bacterias, reproducirse y destruirlas eficazmente. Los hongos son otro candidato esperanzador en la lucha contra los antibióticos, ya que sabemos que algunos producen sustancias químicas que matan bacterias. Hay muchas esperanzas puestas en estos avances, porque sin ellos podríamos estar condenados.

No estoy sugiriendo que dejemos de utilizar antibióticos. Solo tenemos que ser más inteligentes sobre cuándo y cómo los usamos. Por ejemplo, los antibióticos sirven para tratar enfermedades bacterianas, pero son inútiles contra las enfermedades víricas, como los resfriados y la gripe, y sin embargo en algunas partes del mundo donde los antibióticos están disponibles sin receta, se consideran la primera línea de defensa. Por ahora, la guerra continúa. Es una carrera armamentística entre bacterias y antibióticos que sigue ganando velocidad y solo podemos esperar que tenga un final feliz.

El saboteador

¿Qué ocurre cuando el sistema inmunitario se altera? ¿Qué se siente exactamente cuando los guardianes atacan al cuerpo que deben defender? Esta es la esencia de la enfermedad autoinmune y ocurre con más frecuencia de lo que muchos reconocen.

Estamos hablando de un buen ejemplo de una tarea fallida exitosamente. La enfermedad autoinmune es un poco como confiar a un puñado de niños excitados por un exceso de azúcar la tarea de lavar los platos como mejor les parezca; se lanzarán a la tarea, solo para destrozarlo todo. Cuando el sistema inmunitario inteligente falla en un huésped sano, se produce una respuesta inflamatoria y el resultado es el daño causado al tejido sano. Un ejemplo dramático de esto son afecciones autoinmunes como el lupus o enfermedades inflamatorias intestinales como la enfermedad de Crohn o la colitis ulcerosa. El sistema inmunitario reconoce las células normales del cuerpo como extrañas y las ataca. Es un sistema antienfermedad que se ha convertido en la causa de la propia enfermedad.

Desde el punto de vista médico, las enfermedades autoinmunes son frustrantes de tratar. ¿Por qué? Porque no hay un tumor claro que extirpar, ni bacterias que matar con antibióticos, ni virus que sofocar con anticuerpos: el villano eres tú. Es un ejemplo extremo de fuego amigo. Cuando tu cuerpo se ataca a sí mismo (a ti), a menudo la única solución es suprimir todo el sistema inmunitario. Naturalmente, esto aumenta el riesgo de contraer otras infecciones, y, a veces, el tratamiento es tan malo como la enfermedad.

Como última crueldad en este extraño y a menudo despiadado autosabotaje, las afecciones autoinmunitarias afectan desproporcionadamente a más mujeres que hombres. Además, debido a la cronicidad de los síntomas, suelen ir acompañadas de depresión y otros problemas de salud mental. Ojalá pudiera deciros que existe algún tipo de compensación evolutiva que hace que las enfermedades autoinmunes tengan algún beneficio, pero por desgracia, no. Se trata de un error del sistema inmunitario; un mal funcionamiento que solo podemos esperar que se convierta en cosa del pasado a medida que evolucione la medicina.

Cacahuetes en el avión

Para ser un sistema de defensa fuerte y resistente, tu sistema inmunitario puede ser muy delicado si se topa con algo inofensivo, como el polen o el gluten, y decide irracionalmente tomarle aversión.

En general, las alergias pueden no alterar tanto la vida como algunas enfermedades autoinmunes, aun así, tienen algo en común. En ambos casos, el sistema inmunitario funciona mal y pierde el control. Tanto desde el punto de vista del sentido común como del médico, las alergias son una locura. Tu cuerpo desencadena una respuesta inmunitaria tan agresiva ante una sustancia inofensiva que podría matarte. ¿Una reacción exagerada? Podría decirse que sí.

Hoy en día parece que todo el mundo es alérgico a algo. Por desgracia, no todas las alergias son iguales; puedes tener una intolerancia inocua a un alimento concreto que provoca un cosquilleo en la boca o picor en la lengua, o una anafilaxia en todo su esplendor y potencialmente mortal, en el caso de las alergias graves a los frutos secos.

¿Estamos demasiado limpios?

En el siglo pasado nos dimos cuenta de que no todos los microbios son malos. La mayoría son inofensivos; de hecho, muchos pueden ser beneficiosos. Esta noción dio lugar a la «hipótesis de la higiene», que postula que nuestros entornos relucientemente limpios, en los que aislamos a los niños y a nosotros mismos de todo tipo de agentes microbianos, pueden tener consecuencias negativas para el sistema inmunitario.

Esto no es todo, la idea de que tenemos que ser menos higiénicos es intrínsecamente errónea. Relajar las normas de higiene sería, de hecho, un paso atrás. Por un lado, disminuiría el patio de recreo donde el sistema inmunitario aprende a fortalecerse, pero, cuando eres niño, tu sistema inmunitario en desarrollo recibe señales de todos los pequeños encuentros de tu vida, desde jugar en la tierra o quedarse a dormir en casa de un amigo y hasta comer alimentos que se han caído al suelo de la cocina. En una sociedad en la que cada vez hay menos posibilidades de que se produzcan estos encuentros, tu sistema inmunitario, preparado, pero relativamente inexperto, podría dispararse. La solución es ser sensato. Sal, conoce gente, disfruta de la vida y lávate las manos cuando sea necesario, evita tomar antibióticos al menor resfriado e intenta no dormir sobre caca de perro.

SÁLVATE A TI MISMO

A nivel celular, puede que no haya mucho que hacer para influir en la campaña de guerra de por vida de tu sistema inmunitario. Sin embargo, puedes alistarte en la buena batalla reforzando tus primeras líneas de defensa. Tu cuerpo está lleno de orificios, agujeros, grietas y hendiduras. Patógenos como los virus y las bacterias aprovechan la oscuridad, la humedad y tus superficies pegajosas para sembrar el caos en un ámbito más amplio. Algunos de estos agentes incluso secuestran los revestimientos mucosos de la nariz, la garganta, los pulmones, e incluso los intestinos, para desencadenar ataques de tos, estornudos y diarrea. De este modo, se reproducen y se dispersan por el mundo para infectar a sus congéneres. Puedes evitar ser cómplice de estos actos atroces tapándote los agujeros de la cara al toser o estornudar. Si te sientes indispuesto, no sería mala idea revivir ese aspecto de encierro llevando una mascarilla cuando salgas a la calle.

Tu cuerpo también está recubierto de conductos secretos que conectan todo tipo de aparatos de fontanería. Por ejemplo, el conducto nasolagrimal, que va desde el punto lagrimal, en la comisura de los párpados, hasta la nariz. Este conducto permite el drenaje de las lágrimas, razón por la cual cuando lloras tienes diarrea nasal. Peligrosamente, este mismo conducto también tiene una conexión secreta con los senos paranasales, así como con el oído medio a través de la trompa de Eustaquio. Como por alguna extraña razón te encanta tocarte la cara y los globos oculares, un virus o microbio patógeno de tu dedo podrían pasar rápidamente a tu globo ocular, y desde allí el conducto lo introducirá profundamente en tu cuerpo. La solución más eficaz es lavarse las manos con regularidad y, básicamente, dejar de tocarse la cara. Al reducir lo que sin duda es el hábito de toda una vida, podría incluso salvarte de una muerte prematura.

El caso contra el cáncer

Si has conseguido esquivar todo tipo de bestias infecciosas que acechan a la humanidad, existe la amenaza de un cruel monstruo que se cierne sobre todos los humanos.

Las tasas de cáncer han aumentado constantemente en los seres humanos porque, bueno, nos hemos vuelto buenos en no ser asesinados por otras cosas. Esto significa que cuanto más vivamos, mayor será la probabilidad de que nuestro sistema inmunitario no mate a una célula rebelde, lo que equivale biológicamente a dejar el horno encendido.

Se podría argumentar que el cáncer es el peor defecto de diseño de todos. Es posible reducir el riesgo de cáncer, detectarlo, tratarlo, extirparlo, irradiarlo y envenenarlo, pero con la ciencia actual sigue siendo imposible eliminar el riesgo por completo. ¿Por qué? Porque existe donde hay células y donde se produce la replicación celular.

Otra razón por la que no existe una «cura» universal para el cáncer es que a menudo se malinterpreta su naturaleza. La palabra «cáncer» es un término genérico que engloba cientos de patologías muy diferentes. No es una entidad, es un proceso de enfermedad. Cada cáncer, incluso dentro del mismo tipo de órgano, como la mama o la vejiga, es notablemente diferente en cuanto a su composición genética. El cáncer es tan único como su ADN.

Al igual que las enfermedades autoinmunes, el cáncer se produce cuando las propias células se vuelven rebeldes. Esto significa que dejan de obedecer las leyes que las rigen y se niegan a dejar de crecer cuando se les ordena. En lugar de ello, se multiplican y se convierten en una masa peligrosa. Ocasionalmente, si no se controla, el cáncer puede aprovecharse de diversos sistemas de transporte internos y conseguir un viaje a otras partes de tu cuerpo. La propagación del cáncer se conoce como metástasis. Es un proceso que puede ir debilitando progresivamente el cuerpo debido al aumento de la demanda metabólica de las células cancerosas y la pérdida gradual de función de los distintos sistemas de los que se apropia.

El cáncer es difícil de tratar porque no se trata de expulsar a un invasor, sino de erradicar una insurrección desde dentro. El tratamiento es, de hecho, un ataque contra uno mismo. Al extirpar un cáncer de intestino, por ejemplo, los cirujanos también tenemos que cortar un margen de tejido sano normal; además, la quimioterapia también ataca a las células sanas.

No siempre se puede culpar al sistema inmunitario de no detectar cánceres precoces. Al fin y al cabo, casi todas las células del cuerpo experimentan mutaciones genéticas aleatorias y, con frecuencia, estas son consecuencia de las toxinas del entorno. Durante mi época en la facultad de medicina, cuando revisaba el componente escrito de mis exámenes finales, me enfrenté a esta pregunta: un hombre de 75 años que trabajaba en una fábrica de tintes de anilina se queja de pérdida de peso, sangre en la orina y dolor abdominal. ¿Cuál es el diagnóstico más probable? Había una lista de respuestas, pero por reflejo me habían enseñado a reconocer que el cáncer de vejiga suele estar causado por toxinas relacionadas con el entorno laboral.

SÁLVATE A TI MISMO

El cáncer infunde miedo en todos nuestros corazones, y con razón. En marcado contraste con muchas cosas que pueden matarnos, a menudo asoma su cabeza mutada sin ninguna señal de advertencia. Aunque es muy poco lo que se puede hacer para prevenir el cáncer, es posible mitigar algunos factores de riesgo asociados al estilo de vida. Algunos pueden parecer obvios, pero la relación causal es tan fuerte que explicarlos podría salvarle la vida.

Fumar es quizá uno de los mayores villanos de la alineación. Un solo cigarrillo puede dañar el ADN, que es el desencadenante del cáncer. Fumar puede provocar cáncer en prácticamente todos los tejidos y órganos del cuerpo, desde el páncreas hasta el hígado, pasando por los ovarios e incluso algunas formas de leucemia. Los cigarrillos electrónicos no llevan en el mercado tanto tiempo como el tabaco, por lo que es difícil sacar conclusiones firmes sobre la asociación con el riesgo de cáncer. Lo que sí sabemos es que los vapores de algunos cigarrillos electrónicos pueden contener carcinógenos, que es como se denomina a cualquier agente cancerígeno.

El consumo de alcohol también está relacionado con el cáncer, por lo que reducir su ingesta o dejarlo por completo tiene mayores beneficios para la salud. También está demostrado que una dieta equilibrada rica en fibra y el ejercicio regular ayudan a reforzar las defensas del organismo, al igual que unos buenos hábitos de sueño. Un gran respeto por el poder del sol también reducirá el riesgo de desarrollar cáncer de piel (melanomas), lo que significa que hay que aplicarse protección solar incluso en los días más fríos con poca nubosidad. Como nadie es inmune al cáncer, tu cuerpo te agradecerá que te sometas a revisiones periódicas por parte de un profesional sanitario. Tu médico de cabecera puede aconsejarle un programa adecuado.

Para terminar el recorrido por el sistema inmunitario, seamos claros y razonables. A pesar de sus defectos, sigue siendo un escudo defensivo bastante bueno. Si fuera totalmente malo en su trabajo, hace tiempo que habríamos sucumbido al desmesurado número de microbios asesinos que merodean a nuestro alrededor como buitres. En realidad, gana billones de batallas cada día de tu vida. De hecho, tu sistema inmunitario está tan bien adaptado que viene con la garantía de detectar el 99,9 % de todos los ataques. Sin embargo, no lo celebres demasiado pronto, porque eso deja un recuento diario de unos diez millones que pasan desapercibidos.

Si, después de leer todo lo que hemos dicho hasta ahora, te sientes como un fracasado total y como si tu cuerpo te hubiera defraudado, y que parece que nunca acierta en casi nada, recuerda que tu cuerpo supervisa alrededor de 1x1011 divisiones celulares al día, es decir, se las arregla para copiar con éxito el ADN unos 100 quintillones de veces, y tú solo cometes un error por cada millón de copias y aun así acabas recogiendo el 99,9 % de ellas. Bien hecho.

Una célula T

CONSEJO DE SALUD

Limpiarte el agujero del ano con un dedo descarado cada vez que te duchas o bañas podría ahorrarte un mundo de irritación y dolor. No me refiero a una inserción completa o a un examen interno, pero entrar y rodear esas grietas donde pueden adherirse las escamas fecales es imprescindible.

* Como cirujano intestinal, examino a diario tubos de escape oxidados. Con demasiada frecuencia, con la ayuda de un guante y lubricante, un barrido de mi dedo encuentra restos de heces que son la principal causa de *pruritus ani*, también conocido como «picazón anal».
* Para la mayoría de la gente, el picor en el ano es una molestia, pero una mala higiene perianal (como se conoce) puede provocar infecciones como abscesos anales, básicamente un grano interno que puede doler como mil demonios.

14. ESTE ES EL FINAL

DESTERRANDO LOS HECHOS SOBRE LA MUERTE

Era mi segundo turno de noche consecutivo, o quizá el tercero. Aunque hacía poco que había obtenido el título de médico, seguía sintiéndome como si acabara de ponerme la bata con un estetoscopio colgado del cuello. Mi localizador acababa de sonar, invitándome a una solicitud para certificar la muerte de un paciente; esto es algo que había observado pero que nunca había realizado yo mismo. En ese momento, sentí un peso de responsabilidad que nunca antes había experimentado. Solemnemente, pero con determinación, recorrí los oscuros pasillos de la sala y localicé la habitación del paciente recién fallecido: una anciana que había muerto de neumonía.

Había una quietud en la habitación que no había sentido antes, y el cuerpo era el centro de esa quietud, inexpresivo y envuelto en una bata de hospital. Ya había visto la muerte antes, pero me pareció que los ojos abiertos de la mujer se encontraron con los míos cuando me cerní sobre ella.

Recordé los pasos necesarios para certificar la muerte de un paciente. En primer lugar, toqué con un trozo de papel tisú la córnea del paciente, la parte más externa del ojo, para provocar un parpadeo repentino (lo que se conoce como reflejo corneal), pero no se produjo. A continuación, le iluminé los ojos con una linterna, las pupilas estaban inmóviles y fijas en lugar de contraerse y dilatarse como lo harían en respuesta a la luz y la oscuridad respectivamente. A continuación, apreté el músculo trapecio, que cubre el hombro, y también ejercí presión sobre el esternón; no hubo respuesta de ninguna de las dos pruebas. Luego, llegó el momento de auscultar el tórax con mi estetoscopio. Tenía veinticuatro años y desde que entré en medicina me había encontrado con varias formas de muerte: los brutales esfuerzos fallidos de reanimación de una mujer de 94 años, el paro cardiaco de un paciente durante una operación, los cadáveres anónimos empapados de formol en el laboratorio de disección. Esto era diferente. Apenas media hora antes, mi paciente aún respiraba. Falleció sin conmoción, su cuerpo sucumbió a una implacable infección torácica.

Mi estetoscopio captó ruidos, lo que me sobresaltó brevemente, pero luego me di cuenta de que se debía a la interferencia del movimiento de mi mano. Cuando lo anclé firmemente, no oí más que un silencio inquietante. Tuve que escuchar durante cuatro minutos. En ese tiempo, mi mente se llenó de pensamientos sobre la vida de esta mujer: su infancia, sus seres queridos y sus últimos pensamientos al dejar este mundo. No la conocía, ni siquiera me había encontrado con ella en vida, y sin embargo sentí una profunda responsabilidad hacia ella en ese momento. Una vez confirmada la muerte, levanté las sábanas para cubrir su cuerpo, como un padre que arropa a su hijo, y me retiré de la habitación. Antes de volver al ajetreo, el bullicio y los pitidos de una sala movilizada, cerré la puerta como para no despertarla.

La muerte no siempre es una derrota, a veces, es una conclusión natural derivada de las limitaciones de la medicina y de la inevitable progresión de la enfermedad o la edad. Aunque había completado este trabajo, y me enfrentaba a una montaña de otros antes de terminar mi turno, reconocí que su fallecimiento era algo más que marcar una casilla. Fue, me di cuenta, un encuentro con una fuerza elemental que sigo encontrando en el curso de mi carrera, y que un día vendrá a por mí.

El precio de una larga vida

Hubo un tiempo en que a los seres humanos se les concedían unas tres décadas de vida sobre la Tierra antes de abandonar sus espirales mortales y expirar. Sin embargo, en los últimos doscientos años, las máquinas de carne hemos alargado considerablemente nuestras fechas de caducidad. Hoy, a los treinta años, ya no estamos llegando al final de nuestra vida como nuestros predecesores, y, en lugar de eso, probablemente estamos empezando a «actuar como adultos».

Los cuerpos humanos han pasado por el trajín de diversas enfermedades y autodestrucciones, desde la fiebre tifoidea hasta la adicción al tabaco, pero siguen en pie orgullosos. Desde la llegada de la ganadería y la agricultura, y también al asentarnos más cerca de los animales, nos rodeamos efectivamente de nuevas enfermedades, lo que fue el primero de muchos errores. Luego, al gravitar hacia densas aglomeraciones urbanas plagadas de malas condiciones sanitarias, creamos caldos de cultivo para la peste. En el siglo XIV, la peste negra acabó con entre el 30 % y el 60 % de la población europea. Contraatacamos con medidas higiénicas adecuadas, vacunas y, más tarde, antibióticos, pero el aumento de nuestra esperanza de vida ha tenido un precio. Sí, podemos vivir lo suficiente para sermonear a las generaciones más jóvenes sobre cómo era mejor en nuestros días, pero al hacerlo invitamos a cánceres, enfermedades cardiacas y derrames cerebrales a nuestras vidas en la vejez.

¿Que haya... vida?

A los médicos siempre les han intrigado los límites entre la vida y la muerte. En 1774, ese interés llevó a la fundación de la Real Sociedad Protectora de Animales de Londres. Conocida entonces como la «Sociedad para la Recuperación de Personas Aparentemente Ahogadas», su objetivo era desarrollar y difundir información sobre cómo prestar primeros auxilios para salvar vidas con el fin de rescatar a las personas que estaban al borde de la muerte.

En aquella época, la respiración boca a boca se consideraba una práctica vulgar. Contrastaba fuertemente con el uso de enemas de tabaco, en los que el humo del tabaco se bombeaba literalmente por el ano del moribundo con unos fuelles y se consideraba completamente aceptable, y hay un pequeño número de informes de que este procedimiento realmente funcionó. Desde el punto de vista de la medicina moderna, es más probable que a los pacientes se les devolviera la vida al bombearles aire caliente por el culo. De ser cierto, imagino que un porcentaje debió de morir de indignidad.

Afortunadamente, la Royal Humane Society también fomentaba tratamientos más convencionales, como el uso de la electricidad para devolver el conocimiento a las víctimas. Un informe de 1794 describía cómo, tras caer por la ventana de un segundo piso, una niña llamada Sophia Greenhill fue rescatada del borde del abismo mediante la aplicación de electricidad en el pecho.

Aunque parezca mentira, el uso de la electricidad en medicina se remonta a la antigüedad: los antiguos médicos romanos utilizaban las descargas eléctricas del pez torpedo negro para tratar desde dolores de cabeza hasta la gota o un prolapso anal. Sin embargo, no fue hasta el siglo XVIII cuando realmente pudimos aprovechar el poder de la electricidad para nosotros mismos.

Un médico italiano llamado Luigi Galvani fue el primero de muchos en demostrar la capacidad de la electricidad para estimular el movimiento en cadáveres; hablamos de ranas, no de personas (todavía). Demostró que unos cables conectados a los nervios y músculos de anfibios muertos hacían que sus extremidades se movieran vigorosamente. Su sobrino, Giovanni Aldini, llevó estas demostraciones de desafío a la muerte un paso más allá. Comienza en una gélida mañana de 1803, cuando el asesino, George Forster, fue ahorcado en la prisión de Newgate. Segundos después de exhalar su último suspiro, el cuerpo inerte de Forster fue trasladado al Royal College of Surgeons de Londres, la escuela de cirugía de Londres, donde fue tendido sobre una larga losa de piedra en medio del quirófano. A su lado se paseaba Aldini que en sus manos sujetaba dos cables metálicos unidos a una alta columna de placas metálicas, que era lo más parecido que tenían a las baterías de litio de bolsillo que usamos hoy. Cuando los nerviosos espectadores callaron, Aldini conectó los dos cables a las sienes del muerto y encendió su artilugio metálico.

Inmediatamente, la cara de Forster se contorsionó violentamente y su ojo izquierdo se abrió de golpe. El público jadeó y saltó en sus asientos, pero Aldini se limitó a sonreír y soltó tranquilamente los cables. El cuerpo quedó inmóvil. A continuación, acercó uno de los cables a la oreja del muerto y le introdujo el otro por el ano (al parecer, esto les parecía muy bien, pero la respiración boca a boca seguía siendo demasiado vulgar). Llevó los extremos de los cables a su brillante torre metálica y completó el circuito una vez más. Esta vez, las piernas del cadáver empezaron a patalear, su espalda se arqueó y su puño derecho cerrado golpeó vigorosamente el aire. Muchos de sus espectadores tuvieron la sensación de haber asistido a un milagro, aunque Aldini no había conseguido reiniciar el corazón del cadáver. De hecho, en cuanto retiró los cables, el cuerpo volvió a quedar sin vida.

Las noticias de esta dramática demostración viajaron por toda Europa, y es probable que una joven Mary Shelley se enterara de la electrizante demostración de Aldini; trece años más tarde escribió su novela mundialmente famosa, *Frankenstein*.

Todo este asunto de la «chispa de la vida» dio lugar a algunas demostraciones impresionantes y fue responsable de una de las obras literarias más seminales del siglo XIX. Pero ¿hasta qué punto es fiable la ciencia que hay detrás de todo esto? Aunque parezca mentira, es mucho más razonable de lo que se piensa. Los trabajos de Galvani y su ambicioso sobrino acabaron abriendo la puerta a la investigación sobre el papel esencial de la electricidad en todos los seres vivos.

De hecho, impulsa todos tus movimientos y pensamientos, los latidos de tu corazón e incluso la propia conciencia. En algunas personas, sobre todo después de una operación o un infarto, estas señales pueden desincronizarse. Esto puede hacer que el corazón lata demasiado rápido o demasiado despacio, o sin ningún ritmo, claro. En estos casos, el paciente puede llevar un marcapasos artificial, un pequeño dispositivo que se implanta en el pecho y envía señales eléctricas al corazón para indicarle cuándo debe latir con normalidad. En muchos sentidos, Galvani fue todo un visionario, ya que ahora utilizamos desfibriladores para reanimar a personas clínicamente muertas. En muchos sentidos, la electricidad es la esencia de la vida, y, sin ella, solo hay oscuridad.

Prepararse para la muerte

Muchos vivimos como si fuéramos inmortales. El antienvejecimiento se ha convertido en un objetivo comercial muy popular y no cabe duda de que hoy en día exprimimos hasta la última gota de vida que nuestro cuerpo puede soportar. Como la muerte parece tan lejana, el lenguaje que la rodea se ha vuelto abstracto e higienizado.

Soy consciente de que mi profesión puede parecer peculiar, me dedico a prolongar la vida, pero a veces la muerte tiene las de ganar. Aunque los cadáveres son un elemento familiar de mi lugar de trabajo, no nos reunimos en torno a ellos en los descansos para conversar ni nada por el estilo, pero si me encuentro con una muerte en un turno, ya no me estremece como aquella primera vez.

Aunque tengo una visión profunda, personal y antigua de la muerte, soy consciente de que la mayoría de la gente no ha visto nunca un cadáver. En mi opinión, esto hace que enfrentarse cara a cara con la muerte sea un reto, tanto si uno mismo está cerca del final como si está conectado con otras personas a las que les queda poco tiempo. Incluso hemos creado todo un léxico para eufemizar al respecto, no morimos ni expiramos, sino que fallecemos, descansamos en paz o cruzamos el puente del arcoíris, como si quisiéramos sugerir que hay algo esperándonos al otro lado. Utilizamos estos términos como atenuantes para calmar y gestionar el proceso de la muerte, y sin embargo a veces eso solo conspira para reforzar el tabú que la rodea.

Es importante afrontar la verdad ineludible de que tu cuerpo, en algún momento, debe descomponerse y reciclarse. Al final de la vida, el gran contenedor verde nos espera a todos. En última instancia, si queremos afrontar el tema de la mortalidad con libertad, no podemos escabullirnos de él, sino que podemos tratarlo con tanto humor como respeto; solo tenemos que enfrentarnos a los hechos para aceptarlos.

Evitar la realidad sobre la muerte puede ser perjudicial. No hay más que ver lo que ocurre cuando intentamos prohibir cosas que no nos gustan, como el alcohol en Norteamérica durante la prohibición, el cannabis o *Frankie Goes to Hollywood*. Seguirá habiendo demanda de muerte porque la biología dicta que nuestros cuerpos tienen una vida útil. Solo podemos elegir si aceptarlo o no con honestidad y hacer las paces con lo inevitable, sea cuando sea.

SÁLVATE A TI MISMO

Tanto si estás sano y en forma como si padeces una enfermedad terminal, aprender a hablar de la muerte puede resultar curiosamente reconfortante. Al hacer de lo tácito un tema cotidiano, la muerte pierde el aire de miedo e incertidumbre que puede perseguirnos a todos. De hecho, abrazar el tema puede aportar tranquilidad, desde conversaciones cruciales entre los seres queridos, sabiendo que el tiempo se acaba, hasta la toma de decisiones prácticas en un intento de recuperar el control de tu futuro capítulo final (como hacer un testamento o elegir si quieres ser reanimado en caso de un episodio terminal).

¿Cuándo estás de verdad muerto?

Dado que le preguntas a un médico, argumentaré que hay dos tipos diferentes de muerte: clínica y biológica.

La muerte clínica es cuando dejas de respirar y tu sangre deja de fluir. Es decir, estás prácticamente muerto, pero en algunos casos este tipo de muerte es reversible. Por ejemplo, Audrey Schoeman, una mujer británica que sufrió una hipotermia grave durante una tormenta de nieve en los Pirineos españoles, estuvo clínicamente muerta durante seis horas antes de recuperar el conocimiento.

También Janina Kolkiewicz, una polaca de 91 años, que pasó once horas en la cámara frigorífica de una morgue antes de despertarse para quejarse de que tenía frío y hambre.

De hecho, un número suficiente de personas han recuperado espontáneamente la función cardiaca tras haber estado clínicamente muertas, por lo que el fenómeno se ha ganado su propio nombre: síndrome Lázaro. Increíblemente, el 35 % de las personas que lo padecen consiguen volver a llevar una vida normal y sana después.

Dejando a un lado el terror asociado a ese concepto, ¿cómo sabemos cuándo alguien está propiamente muerto? Aquí nos centramos en el segundo tipo de muerte: la muerte biológica. Esto ocurre cuando un paciente no tiene actividad cerebral restante; una vez que se tiene muerte cerebral, no hay vuelta atrás.

Suena obvio, pero los pacientes con muerte cerebral pueden seguir funcionando, aunque no muy eficazmente, en ausencia de actividad cerebral. De hecho, el corazón de un paciente con muerte cerebral puede seguir latiendo durante horas, o incluso días, tras el cese de la actividad cerebral. Una mujer embarazada permaneció 117 días con respiración asistida tras el cese de su actividad cerebral para que el feto pudiera seguir desarrollándose en su interior. Tras un largo proceso de asistencia médica, la niña nació por cesárea en la trigésimo cuarta semana de gestación. De la tragedia surgió la vida.

A la inversa, la actividad cerebral también puede continuar durante algún tiempo después de que el corazón haya dejado de latir. El estudio de esta actividad podría darnos una idea de lo que realmente pasa por la cabeza de una persona después de que haya dado su último aliento. La primera prueba de actividad cerebral *post mortem* se descubrió accidentalmente después de que un hombre de 87 años sufriera un infarto mientras se le realizaba una electroencefalografía continua (utilizada para controlar las ondas cerebrales). Su electroencefalograma reveló una actividad continua registrada en el escáner incluso después de que el corazón del hombre dejara de latir. Aún más interesante es el hecho de que este tipo de ondas cerebrales son las mismas que tenemos cuando soñamos y durante la recuperación de la memoria. Por tanto, es muy posible que en los últimos instantes antes de que el monitor dejara de mostrar actividad, el hombre viera literalmente su vida pasar ante sus ojos.

Por mucho que nos gustaría trazar una línea clara entre la vida y la muerte, no es tan sencillo. La muerte no es un acontecimiento singular, es un proceso gradual de apagado que puede durar horas, incluso días.

¿Qué ocurre después de la muerte?

Esa vieja historia. Desde un punto de vista puramente físico, y sin entrar en el terreno de la filosofía o la ciencia ficción, el cuerpo se da literalmente un festín. Las bacterias y enzimas que antes eran tan útiles se vuelven contra ti y empiezan a digerirte desde dentro.

Es un pensamiento morboso, pero tiene que ser mejor que estar vivo cuando se disponen a consumirte. Entonces, ¿cómo se mantiene a raya a estos carnívoros en miniatura? Puedes agradecérselo a uno de los elementos esenciales de la vida: la sangre.

La sangre transporta oxígeno y nutrientes a las células y elimina los productos de desecho. Al morir, la sangre deja de bombear, y, en consecuencia, las células se ven privadas de nutrición y oxígeno, acumulan residuos y sufren un descenso precipitado del valor del pH. Estamos hablando de una medida de la alcalinidad y la acidez, y en este caso es más sencillo pensar en ello en términos de energía efervescente a través de una valla electrificada. Esto sirve para contener a los monstruos salvajes dentro de las células, que toman la forma de enzimas.

Una vez que el pH baja, las membranas celulares se vuelven inútiles y como resultado los monstruos escapan.

Una vez que esta membrana se rompe al morir, estas enzimas saquean la célula y comienzan el proceso digestivo conocido como autolisis. Este proceso es especialmente rápido y violento en órganos ricos en enzimas como el páncreas, el estómago y el hígado, pero en última instancia ninguna célula del cuerpo escapa a este festín de devoración. Los vivos pueden incluso presenciar este proceso en acción. El *rigor mortis* es una de las manifestaciones más inquietantes de la muerte, en la que el cambio de la estructura química de los músculos de un cadáver provoca su rigidez. El proceso puede durar hasta doce horas y puede ser una herramienta útil para los patólogos a la hora de determinar la hora de la muerte. Al final, los músculos se relajan, pero esencialmente se debe a que las enzimas han empezado a consumir su estructura. Estamos hablando de una etapa de descomposición que también empeora.

Después viene el diluvio de bacterias, y hay muchas. De hecho, tu cuerpo tiene más células bacterianas que humanas. Cuando estás vivo, tu sistema inmunitario mantiene a estos prisioneros bajo control, pero, cuando estos guardias son relevados de sus funciones a tu muerte, los convictos se desbocan. Sin oposición, comienza el festín que las enzimas han preparado de antemano. Se trata de la putrefacción. En este proceso, las bacterias se dan un festín con tus tejidos y liberan emisiones gaseosas fétidas como el metano y esto puede causar una hinchazón desagradable del cuerpo. Llegados a este punto, no haría falta ser un experto médico para determinar que realmente estás muerto.

Donar tu cuerpo a la ciencia

Si realmente has exhalado el último suspiro, y no hay vuelta atrás, entonces lamento mucho que estés muerto, pero no temas, si prefieres no descomponerte, o arder en llamas en el crematorio, entonces podrías donar tu cuerpo a la ciencia: cuidaremos bien de ti.

Sabemos que hay mucho dolor, trauma y pérdida en torno a la muerte, es parte de lo que nos hace humanos. Al mismo tiempo, seguimos avanzando como especie y, para continuar, los muertos pueden enseñarnos mucho. Los cuerpos donados permiten a estudiantes de Medicina, cirujanos en formación e incluso a los ya consagrados practicar y adquirir experiencia en procedimientos tan sencillos como aprender anatomía hasta cirugías complejas como las operaciones de cáncer de intestino.

SÁLVATE A TI MISMO

Desde el punto de vista técnico, como persona muerta ya no puedes recibir ayuda. Pero antes de irte, si te atrae la idea de donar tu cuerpo a la ciencia cuando mueras, habla con tu médico de cabecera para que te inscriba. Aunque puede que no sea para todos, puedo decir con seguridad que, sin cadáveres de los que aprender, gracias a las almas bondadosas a lo largo de los años, no sería médico hoy, y mucho menos cirujano.

Por último, aunque todo lo que os he contado hasta ahora está impregnado en la ciencia, la medicina y la experiencia hospitalaria personal, la verdad es que, dentro de unos años, los avances médicos podrían ridiculizar este libro. Aún nos quedan muchos misterios por descubrir sobre el cuerpo humano y problemas por resolver en torno a tu intrínseca letalidad.

Si tenemos en cuenta que gran parte de la existencia humana gira en torno al descanso, la reparación, los largos periodos de mantenimiento y la limpieza del trasero, veremos que esto hace que los buenos momentos sean aún mejores.

También vale la pena recordar el milagro que eres. Para ser un montón de polvo extraterrestre arrojado a los confines del espacio infinito, que se asentó en una roca caliente, dio lugar a la vida unicelular en el planeta Tierra y luego evolucionó laboriosamente, error tras error, hasta dar contigo, contra todo pronóstico, has recorrido un largo camino. Así que, a pesar de que eres una pequeña parte de una gran obra en construcción llamada raza humana, y de que vives con extrañas peculiaridades corporales, rasgos vestigiales y mutaciones aleatorias, te animo a que salgas y disfrutes de tu estancia en la Tierra. Al fin y al cabo, podrías ser una hormiga que, sin darse cuenta, lleva comida envenenada a su hormiguero y acaba matando a toda la colonia y a la reina. Desde este punto de vista, la vida no es tan mala después de todo.

LECTURAS COMPLEMENTARIAS

Alcock, Joe y Maley, Carlo C. (2014) «Is eating behavior manipulated by the gastrointestinal microbiota? Evolutionary pressures and potential mechanisms», BioEssays, 36 (10): 940–949.

Balbag, M. A., Pedersen, N. L. y Gatz, M. (2014) «Playing a musical instrument as a protective factor against dementia and cognitive impairment: a population-based twin study», International Journal of Alzheimer's Disease, 2014.

Callewaert, Chris et al. (2016) «Towards a bacterial treatment for armpit malodour», Experimental Dermatology, 26 (5): 388–391.

Darrington, Mike et al. (2022) «Characterisation of the symbionts in the Mediterranean fruit fly gut», Microbial Genomics, 8 (4).

Dutheil, Frédéric et al. (2021) «Effects of a short daytime nap on the cognitive performance: a systematic review and meta-analysis», International Journal of Environmental Research and Public Health, 18 (19).

Feldman, Jack L. et al. (2003) «Breathing: rhythmicity, plasticity, chemosensitivity», Annual Review of Neuroscience, 26: 239–66.

Gulevich G., Dement W. y Johnson, L. (1966) «Psychiatric and EEG observations on a case of prolonged (264 hours) wakefulness», Archives of General Psychiatry, 15: 29–35.

Johnson, L. C., Slye, E. S. y Dement, W. (1965) «Electroencephalographic and autonomic activity during and after prolonged sleep deprivation», Psychosomatic Medicine, 27: 415–423.

Kresser, C. (2019) «Do gut microbes control your food cravings?» www. chriskresser.com, 24 October 2022.

Lam, Y. Y. (2017) «Are the gut bacteria telling us to eat or not to eat? Reviewing the role of gut microbiota in the etiology, disease progression and treatment of eating disorders», Nutrients, 9 (6): 602.

Lennon, Matthew J. et al. (2023) «Lifetime traumatic brain injury and cognitive domain deficits in late life: the PROTECT-TBI Cohort study», Journal of Neurotrauma, 40: 13–14.

Lovato, Nicole y Lack, Leon (2010) «The effects of napping on cognitive function», Progress in Brain Research, 185: 155–166.

Marshall, B. J. y Warren, J. R. (1984) «Unidentified curved bacilli in the stomach of patients with gastritis and peptic ulceration», Lancet, 323 (8390): 1311–1315.

Piccolino, Marco (2006) «Luigi Galvani's path to animal electricity», Comptes Rendus Biologies, 329: 303–318.

Sikirov, Dov (2003) «Comparison of straining during defecation in three positions: results and implications for human health», Digestive Diseases and Sciences, 48 (7): 1201–1205.

Sun, L. J. et al. (2020) «Gut hormones in microbiota-gut-brain cross-talk», Chinese Medical Journal, 133 (7): 826.

Tandy, Vic y Lawrence, Tony R. (1998) «The Ghost in the Machine», Journal of the Society for Psychical Research, 62 (851).

Trevelline, Brian K. (2022) «The gut microbiome influences host diet selection behavior», PNAS, 119 (17).

Truett, J. et al. (1967) «A multivariate analysis of the risk of coronary heart disease in Framingham», Journal of Chronic Diseases, 20 (7): 511–524.

Yang, Patricia J. et al. (2017) «Hydrodynamics of defecation», Soft Matter, 13: 4960–4970.

Zampini, Massimiliano y Spence, Charles (2005) «The role of auditory cues in modulating the perceived crispness and staleness of potato chips», Journal of Sensory Studies, 19: 347–363.

AGRADECIMIENTOS

Podría decirse que todas las personas que he conocido en mi vida han influido en mi percepción del mundo y en la narrativa de mi vida... Así que gracias a todos los que han interactuado conmigo, aunque haya sido de forma fugaz.

A todas aquellas personas que han disfrutado con cualquiera de los vídeos que he creado en línea, ya que esta oportunidad de dejar el bisturí y tomar un bolígrafo se me presentó gracias a ti. Tú lo has hecho posible.

Por último, sería negligente por mi parte no mencionar a mis padres. ¿Puede un hijo dar las gracias de verdad a sus padres? ¿Se trata de una deuda impagable que solo puede reembolsarse con amor y afecto?

Esta es una carta pseudoformal de agradecimiento por haberme proporcionado la mitad de su información genética cada uno y por haberme criado en un entorno a lo largo de mi vida en el que he tenido estímulo, comentarios críticos, apoyo constante en todas sus formas y amor inquebrantable e incondicional.

P. D. No me he olvidado de ti, Shadow, mi monstruoso perro negro de 70 kg... que constantemente evitas que me deslice hacia las profundidades del aburrimiento.

ÍNDICE TEMÁTICO